"十四五" 职业教育国家规划教材

名校名师精品
系列教材

Foundations of Computer
Network Technology

计算机
网络技术基础

微课版

杨云　胡海波 ◎ 主编
吴敏　戴万长 ◎ 副主编

人民邮电出版社
北　京

图书在版编目（CIP）数据

计算机网络技术基础：微课版 / 杨云，胡海波主编
. -- 北京：人民邮电出版社，2021.9（2024.6重印）
名校名师精品系列教材
ISBN 978-7-115-56644-7

Ⅰ. ①计… Ⅱ. ①杨… ②胡… Ⅲ. ①计算机网络—
教材 Ⅳ. ①TP393

中国版本图书馆CIP数据核字(2021)第108757号

内 容 提 要

本书以组网、建网、管网和用网为出发点，循序渐进地介绍网络基础知识、局域网组网技术、广域网技术、网络应用等内容。

全书共分为3篇：网络基础、局域网基础与应用、网络互连与网络应用。其中，网络基础篇包括4章内容，即计算机网络概论、计算机网络体系结构、数据通信基础、TCP/IP协议簇；局域网基础与应用篇包括3章内容，即局域网组网技术、交换式以太网与虚拟局域网、无线局域网；网络互连与网络应用篇包括3章内容，即局域网互连、广域网技术、网络应用。除第9章外，每章后面都附有源于工程实践的拓展训练，全书共计17个拓展训练。

本书应用案例丰富实用，拓展训练针对性强，操作步骤详细。本书提供了知识点微课和实训项目慕课，读者可随时扫描相关二维码进行学习。

本书可以作为高职高专院校"理实一体化"的"计算机网络技术基础"课程的教材，也可供网络管理人员、网络爱好者以及普通网络用户参考使用。

◆ 主　　编　杨　云　胡海波
　　副主编　吴　敏　戴万长
　　责任编辑　马小霞
　　责任印制　王　郁　彭志环

◆ 人民邮电出版社出版发行　　北京市丰台区成寿寺路 11 号
　　邮编　100164　　电子邮件　315@ptpress.com.cn
　　网址　https://www.ptpress.com.cn
　　山东百润本色印刷有限公司印刷

◆ 开本：787×1092　1/16
　　印张：15.5　　　　　　　　　2021 年 9 月第 1 版
　　字数：395 千字　　　　　　　2024 年 6 月山东第 14 次印刷

定价：49.80 元

读者服务热线：**(010)81055256**　印装质量热线：**(010)81055316**
反盗版热线：**(010)81055315**
广告经营许可证：京东市监广登字 20170147 号

前言 PREFACE

党的二十大报告指出"科技是第一生产力、人才是第一资源、创新是第一动力"。大国工匠和高技能人才作为人才强国战略的重要组成部分,在现代化国家建设中起着重要的作用。高等职业教育肩负着培养大国工匠和高技能人才的使命,近几年得到了迅速发展和普及。

网络强国是国家的发展战略。网络技能型人才的培养显得尤为重要。"计算机网络技术基础"是高校计算机类专业的基础课程,也是工科专业的通识课,是一门理论与实践紧密联系的课程。本书编写团队从计算机网络的实际案例出发,紧密围绕计算机网络技术基础课程的培养目标,采用校企"双元"合作的方式,编写了这本"理实一体化"的工学结合教材。

"使学生学会组网、建网、管网和用网"是计算机网络技术基础课程的培养目标。本书包括网络基础知识、局域网组网技术、广域网技术、网络应用等相关内容。

本书有如下特点。

1. 落实立德树人根本任务

本书精心设计,在专业内容的讲解中融入科学精神和爱国情怀,通过讲解中国计算机领域的重要事件和人物,弘扬精益求精的专业精神、职业精神和工匠精神,培养学生的创新意识,激发爱国热情。

通过融入核高基、中国计算机的主奠基者、图灵奖、国家最高科学技术奖、"雪人计划"、中国的超级计算机等中国计算机领域发展的重要事件和重要人物,鞭策学生努力学习,引导学生树立正确的世界观、人生观和价值观,帮助学生成为德、智、体、美、劳全面发展的社会主义建设者和接班人。

2. 工学结合、校企"双元"开发

本书应用案例丰富,实用性强,是工学结合、校企"双元"开发的"理实一体化"教材。

本书由行业专家、微软金牌讲师、教学名师、专业负责人等跨地区、跨学校联合编写而成。主编杨云教授是省级教学名师、微软系统工程师。本书针对网络理论、局域网组建、网络互连和网络应用等内容进行了详细的讲解,使读者轻松掌握组网、建网、管网和用网的技能。

3. 精心制作微课视频,给"教"和"学"提供了便利

本书是翻转课堂、混合课堂改革的理想教材。本书利用互联网新技术,以带有二维码的纸质教材为载体,嵌入各种数字资源,将教材、课堂、教学资源、教学方法四者融合,实现了线上线下有机结合。

4. 训练内容强调工学结合,专业技能培养强调实战化

全书包含 17 个拓展训练。拓展训练突出实战化要求,贴近市场,贴近技术。拓展训练都源于企业实际应用,重在培养读者分析和解决实际问题的能力。其讲解视频由业界专家录制,读者可以随时扫描拓展训练旁的二维码观看项目实训的操作视频。

5. 提供一站式"课程整体解决方案"

本书是一本"教、学、做、导、考"一体化教材,提供一站式"课程整体解决方案",具体包括以下内容。

(1)电子资料、教材、微课和拓展训练视频为教和学提供了巨大便利。

(2)授课计划、电子教案、电子课件、课程标准、试卷、拓展训练指导、微课、拓展训练视频等资料为教师备课、学生预习、教师授课、学生实训、课程考核提供了一站式"课程整体解决方案"。

（3）利用 QQ 群实现 24 小时在线答疑、分享教学资源和教学心得。

6．符合"三教"改革精神，创新教材形态

将教材、课堂、教学资源、LEEPEE 教学法四者融合，实现线上线下的有机结合，为"翻转课堂"和"混合课堂"改革奠定基础。采用"纸质教材+电子活页"的形式编写教材。实现纸质教材三年修订、电子活页随时增减和修订的目标。

订书后若想获取资料，请加编者的"网络、Windows&Linux（教师）"专业研讨 QQ 群（189934741）和 QQ 号（68433059）。PPT 教案、习题解答等必备资料可到人民邮电出版社人邮教育社区（http://www.ryjiaoyu.com）免费下载使用。

本书由杨云和胡海波担任主编，吴敏和戴万长担任副主编，浪潮云信息技术股份公司薛立强高级工程师全程参与教材的设计和编写工作。

编　者

2023 年 5 月于泉城

目录 CONTENTS

第一篇　网络基础

第1章

计算机网络概论 …………………2

1.1　计算机网络的发展历史 ………… 2

1.1.1　面向终端 ……………………… 2

1.1.2　面向计算机通信 ……………… 3

1.1.3　面向应用（标准化） ………… 4

1.1.4　面向未来的计算机网络 ……… 5

1.2　计算机网络的定义和组成 ……… 5

1.2.1　计算机网络的定义 …………… 5

1.2.2　计算机网络的组成 …………… 5

1.3　计算机网络的类型 ……………… 6

1.3.1　按通信介质划分 ……………… 6

1.3.2　按网络的使用范围划分 ……… 7

1.3.3　按网络采用的传输技术划分 … 7

1.3.4　按网络的作用范围划分 ……… 8

1.3.5　按企业和公司管理划分 …… 10

1.4　计算机网络的功能 ……………… 10

1.5　计算机网络的拓扑结构 ………… 11

1.5.1　总线型拓扑结构 …………… 12

1.5.2　星形拓扑结构 ……………… 12

1.5.3　环形拓扑结构 ……………… 12

1.5.4　树形拓扑结构 ……………… 13

1.5.5　其他拓扑结构 ……………… 13

1.6　网络的计算模式 ………………… 14

1.6.1　以大型机为中心的计算模式 … 14

1.6.2　以服务器为中心的计算模式 … 14

1.6.3　C/S 计算模式的出现 ……… 15

1.6.4　B/S 计算模式的应用 ……… 15

1.6.5　P2P 计算模式 ……………… 16

1.6.6　云计算模式 ………………… 16

1.7　习题 ……………………………… 17

1.8　拓展训练　熟悉实验、实训环境，认识网络设备 ………………… 18

第2章

计算机网络体系结构 ………… 19

2.1　计算机网络体系结构概述 ……… 19

2.1.1　网络体系结构的相关概念 … 19

2.1.2　层次结构设计 ……………… 20

2.2　开放系统互连参考模型 ………… 21

2.2.1　OSI 参考模型 ……………… 21

2.2.2　OSI 参考模型各层之间的关系 …… 22

2.2.3　OSI 环境中的数据传输过程 … 25

2.3　TCP/IP 体系结构 ……………… 29

2.3.1　TCP/IP 的概念 …………… 29

2.3.2　TCP/IP 的层次结构 ……… 29

2.3.3　OSI 参考模型与 TCP/IP 参考模型的比较 ……………… 32

2.4　习题 ……………………………… 33

2.5　拓展训练　使用 Visio 绘制网络拓扑结构图 ……………………… 34

第3章

数据通信基础 …………………… 37

3.1　数据通信系统 …………………… 37

3.1.1 数据通信的基本概念 ·············· 37

3.1.2 数据通信系统模型 ·············· 38

3.2 数据通信方式 ·············· 39

3.2.1 并行传输与串行传输 ·············· 40

3.2.2 异步传输与同步传输 ·············· 40

3.2.3 基带传输、频带传输与宽带
传输 ·············· 41

3.2.4 数据传输方向 ·············· 42

3.2.5 多路复用技术 ·············· 43

3.3 数据交换技术 ·············· 45

3.3.1 电路交换 ·············· 45

3.3.2 报文交换 ·············· 46

3.3.3 分组交换 ·············· 47

3.3.4 高速交换技术 ·············· 48

3.4 差错控制技术 ·············· 48

3.4.1 差错产生原因及控制方法 ·············· 48

3.4.2 奇偶校验码 ·············· 49

3.4.3 循环冗余校验码 ·············· 50

3.5 习题 ·············· 52

**3.6 拓展训练 制作并测试直通
双绞线 ·············· 53**

第 4 章

TCP/IP 协议簇 ·············· 57

4.1 网际协议 ·············· 57

4.1.1 与 IP 配套使用的协议 ·············· 57

4.1.2 IP 数据报格式 ·············· 58

4.1.3 IP 地址 ·············· 61

4.1.4 物理地址与 IP 地址 ·············· 64

4.1.5 地址解析协议 ·············· 64

4.2 网际控制报文协议 ·············· 66

4.3 用户数据报协议 ·············· 67

4.3.1 UDP 概述 ·············· 67

4.3.2 UDP 的头部字段 ·············· 68

4.3.3 传输层端口 ·············· 68

4.4 传输控制协议 ·············· 69

4.4.1 TCP 报文格式 ·············· 70

4.4.2 TCP 可靠传输 ·············· 72

4.4.3 流量控制 ·············· 73

4.5 IPv6 ·············· 74

4.5.1 IPv6 的地址结构 ·············· 74

4.5.2 配置 IPv6 ·············· 75

4.6 TCP/IP 实用工具 ·············· 77

4.7 习题 ·············· 82

4.8 拓展训练 ·············· 83

拓展训练 1 使用抓包软件 Wireshark 抓取
并分析 IP 数据报 ·············· 83

拓展训练 2 使用 ARP 命令 ·············· 86

拓展训练 3 传输层数据包抓包
分析 ·············· 88

拓展训练 4 使用网络命令排除故障 ·············· 89

第二篇 局域网基础与应用

第 5 章

局域网组网技术 ·············· 94

5.1 局域网概述 ·············· 94

5.2 局域网的组成 ·············· 95

5.2.1 网络服务器 ·············· 95

5.2.2 工作站 ·············· 95

5.2.3 网络设备 ·············· 96

5.2.4 通信介质 ·············· 99

5.3 局域网体系结构 ·············· 100

5.3.1 局域网的参考模型 ·············· 100

5.3.2 IEEE 802 标准 ·············· 101

5.4 局域网介质访问控制方式 ·············· 102

5.4.1 CSMA/CD ·············· 102

5.4.2 令牌环访问控制方式 ·············· 104

5.5 以太网技术 ·················105

5.5.1 以太网的 MAC 帧格式 ·········105

5.5.2 以太网的组网技术 ········106

5.5.3 快速以太网 ·············107

5.5.4 吉比特以太网 ···········108

5.5.5 10 吉比特以太网 ·········109

5.6 习题 ····················109

5.7 拓展训练 组建小型共享式
对等网 ···············110

第 6 章

交换式以太网与虚拟
局域网 ················ 117

6.1 交换式以太网的提出 ·······117

6.2 以太网交换机的工作原理 ·······118

6.3 以太网交换机的工作过程 ···121

6.3.1 数据交换与转发方式 ········122

6.3.2 地址学习 ··············122

6.3.3 通信过滤 ··············123

6.3.4 生成树协议 ············124

6.4 VLAN ·················124

6.4.1 共享式以太网与 VLAN ·······125

6.4.2 VLAN 的组网方法 ·········126

6.4.3 VLAN 的优点 ···········127

6.5 组建 VLAN ·············128

6.5.1 交换式以太网组网 ········128

6.5.2 在 Cisco Catalyst 2950 交换机上
划分 VLAN ·········128

6.6 习题 ···················130

6.7 拓展训练 ··············131

拓展训练 1 了解交换机与交换机的基本
配置方法 ········131

拓展训练 2 配置 VLAN Trunking 和
VLAN ·········134

第 7 章

无线局域网 ·················138

7.1 无线局域网基础 ·········138

7.2 WLAN 标准 ·············139

7.3 无线网络接入设备 ········140

7.4 WLAN 的配置方式 ·········142

7.5 组建 Ad-Hoc 模式的 WLAN ···143

7.6 组建 Infrastructure 模式的
WLAN ·············146

7.7 习题 ···················152

7.8 拓展训练 ··············153

拓展训练 1 组建 Ad-Hoc 模式的
WLAN ·········153

拓展训练 2 组建 Infrastructure 模式的
WLAN ·········154

第三篇 网络互连与网络应用

第 8 章

局域网互连 ·················156

8.1 划分子网 ···············156

8.2 无类别域间路由 ··········159

8.3 路由 ···················161

8.3.1 路由概述 ··············162

8.3.2 路由表 ···············162

8.3.3 route 命令 ············167

8.4 路由选择协议 ············168

8.4.1 路由算法 ·············169

8.4.2 分层次的路由选择协议 ·······169

8.4.3 DV 路由选择算法与 RIP ······170

8.4.4 OSPF 协议与 LS 路由选择
算法 ···········173

8.4.5 部署和选择路由协议 ·········175

8.5 路由器 ······ 176
8.5.1 路由器概述 ······ 176
8.5.2 路由器命令的使用 ······ 178
8.6 习题 ······ 179
8.7 拓展训练 ······ 181
拓展训练1 划分子网及应用 ······ 181
拓展训练2 路由器的启动和初始化
配置 ······ 183
拓展训练3 静态路由与默认路由配置 ····· 184

第9章

广域网技术 ······ 188

9.1 广域网的基本概念 ······ 188
9.1.1 广域网的特点 ······ 188
9.1.2 广域网术语 ······ 189
9.1.3 广域网的带宽 ······ 189
9.1.4 广域网的连接方式 ······ 189
9.2 HDLC 协议 ······ 192
9.2.1 HDLC 协议的帧格式 ······ 193
9.2.2 HDLC 协议的特点 ······ 194
9.3 PPP ······ 194
9.3.1 PPP 概述 ······ 194
9.3.2 PPP 的帧格式 ······ 195
9.3.3 PPP 的工作流程 ······ 196
9.4 X.25 ······ 197
9.5 FR ······ 198
9.5.1 FR 的工作原理 ······ 198
9.5.2 FR 的帧格式 ······ 202
9.5.3 FR 的拥塞控制 ······ 203
9.6 常见的 Internet 接入方式 ······ 204
9.6.1 拨号接入方式 ······ 204
9.6.2 ADSL 技术 ······ 205
9.6.3 HFC 技术 ······ 206
9.6.4 光缆接入 ······ 207

9.7 习题 ······ 209

第10章

网络应用 ······ 212

10.1 WWW 概述 ······ 212
10.1.1 WWW 简介 ······ 212
10.1.2 WWW 的 C/S 工作模式 ······ 214
10.2 Internet 的域名系统 ······ 215
10.2.1 DNS 简介 ······ 215
10.2.2 域名空间 ······ 215
10.2.3 域名服务器 ······ 217
10.2.4 解析器 ······ 218
10.2.5 中国互联网的域名规定 ······ 218
10.3 DHCP 配置实例 ······ 219
10.3.1 实例设计与准备 ······ 219
10.3.2 安装 DHCP 服务器 ······ 220
10.3.3 授权 DHCP 服务器 ······ 221
10.3.4 创建 DHCP 作用域 ······ 222
10.3.5 保留特定的 IP 地址 ······ 224
10.3.6 配置 DHCP 选项 ······ 225
10.3.7 配置 DHCP 客户机并测试 ······ 225
10.4 DNS 配置实例 ······ 226
10.4.1 实例设计与准备 ······ 227
10.4.2 添加 DNS 服务器 ······ 227
10.4.3 部署主 DNS 服务器的 DNS
区域 ······ 229
10.4.4 配置 DNS 客户机并测试主 DNS
服务器 ······ 234
10.5 Internet 相关阅读材料 ······ 236
10.6 习题 ······ 237
10.7 拓展训练 ······ 238
拓展训练1 配置 DHCP 服务器 ······ 238
拓展训练2 配置与管理 DNS 服务器 ····· 239
参考文献 ······ 240

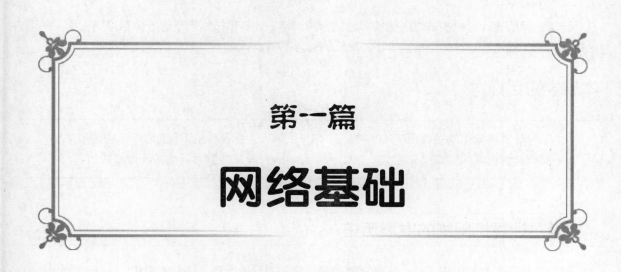

第一篇

网络基础

第 1 章　计算机网络概论
第 2 章　计算机网络体系结构
第 3 章　数据通信基础
第 4 章　TCP/IP 协议簇

故不积跬步，无以至千里；不积小流，无以成江海。
——荀子《劝学》

第 1 章
计算机网络概论

01

计算机网络是计算机技术与通信技术相结合的产物。计算机技术用于进行信息存储和加工，通信技术用于传播信息。它的产生扩大了计算机的应用范围。

本章学习目标

- 了解计算机网络的发展历史和功能。
- 掌握计算机网络的定义和组成。
- 掌握计算机网络的类型和拓扑结构。
- 理解并掌握网络的计算模式。

1.1 计算机网络的发展历史

计算机网络的发展历史不长，它是从简单的，为解决远程计算、信息收集和问题处理而形成的专用联机系统开始的。计算机技术和通信技术又在联机系统广泛使用的基础上，把多台中心计算机连接起来，组成以共享资源为目的的计算机网络。

1-1 计算机网络概论（上）

计算机网络的发展经历了从简单到复杂、从低级到高级的过程。这个过程可分为4 个阶段：面向终端、面向计算机通信、面向应用（标准化）和面向未来的计算机网络。

1.1.1 面向终端

早期计算机很昂贵，只有数量有限的计算机中心才拥有计算机。使用计算机的用户要将程序和数据发送或邮寄到计算机中心去处理。因此，除了要花费大量时间、精力和资金外，还无法对需要及时处理的信息进行加工和处理。为了解决这个问题，人们在计算机内部增加了通信功能，使远程站点的输入、输出设备通过通信线路直接和计算机相连，达到一边输入信息，一边处理信息的目的，最后经过通信线路将处理结果送回到远程站点。这种系统也称为简单的计算机联机系统，如图 1-1 所示。第一个联机数据通信系统是 20 世纪 50 年代初由美国建立的半自动地面防空系统（Semi-Automatic Ground Environment，SAGE）。

随着连接终端数量的增多，上述联机系统暴露出两个显著问题：一是主机系统负荷过重，它既要承担本身的数据处理任务，又要承担通信任务；二是通信线路利用率很低，特别是当终端远离主机时尤为明显。为了解决第一个问题，可以在主机之前设置一个前端处理机（Front End Processor，FEP），专门负责与终端的通信工作，使主机能有较多的时间进行数据处理。解决第二个问题通常是在终端较为集中的区域设置线路集中器，让大量终端先连接到集中器上，集中器再通过通信线路与 FEP 相连，如图 1-2 所示。这种系统是以主机系统为核心的具有通信功能的远程联机系统，终端与主机系统之间的通信也称为面向终端的网络，如 20 世纪 60 年代初期美国建成的由一台主机系统和遍布全美 2 000 多个终端组成的美国航空公司联机订票系统 Sabre，以及随后出现的具有分时系统的通信网。

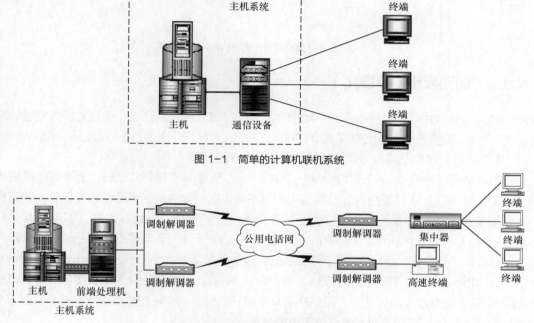

图 1-1　简单的计算机联机系统

图 1-2　具有通信功能的远程联机系统

1.1.2　面向计算机通信

联机系统的发展提出了在计算机系统之间进行通信的要求。20 世纪 60 年代中期，英国国家物理实验室（National Physical Laboratory，NPL）的唐纳德·戴维斯（Donald Davies）提出了分组（Packet）的概念。1969 年，美国的分组交换网——阿帕网（Advanced Research Projects Agency Network，ARPANET）投入运行，计算机网络的通信方式由终端与计算机之间的通信，发展到计算机与计算机之间的直接通信。至此，计算机网络进入一个崭新的时代。

早期的系统中只有一个主机系统，各终端通过通信线路共享主机系统的硬件和软件资源。计算机与计算机通信的计算机通信网络系统，呈现出具有多个计算机处理中心的特点，各计算机通过通信线路连接，相互交换数据、传送文件，实现了网络中连接的计算机之间的资源共享。

面向计算机通信的网络有两种连接形式，第 1 种连接形式为终端连接主机后，通过通信控制处理器（Communication Control Processor，CCP）互连进行通信如图 1-3（a）所示；第 2 种形式为终端连接主机后通过主机互连进行通信，如图 1-3（b）所示。

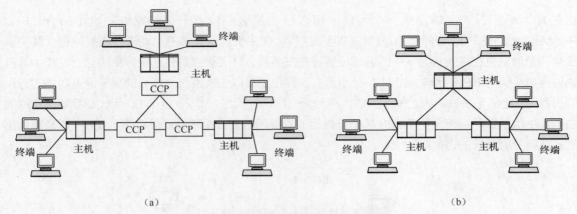

（a）　　　　　　　　　　　　　　　　　　　　　（b）

图 1-3　面向计算机通信的网络的两种连接形式

1.1.3　面向应用（标准化）

20 世纪 70 年代中期，计算机网络开始向体系结构标准化的方向迈进，即正式步入网络标准化时代。1974 年，美国 IBM 公司公布了其研发的系统网络体系结构（System Network Architecture，SNA）。不久之后，各种不同的分层网络系统体系结构相继出现。

对于各种体系结构来说，同一体系结构的网络产品互连是非常容易实现的，而不同体系结构的网络产品却很难实现互连。但社会的发展迫切要求不同体系结构的网络产品都能够很容易地实现互连，人们迫切希望建立一系列的国际标准，渴望得到一个"开放"系统。为此，国际标准化组织（International Organization for Standardization，ISO）于 1977 年成立了专门的机构来研究该问题。1984 年，ISO 正式颁布了一个开放系统互连参考模型（Open System Interconnection Reference Model，OSI-RM）的国际标准——OSI 7498。该模型分为 7 个层次，所以有时也被称为 ISO/OSI 7 层参考模型。从此，网络产品有了统一的标准，该模型也促进了企业之间的竞争，为计算机网络向国际标准化方向发展提供了重要依据。

20 世纪 80 年代，随着微型机的广泛使用，局域网（Local Area Network，LAN）获得了迅速发展。美国电气和电子工程师学会（Institute of Electrical and Electronics Engineers，IEEE）为了满足个人计算机（Personal Computer，PC）和 LAN 发展的需要，于 1980 年 2 月在旧金山成立了 IEEE 802 局域网络标准委员会，并制定了一系列局域网络标准。在此期间，各种 LAN 大量涌现，新一代光缆局域网——光缆分布式数据接口（Fiber Distributed Data Interface，FDDI）网络标准及产品也相继问世，为推动计算机局域网络技术进步及应用奠定了良好的基础。这一阶段网络的结构示意图如图 1-4 所示，通信子网的交换设备主要是路由器（Router）和交换机（Switch）。

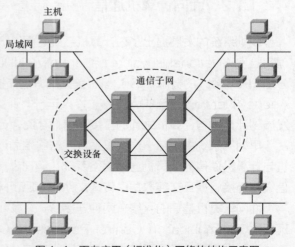

图 1-4　面向应用（标准化）网络的结构示意图

1.1.4 面向未来的计算机网络

20 世纪 90 年代，计算机技术、通信技术以及建立在互连计算机网络技术基础上的计算机网络技术得到了迅猛的发展。特别是在 1993 年美国宣布建立国家信息基础设施（National Information Infrastructure，NII）后，全世界许多国家纷纷开始建设自己的 NII，从而极大地推动了计算机网络技术的发展，使计算机网络进入一个崭新的阶段——面向未来的计算机网络（即以 Internet 为核心的高速计算机网络）。

目前，全球以 Internet（因特网）为核心的高速计算机网络已经形成。以 Internet 为核心的高速计算机网络被称为第四代计算机网络。第四代计算机网络的结构示意图如图 1-5 所示。

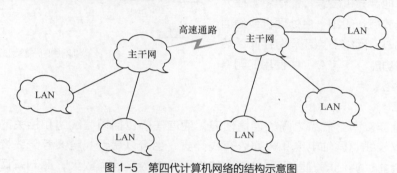

图 1-5 第四代计算机网络的结构示意图

1.2 计算机网络的定义和组成

目前，计算机网络已经深入人们的工作和生活当中，在当今世界无处不在。了解计算机网络的定义和组成就尤为必要。

1.2.1 计算机网络的定义

计算机网络是计算机技术与通信技术相结合的产物。计算机网络是将处于不同地理位置、具有独立功能的计算机通过通信设备和传输介质连接起来，通过功能完善的通信软件 [网络通信协议、信息交换方式及网络操作系统（Network Operating System，NOS）等] 实现网络中资源共享、信息交换和协同工作的系统。网络中的每台计算机都称作一个节点（Node）。可见，计算机网络是由多台计算机互连、以相互通信和资源共享为目的的计算机系统。

1.2.2 计算机网络的组成

计算机网络由计算机系统、网络节点、通信链路、通信子网和资源子网组成。计算机系统进行各种数据处理，网络节点和通信链路提供通信功能。图 1-6 所示为计算机网络的一般组成部分。从逻辑上可以把计算机网络分成资源子网和通信子网两个子网。

1. 计算机系统

计算机网络中的计算机系统主要承担数据处理工作。计算机网络连接的计算机系统可以是巨型机、大型机、小型机、工作站、微型机或其他数据终端设备（Data Terminal Equipment，DTE），其任务是进行信息采集、存储和加工处理。

图 1-6 所示为由主机和终端组成的计算机系统。

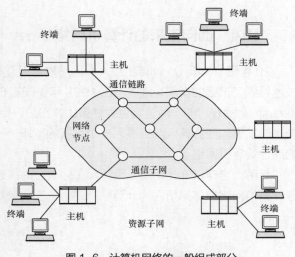

图 1-6　计算机网络的一般组成部分

2．网络节点

网络节点主要负责网络中信息的发送、接收和转发。网络节点是计算机与网络的接口，计算机通过网络节点向其他计算机发送信息，并鉴别和接收其他计算机发送来的信息。在大型网络中，网络节点一般由一台处理机或通信控制器担当。此时，网络节点还具有存储、转发和选择路径的功能。在 LAN 中使用的网络适配器也属于网络节点。

3．通信链路

通信链路是连接两个节点之间的通信信道。通信信道包括通信线路和相关的通信设备。通信线路可以是双绞线、同轴电缆和光缆等有线介质，也可以是无线电波等无线介质。相关的通信设备包括中继器、调制解调器等。中继器的作用是将数字信号放大，调制解调器则能进行数字信号和模拟信号转换，以便数字信号在传输模拟信号的电话线上传输。

4．通信子网

通信子网是网络中实现网络通信功能的设备及其软件的集合，通信设备、网络通信协议、通信控制软件等属于通信子网，是网络的内层，负责信息的传输，主要为用户提供数据传输、转接、加工、变换等服务。

5．资源子网

资源子网提供访问网络和处理数据的功能，由主机、终端控制器和终端组成。主机负责本地或全网的数据处理，运行各种应用程序或大型的数据库系统，向网络用户提供各种软硬件资源和网络服务。终端控制器用于把一组终端连入通信子网，以及控制终端信息的接收和发送。终端控制器可以不经主机直接和网络节点相连。当然，还有一些设备也可以不经主机直接和网络节点相连，如打印机和大型存储设备等。

1.3　计算机网络的类型

计算机网络的类型可以按不同的标准进行划分。从不同的角度观察计算机网络、划分计算机网络，有利于全面了解计算机网络的特性。

1.3.1　按通信介质划分

1-2　计算机网络概论（下）

按照通信介质，计算机网络可以分为有线网和无线网。

1. 有线网

有线网是指采用双绞线、同轴电缆、光缆连接的计算机网络。有线网的传输介质包括以下几种。

（1）双绞线。使用双绞线组网是目前最常见的组网方式之一。双绞线的耐用性强，安装方便，但传输速率和抗干扰能力一般，被广泛应用于 LAN 中。

也可以使用电话双绞线，采用公共交换电话网（Public Switched Telephone Network，PSTN）组网方式组网。此外，还可以通过现有的电力网导线组网。

（2）同轴电缆。可以使用专用的粗电缆或细电缆组网。此外，还可使用有线电视电缆，经电缆调制解调器（Cable Modem）上网。

（3）光缆。光缆传输距离长，传输速率高，可达每秒数千兆比特，抗干扰性强，不会受到电子监听设备的监听，是高安全性网络的理想选择。

2. 无线网

无线网使用电磁波传输数据，常用的无线传输介质包括无线电波和红外线。无线网包括以下几种。

（1）无线电话网。使用手机上网已成为新的热点。目前，联网费用呈逐年下降的趋势，传输速率也在不断提高。由于联网方式灵活方便，所以无线电话网是一种很有发展前途的无线网。

（2）无线电视网。无线电视网普及率高，但无法在一个频道上和用户进行实时交互。

（3）微波通信网。微波通信网通信的保密性和安全性较高。

（4）卫星通信网。卫星通信网能进行远距离通信，但价格昂贵。

1.3.2　按网络的使用范围划分

按照网络的使用范围，计算机网络可以分为公用网和专用网。

1. 公用网

公用网是为所有能满足网络拥有者要求的人提供服务的网络，如中国公用分组交换数据网（China Public Packet Switched Data Network，ChinaPAC）。

2. 专用网

专用网为一个或几个部门所拥有，它只为拥有者提供服务，不向拥有者以外的人提供服务，如军事专网、铁路调度专网等。

1.3.3　按网络采用的传输技术划分

网络采用的传输技术决定了网络的主要技术特点，因此根据网络采用的传输技术对网络进行分类是一种很重要的分类方法。

在通信技术中，通信信道的类型有两类：广播通信信道与点到点通信信道。在广播通信信道中，多个节点共享一个通信信道，一个节点广播信息，其他节点接收信息。而在点到点通信信道中，一条通信线路只能连接一对节点，如果两个节点之间没有直接连接的线路，那么它们只能通过中间节点转接。显然，网络需要通过通信信道才能完成数据传输任务。因此，网络采用的传输技术也只可能有两类，即广播（Broadcast）方式与点到点（Point-to-Point）方式；相应的计算机网络也分为两类，即广播式网络（Broadcast Networks）和点到点式网络（Point-to-Point Networks）。

1. 广播式网络

在广播式网络中，发送的报文分组的目的地址可以分为 3 类：单一节点地址、多节点地址和广播地址。广播式网络的特点如下。

（1）广播式网络仅有一条通信信道，网络中的所有计算机都共享这条通信信道。当一台计算机在通信信道上发送分组或数据包时，网络中的每台计算机都会接收到这个分组或数据包，并将自己的地址与分组中的目的地址进行比较。如果相同，则处理该分组或数据包；否则将它丢弃。

（2）在广播式网络中，若某个分组发出以后，网络中的每台计算机都接收并处理它，则称为广播（Broadcasting）；若分组发送给网络中的某些计算机，则称为多点播送或组播（Multicasting）；若分组只发送给网络中的某一台计算机，则称为单播（Unicasting）。

广播式网络示意图如图 1-7 所示。

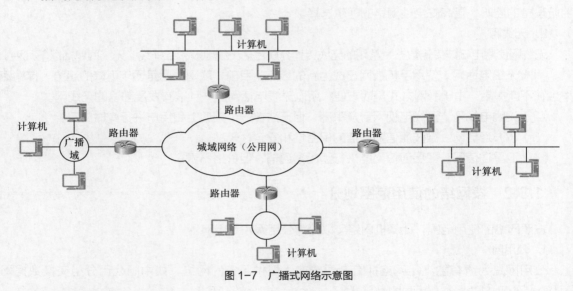

图 1-7　广播式网络示意图

2. 点到点式网络

与广播式网络相反，在点到点式网络中，每条物理线路连接一对计算机。假如两台计算机之间没有直接连接的线路，它们之间的分组传输就要通过中间节点来接收、存储、转发，直至分组到达目的节点。由于连接多台计算机之间的线路结构可能是复杂的，因此源节点到目的节点之间可能存在多个路由（Route）。路由选择算法决定了分组从通信子网的源节点到达目的节点的路由。是否采用分组存储转发与路由选择是点到点式网络与广播式网络的重要区别之一。

1.3.4　按网络的作用范围划分

按照网络的作用范围，计算机网络可分为局域网、广域网（Wide Area Network，WAN）和城域网（Metropolitan Area Network，MAN）。

1. LAN

LAN 覆盖的地理范围一般在十几千米以内，属于一个部门或单位组建的小范围网络，如一座建筑物、一所学校、一个单位内部等的网络。LAN 组建方便、使用灵活，是目前计算机网络中应用比较广的分支。LAN 是计算机通过高速线路相连组成的网络，传输速率较高，从 10Mbit/s 到 1 000Mbit/s 不等。通过 LAN，不同的计算机可以共享资源，如共享打印机和数据库。LAN 示意图如图 1-8 所示。

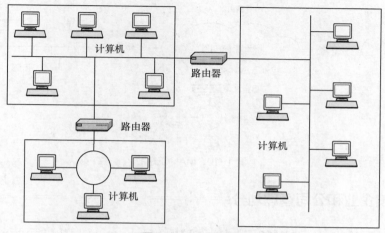

图 1-8　LAN 示意图

2. WAN

WAN 有如下特点。

（1）WAN 覆盖的地理范围从数百千米至数千千米甚至上万千米，可以是一个地区或一个国家，甚至是世界几大洲，故称广域网（又称远程网）。

（2）WAN 在采用的技术、应用范围和协议标准方面与 LAN 有所不同。在 WAN 中，通常利用邮电部门提供的各种公用交换网，将分布在不同地区的计算机系统互连起来，达到资源共享的目的。

（3）WAN 使用的主要技术为存储转发技术。

WAN 示意图如图 1-9 所示。

图 1-9　WAN 示意图

3. MAN

MAN 的作用范围在 LAN 与 WAN 之间，规模局限在一座城市的范围内，覆盖的地理范围为几十千米至数百千米。其运行方式与 LAN 相似，可以看作一种大型 LAN，通常采用与 LAN 相似的技术。MAN 是 LAN 的延伸，用来连接 LAN，在传输介质和布线结构方面涉及范围较广。MAN 示意图如图 1-10 所示。

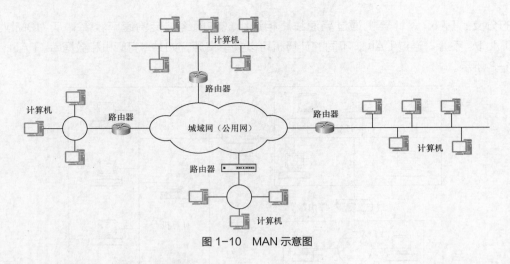

图 1-10   MAN 示意图

1.3.5　按企业和公司管理划分

按照企业和公司管理，计算机网络可以分为内联网（Intranet）、外联网（Extranet）和 Internet。

1.　内联网

内联网是指企业的内部网，是由企业内部原有的各种网络环境和软件平台组成的。例如，将传统的客户机/服务器（Client/Server，C/S）模式逐步改造、过渡、统一到像 Internet 那样使用方便的模式，即使用 Internet 中的浏览器/服务器（Browser/Server，B/S）模式。内部网络采用通用的传输控制协议/互联网协议（Transmission Control Protocol/Internet Protocol，TCP/IP）作为通信协议，利用 Internet 的万维网（World Wide Web ，WWW）技术，以 Web 模型作为标准平台。内联网一般具备自己的 Intranet Web 服务器和安全防护系统，为企业内部提供服务。

2.　外联网

相对于企业内部网，外联网泛指企业之外的网络，需要扩展连接到与自己相关的其他企业网。外联网采用 Internet 技术，又有自己的 WWW 服务器，但不一定与 Internet 直接连接。使用外联网的同时，必须建立防火墙把内联网与 Internet 隔离开，以确保企业内部信息的安全。

3.　Internet

Internet 起源于美国，自 1995 年启用，发展非常迅速。随着 Web 浏览器的普遍应用，Internet 已在全世界范围内得到应用。Internet 像一个无法比拟的巨大数据库，利用全球范围内的各种通信系统，并结合多媒体的"声、图、文"表现能力，不仅能处理一般的数据和文本，还能处理语音、静止图像、电视图像、动画和三维图形等。

1.4　计算机网络的功能

计算机网络主要有如下功能。

1.　数据通信

数据通信是计算机网络的基本功能之一，用于实现计算机之间的信息传送。在计算机网络中，用户可以传送文字、图像、声音、视频等信息。

2. 资源共享

计算机资源主要是指计算机的硬件、软件和数据资源。资源共享功能的实现是组建计算机网络的主要目标之一。资源共享功能使网络用户可以忽略地理位置的差异，共享网络中的计算机资源。共享硬件资源可以避免重复购置硬件设备，提高硬件设备的利用率；共享软件资源可以避免软件开发的重复劳动与重复购置大型软件，进而实现分布式计算的目标。

3. 提高系统的可靠性

在计算机网络系统中，可以通过结构化和模块化设计将大而复杂的任务分别交给多台计算机进行处理，用多台计算机提供冗余，以提高计算机的可靠性。当某台计算机发生故障时，不至于影响整个系统中其他计算机的正常工作，使损坏的数据和信息能得到恢复。

4. 易于进行分布处理

对于综合性大型科学计算和信息处理问题，可以采用一定的算法，将任务分别交给网络中的不同计算机，以达到均衡使用网络资源、分布处理数据的目的。

5. 系统负载的均衡调节

网络系统可以缓解用户资源短缺的情况，并可对各种资源进行合理调节，使系统负载均衡，提高网络中计算机的可用性。

1.5 计算机网络的拓扑结构

拓扑学把实体抽象成与其大小、形状无关的点，将连接实体的线路抽象成线，进而研究点、线、面之间的关系。

计算机网络的拓扑结构就是网络中通信线路和站点（计算机或设备）的几何排列形式，将主机和终端抽象为点，将通信介质抽象为线，从而形成由点和线组成的图形，使人们对网络整体有清晰的全貌印象。网络拓扑就是由网络节点设备和通信介质构成的网络结构图。在网络方案设计过程中，网络拓扑结构是关键问题之一。了解网络拓扑结构的有关知识，对学习网络系统集成具有指导意义。

计算机网络的拓扑结构一般可以分为总线型、星形、环形、树形、网状等，如图 1-11 所示。

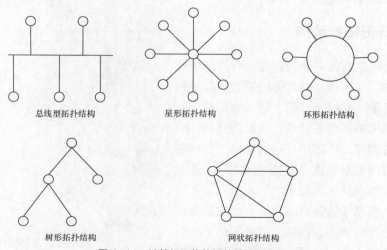

总线型拓扑结构　　　　星形拓扑结构　　　　环形拓扑结构

树形拓扑结构　　　　　网状拓扑结构

图 1-11　计算机网络的拓扑结构示意图

1.5.1 总线型拓扑结构

　　总线型拓扑结构采用单根数据传输线作为通信介质，所有站点都通过相应的硬件接口直接连接到通信介质，而且能被所有其他站点接收。总线型拓扑结构中的用户节点为服务器或工作站，通信介质为同轴电缆。因为所有节点共享一条公用的传输链路，所以一次只能由一个设备传输。总线型拓扑结构如图 1-12 所示。

图 1-12　总线型拓扑结构

　　（1）总线型拓扑结构的优点是结构简单，实现容易，易于安装和维护，需要铺设的电缆短，成本低，用户节点入网方式灵活，某个站点故障一般不会影响整个网络。

　　（2）总线型拓扑结构的缺点是同一时刻只能有两个网络节点相互通信，网络延伸距离有限，网络容纳节点数有限。由于所有节点都直接连接在总线上，所以总线介质发生故障时会导致网络瘫痪。

1.5.2 星形拓扑结构

　　星形拓扑结构是非常流行的网络拓扑结构之一。该结构以中央节点为中心并与各个节点连接而成，各节点呈辐射状排列在中央节点周围。各节点与中央节点通过点到点的方式连接，其他节点间不能直接通信，通信时需要通过中央节点转发，如图 1-13 所示。

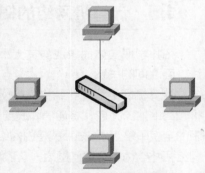

　　（1）星形拓扑结构的优点是结构简单、管理方便、可扩充性强、组网容易；利用中央节点可方便地提供网络连接和重新配置；单个节点的故障只影响一个设备，不会影响全网；容易检测和隔离故障，便于维护。

　　（2）星形拓扑结构的缺点是该结构属于集中控制，主节点负载过重。如果中央节点产生故障，则全网不能工作，所以对中央节点的可靠性和冗余度要求很高。

图 1-13　星形拓扑结构

1.5.3 环形拓扑结构

　　环形拓扑结构是指各站点通过通信介质连接成一个封闭的环形。环形拓扑结构的网络容易安装和监控，但容量有限；网络建成后，难以增加新的站点。环形拓扑结构将各台联网的计算机用通信线路连接成一个闭合的环。环形拓扑结构是一个节点到节点的环路，每台设备都直接连接到环上，或通过一个分支电缆连接到环上，如图 1-14 所示。在环形拓扑结构中，信息按固定方向流动，如按顺时针方向或按逆时针方向流动。例如，著名的环形拓扑结构的网络令牌网（Token Ring）工作时按顺时

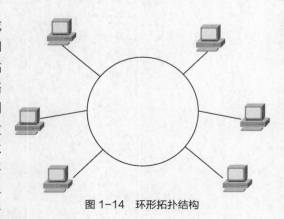

图 1-14　环形拓扑结构

针，而 FDDI 则为逆时针方向。

（1）环形拓扑结构的优点是，一次通信，信息在网络中传输的最大传输延迟是固定的，每个网络节点只与其他两个节点通过物理链路直接互连。因此，其传输控制机制较为简单，实时性强。

（2）环形拓扑结构的缺点是环中任何一个节点出现故障都可能会终止全网运行，因此可靠性较低。为了解决可靠性低的问题，有的网络，例如 FDDI 采用具有自愈功能的双环结构，一旦一个节点不工作，可自动切换到另一环路上工作。此时，网络需对全网进行拓扑和访问控制机制的调整，因此较为复杂。另外，环形拓扑结构的媒体访问控制协议都采用了令牌传递的方式，在负载很轻时，通信信道利用率较低。

1.5.4　树形拓扑结构

树形拓扑结构由总线型拓扑结构演变而来，它是在总线型网络上加分支形成的。其结构看上去像一棵倒挂的树，顶端有一个带分支的根，每个分支还可以延伸出子分支。树最上端的节点叫作根节点，一个节点发送信息时，根节点接收该信息并向全树广播，如图 1-15 所示。

（1）树形拓扑结构的优点是易于扩展和隔离故障。

图 1-15　树形拓扑结构

（2）树形拓扑结构的缺点是对根节点的依赖性太强，如果根节点发生故障，则全网不能正常工作，对根节点的可靠性要求很高。

1.5.5　其他拓扑结构

网状拓扑结构和混合型拓扑结构也经常出现在网络应用中。

1. 网状拓扑结构

网状拓扑结构分为全连接网状拓扑结构和不完全连接网状拓扑结构两种形式。在全连接网状拓扑结构中，每一个节点和网络中的其他节点均有链路连接。在不完全连接网状拓扑结构中，两个节点之间不一定有直接链路连接，它们之间的通信可以依靠其他节点进行转接。网状拓扑结构如图 1-16 所示。

（1）网状拓扑结构的优点是节点间的路径多，碰撞和阻塞的可能性大大减小；局部的故障不会影响整个网络的正常工作，可靠性高；网络扩充和主机入网比较灵活、简单。

（2）网状拓扑结构的缺点是结构和网络协议较复杂，建设成本高。

2. 混合型拓扑结构

混合型拓扑结构是由多种结构（如星形拓扑结构、环形拓扑结构、总线型拓扑结构）单元组成的结构，常见的是由星形拓扑结构和总线型拓

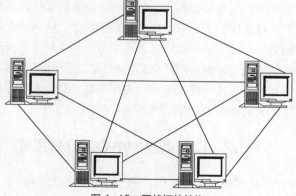

图 1-16　网状拓扑结构

扑结构结合在一起组成的拓扑结构。这样的拓扑结构更能满足较大网络的拓展需求，解决了星形网络在传输距离上的局限，以及总线型网络在连接用户数量方面的限制问题。

（1）混合型拓扑结构的优点是故障诊断和隔离方便，易于扩展，安装方便。

（2）混合型拓扑结构的缺点是需要用到带智能的集中器，集中器到各站点的电缆长度会增加。

网络拓扑结构是网络的基本要素，在网络中处于基础地位。选择合适的网络拓扑结构对构建网络很重要。确定网络拓扑结构时，要考虑联网的计算机数量、地理覆盖范围、网络节点变动的情况，以及今后的升级或扩展等因素。在组建 LAN 时常采用星形、环形、总线型和树形拓扑结构。树形和网状拓扑结构在 WAN 中比较常见。应当注意的是，在实际组建网络时，拓扑结构不一定是单一的，通常是几种拓扑结构综合运用。

1.6 网络的计算模式

随着计算机技术和计算机网络的发展，计算机网络中各种资源的共享模式发生了巨大的变化，由最初的以大型机为中心的计算模式，发展到以服务器为中心的计算模式、C/S 计算模式、B/S 计算模式、对等网络技术［又称点到点（Peer-to-Peer，P2P）技术］计算模式，以及目前流行的云计算模式。

1.6.1 以大型机为中心的计算模式

20 世纪 80 年代以前，计算机界普遍使用的是功能强大的大型机，许多用户同时共享中央处理器（Central Processing Unit，CPU）资源和数据存储功能，但访问会受到严格的控制，在与其进行数据交换时需要通过穿孔卡和简单的终端。在之后的若干年中，虽然有关技术飞速发展，但总体而言还局限于对资源的集中控制和不友好的用户界面中。在这种技术条件下，所采用的是以大型机为中心的计算模式，也称分时共享模式，其网络结构如图 1-17 所示。这一模式的特点如下：系统提供专用的用户界面；所有的用户按键行为和鼠标指针位置都被传入主机；通过直接的硬件连线把简单的终端连接到主机或一个终端控制器上；所有从主机返回的结果（包括鼠标指针位置和字符串等）都显示在屏幕的特定位置；系统采用严格的控制和广泛的系统管理、性能管理机制。这一模式是利用主机的能力来运行应用的，并采用无智能的终端来对应用进行控制。

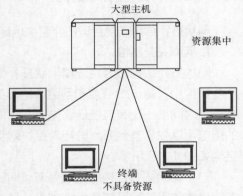

图 1-17 以大型机为中心的计算模式的网络结构

1.6.2 以服务器为中心的计算模式

20 世纪 70 年代初，PC 得到了飞速发展，由此推动了原有计算模式的发展和变化。虽然 PC 在用户的桌面上提供了有限的 CPU 处理能力、数据存储能力以及一些界面比较友好的软件，但是在大多数大型应用中，PC 的数据处理能力仍显不足，这便促使了 LAN 的产生。通过 LAN 的连接，

PC 与大型机之间的资源被集成在一个网络中，使 PC 的资源（文件和打印机资源）得到了延伸。这种模式便是以服务器为中心的计算模式，也被称为资源共享模式。它向用户提供了灵活的服务，但管理控制和系统维护工具的功能还是很弱的。其网络结构如图 1-18 所示。

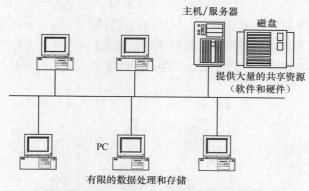

图 1-18　以服务器为中心的计算模式的网络结构

1.6.3　C/S 计算模式的出现

处理器技术、计算机技术和网络技术的进一步发展，提高了计算机的处理能力，而路由器和网桥技术的应用以及有效的网络管理使得将计算机连接到 LAN 上变得更加容易。因此，使用各种网络新技术可以将地理上分散的 LAN 互连在一起。除了联网能力以外，PC 访问大型系统的方便性及其价格的不断下降也使得 PC 的使用日益广泛。

正是基于以上原因，人们已经不满足于资源共享模式，而是开发出一种新的计算机模式，这就是 C/S 计算模式，其网络结构如图 1-19 所示。在 C/S 计算模式下，应用被分为前端（客户机部分）和后端（服务器部分）。客户机部分运行在微机或工作站上，而服务器部分运行在微机、大型机等各种计算机上。客户机和服务器分别工作在不同的逻辑实体中，并协同工作。服务器主要是进行客户机不能完成或需要费时处理的工作，如大型数据库的管理；而客户机可以通过预先指定的语言向服务器提出请求，要求服务器去执行某项操作，并将操作结果返回给客户机。

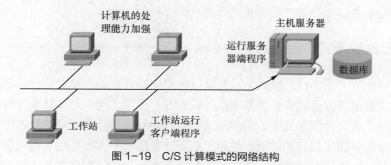

图 1-19　C/S 计算模式的网络结构

1.6.4　B/S 计算模式的应用

随着 Internet/Intranet 技术和应用的发展，WWW 服务成为核心服务，用户可以通过浏览器获得世界范围内的信息。而随着浏览器技术的发展，用户通过浏览器不仅能进行超文本标记语言（Hypertext Markup Language，HTML）的浏览查询，还能收发电子邮件，进行文件上传和下载等工作。也就是说，用户在浏览器统一的界面上能使用网络中的各种服务和应用功能。一种新的网络计算模式在 20 世纪 90 年代中期逐渐形成并发展。这种基于浏览器、WWW 服务器和应用服务器的计算模式被称为 B/S 计算模式，其网络结构如图 1-20 所示。这种新型的计算模式继承和共融了传统 C/S 计算模式中的网络软硬件平台和应用，且具有传统 C/S 计算模式所不及的很多特点，如更加开放、与软硬件平台无关、应用开发速度快、生命周期长、应用扩充和系统维护升级方便等。

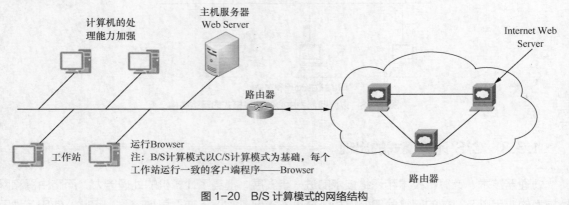

图 1-20　B/S 计算模式的网络结构

1.6.5　P2P 计算模式

P2P 是无中心服务器、依靠用户群（Peers）交换信息的互联网体系。与有中心服务器的中央网络系统不同，P2P 的每个用户端既是一个节点，又有服务器的功能。任何一个节点都无法直接找到其他节点，必须依靠其用户群进行信息交流。P2P 计算模式可简单地定义为通过直接交换来共享计算机资源和服务的计算模式。P2P 计算模式可解决仅用单一资源造成的瓶颈问题。P2P 计算模式可以通过网络实现数据分配、控制及满足负载均衡请求，以帮助优化性能。P2P 计算模式还可用来解决由于单点故障而影响全局的问题。企业采用 P2P 计算模式时，可利用客户机之间的分布式服务代替数据中心功能，数据检索和备份可在客户机上进行。

1.6.6　云计算模式

云计算是一种新兴的网络计算模式。云计算以网络化的方式组织和聚合计算与通信资源，以虚拟化的方式为用户提供可以缩减或扩展规模的计算资源，提高了用户对计算系统的规划、购置、占有和使用的灵活性。在云计算模式中，用户所关心的核心问题不再是计算资源本身，而是所能获得的服务。因此，服务问题（服务的提供和使用）是云计算模式中的核心和关键问题。云计算是网格计算、分布式计算、并行计算、效用计算、网络存储、虚拟化、负载均衡等传统计算机技术和网络技术发展融合的产物。

云计算提供 3 个层次的服务——基础设施即服务（Infrastructure as a Service，IaaS）、平台即服务（Platform as a Service，PaaS）和软件即服务（Software as a Service，SaaS）。云

计算的关键技术就是虚拟化技术。虚拟化技术能够实现计算资源划分和聚合、服务透明封装及虚拟机（Virtual Machine，VM）动态迁移等，能够满足云计算按需使用、弹性扩展的需求。云计算模式的网络结构如图 1-21 所示。

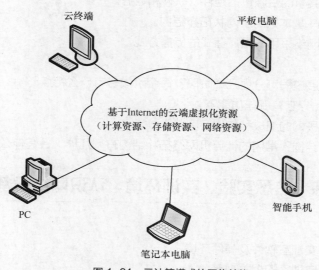

图 1-21　云计算模式的网络结构

1.7 习题

一、填空题

1. 计算机网络的发展历史不长，其发展过程分为 4 个阶段：_____、_____、_____和_____。

2. 计算机网络是由_____和_____两种技术相结合而形成的一种新的通信形式。

3. 20 世纪 60 年代中期，英国 NPL 的唐纳德·戴维斯提出了_____的概念，1969 年美国的 ARPANET 投入运行。

4. ISO 于 1984 年正式颁布了用于开放系统互连参考模型的国际标准_____，从而产生了第三代计算机网络。

5. 随着计算机技术和计算机网络的发展，先后出现了_____计算模式、_____计算模式、_____计算模式、_____计算模式和_____计算模式。

6. 计算机网络是由计算机系统、网络节点和通信链路等组成的系统。从逻辑上看，一个网络可分成_____和_____两个部分。

7. 根据网络所采用的传输技术，可以将网络分为_____和_____。

8. 计算机网络是利用通信设备和通信线路，将地理位置分散、具有独立功能的多个计算机系统互连起来，通过网络软件实现网络中_____和_____的系统。

9. 按照网络的作用范围，计算机网络可分为_____、_____和_____。

10. 常见的网络拓扑结构有_____、_____、_____、_____和_____等。

二、判断题

1. 最早的计算机网络起源于中国。　　　　　　　　　　　　　　　　　（　　）
2. WWW 即 World Wide Web，人们经常称它为万维网。　　　　　　（　　）
3. 计算机网络中可共享的资源包括硬件、软件和数据。　　　　　　　　（　　）
4. 目前使用的 WAN 基本采用了网状拓扑结构。　　　　　　　　　　　（　　）
5. 星形拓扑结构的网络采用的是广播式的传播方式。　　　　　　　　　（　　）

三、简答题

1. 计算机网络的发展过程可分为几个阶段？每个阶段各有什么特点？
2. 什么是计算机网络？它有哪些功能？
3. 通信子网和资源子网的组成和作用有哪些？
4. 什么是网络拓扑结构？常用的计算机网络拓扑结构有哪几种，各有什么特点？

1.8 拓展训练 熟悉实验、实训环境，认识网络设备

一、实训目的

- 熟悉网络实验、实训室软件及硬件环境。
- 了解网络实验、实训室的相关规定。
- 了解网络实验、实训室中使用的主要相关设备的名称及型号。
- 理解网络物理拓扑结构和逻辑拓扑结构。

二、实训环境要求

网络实验、实训室或计算机中心机房。

三、实训内容

（1）了解网络实验室、实训室的相关规定，如进入网络实验室、实训室应注意的用电安全、室内卫生及其他规定，特别注意安全用电的问题。自觉维护工作场所的正常秩序，具有规范的安全操作理念。

（2）观察网络实验室、实训室的布线和物理拓扑结构，以及软、硬件环境，做好详细记录。

（3）参观网络实验室、实训室，了解相关设备，通过观察与老师的讲解，对计算机网络有初步的认识。根据老师对实验室中的设备、拓扑结构、实验环境等的介绍，做好详细记录。

四、实训步骤

（1）参观网络实验室、实训室，在网络实验室、实训室中实地了解相关规定及注意事项，对照网络设备了解设备名称及其用途等。

（2）观察网络实验室、实训室的布线和物理拓扑结构，以及软、硬件环境。

（3）记录网络实验室、实训室使用的主要网络设备的名称、型号等。

（4）认真观察，仔细询问，画出初步的网络结构草稿图。

（5）细心琢磨，画出机房的网络拓扑结构图。

五、实训思考题

（1）常用的网络拓扑结构有哪些？画出 LAN 实验室的拓扑结构图。

（2）写出在参观过程中看到的网络设备的名称及其相关参数。

（3）列举市场上常见的交换机和路由器的产品名称、型号。

第 2 章
计算机网络体系结构

02

计算机网络由多个互连的节点组成，节点之间要不断地交换数据和控制信息。要想做到有条不紊地交换数据，每个节点必须遵守一整套合理且严谨的结构化管理体系。

本章学习目标

- 掌握计算机网络体系结构的概念。
- 掌握协议的概念。
- 理解并掌握 OSI 参考模型各层的功能。

- 掌握 TCP/IP 体系结构及各层的功能。
- 理解并掌握 OSI 参考模型与 TCP/IP 参考模型的区别及联系。

2.1 计算机网络体系结构概述

计算机网络体系结构是指计算机网络层次结构模型，它是各层的协议以及层次之间端口的集合。在计算机网络中实现通信必须依靠网络通信协议，目前广泛采用的是 ISO 1997 年提出的开放系统互连（Open System Interconnection，OSI）参考模型，习惯上称为 ISO/OSI 参考模型。

2.1.1 网络体系结构的相关概念

在网络体系结构中，经常会用到协议（Protocol）、实体（Entity）、层次（Layer）与接口（Interface）等相关概念。

1. 协议

协议是一种通信约定。例如，邮政通信就存在很多通信约定，如使用哪种文字写信，若收信人只懂英文，而发信人却用中文写信，对方就要请人将信翻译成英文才能阅读。不管发信人用的是中文还是英文，都得遵照一定的语义、语法格式书写。其实语言本身就是一种协议。另外一个协议的例子是信封书写的格式，若用英文写，则信封的左上方要先写发信人的地址和姓名，中间部分写收信人的地址和姓名；如果用中文写，则完全不同。显然，信封的书写格式就是一种协议。从广义上说，人们之间的交往就是一种信息交互的过程，每做一件事都必须遵循一种事先约定好的规则。那么，为了保证计算机网络中大量计算机之间能有条不紊地交换数据，就必须制定一系列的通信协议。因此，协议是计算机网络中一个重要的基本概念。一个计算机网络通常由多个互连的

2-1　计算机网络体系结构

节点组成，而节点之间需要不断地交换数据和控制信息。要想做到有条不紊地交换数据，每个节点就需要遵守一些事先约定好的规则。这些规则明确规定了所交换数据的格式和时序。这些为交换网络数据而制定的规则、约定与标准称为网络协议。

网络协议主要由语法、语义和时序3部分组成，即协议的三要素。

（1）语法：用户数据与控制信息的结构和格式，以及数据出现的顺序，如地址字段的长度和它在整个分组中的位置。

（2）语义：各个控制信息的具体含义，包括需要发出何种控制信息，以及要完成的动作与应做出的响应。

（3）时序：对事件实现顺序和时间的详细说明（也称为"同步"），包括数据应该在何时发送出去，以及数据应该以什么速率发送。

人们形象地把"网络三要素"描述为，语义表示要做什么，语法表示要怎么做，时序表示做的顺序。

2．实体、层次与接口

（1）实体。实体是指通信时能发送和接收信息的任何软、硬件设施。在网络分层体系结构中，每一层都由一些实体组成，这些实体抽象地表示通信时的软件元素（如进程或子程序）或硬件元素（如智能 I/O 芯片等）。

（2）层次。邮政通信系统涉及全国乃至世界各地区的亿万人民之间信件传送的复杂问题，它的解决方法如下：将总体要实现的很多功能分配在不同的层次中，每个层次要完成的任务和要实现的过程都有明确规定；各地区的系统为同等级的层次；不同系统的同等层次具有相同的功能；高层使用低层提供的服务时，并不需要知道低层服务的具体实现。邮政系统的层次结构与计算机网络层次化的体系结构有很多相似之处。层次结构对复杂问题采取"分而治之"的模块化方法，可以大大降低问题的复杂度。为了实现网络中计算机之间的通信，网络分层体系结构需要把每个计算机互连的功能划分成有明确定义的层次，并规定同层次进程通信的协议及相邻层之间的接口服务。

（3）接口。接口是同一个节点或节点内相邻层之间交换信息的连接点。在邮政系统中，邮箱就是发信人与邮递员之间规定的接口。同一节点的相邻层之间存在明确规定的接口，低层通过接口向高层提供服务。只要接口不变、低层功能不变，低层功能的具体实现方法就不会影响整个系统的工作。

网络分层体系结构的特点是每一层都建立在前一层的基础上，较低层只为较高一层提供服务。这样每一层在实现自身功能时，直接使用较低一层提供的服务，就间接地使用了更低层提供的服务，并向较高一层提供更完善的服务，同时屏蔽了具体实现这些功能的细节。分层结构中各相邻层之间要有接口，接口定义了较低层向较高层提供的原始操作和服务。相邻层通过它们之间的接口交换信息，高层并不需要知道低层功能是如何实现的，仅需知道该层通过层间的接口所能提供的服务即可，这样使得两层之间保持了功能的独立性。

2.1.2　层次结构设计

为完成计算机之间的通信合作，把每个计算机互连的功能划分成有明确定义的层次，并规定同层次进程通信的协议及相邻层之间的接口服务，这些同层次进程通信的协议以及相邻层的接口统称为网络体系结构（Network Architecture）。

网络体系结构对计算机网络应实现的功能进行了精确的定义，而这些功能要用什么样的硬件与软件去完成是具体的实现问题。体系结构是抽象的，而实现是具体的，它是指能够运行的一些硬件和软件。

为了降低计算机网络的复杂程度，按照结构化设计方法，可以将计算机网络按功能划分为若干个层次，较高层次建立在较低层次的基础上，并为更高层次提供必要的服务功能。网络中的每一层都起到了隔离作用，使得低层功能的具体实现方法的改变不会影响到较高一层所执行的功能。在计算机网络中采用层次结构的优点如下。

（1）各层之间相互独立。高层并不需要知道低层功能是如何实现的，而仅需要知道该层通过层间接口所能提供的服务。例如，邮包运送部门将邮包作为货物交给铁路部门运输时，无需关心火车运行的具体细节。其每一层只实现一个相对独立的功能，因而可将一个难以处理的复杂问题分解为若干个较容易处理的更小的问题。这样，整个问题的复杂程度就降低了。

（2）灵活性好。当任何一层发生变化时，只要接口保持不变，则在此层以上或以下的各层均不受影响。例如，火车提速了，或更改了车型，对邮包运送部门的工作没有直接影响。此外，当某层提供的服务不再被需要时，甚至可将此层取消。

（3）结构上可分隔开。各层都可采用最合适的技术来实现。各层实现技术的改变不影响其他层。

（4）易于实现和维护。层次结构使得实现和调试一个庞大而又复杂的系统变得容易，因为整个系统已被分解为若干个相对独立的子系统。

（5）有利于促进标准化。这主要是因为每层的功能与所提供的服务已有明确的说明。标准化对于计算机网络来说非常重要，因为协议是通信双方共同遵守的约定。

2.2 开放系统互连参考模型

1974 年，IBM 公司提出了世界上第一个网络体系结构——SNA。此后，许多公司纷纷提出各自的网络体系结构。这些网络体系结构的共同之处在于它们都采用了分层技术，但层次的划分、功能的分配与采用的技术术语均不相同。随着信息技术的发展，各种计算机系统联网和各种计算机网络的互连成为人们迫切需要解决的问题，OSI 参考模型就是在这一背景下提出并加以研究的。

2.2.1 OSI 参考模型

为了建立一个国际统一标准的网络体系结构，ISO 从 1978 年 2 月开始研究 OSI 参考模型，1982 年 4 月形成国际标准草案。它定义了异种机联网标准的框架结构，采用了分层描述的方法，将整个网络的通信功能划分为 7 个部分（也称 7 个层次），每层各自完成一定的功能。由低层至高层分别为物理层、数据链路层、网络层、传输层、会话层、表示层和应用层。

2-2 OSI 参考
模型

OSI 参考模型分层的原则如下。

（1）每层的功能应是明确的，并且是相互独立的。当某一层的具体实现方法改变时，只要该层与上、下层的接口不变，就不会对相邻层产生影响。

（2）层间接口必须清晰，跨越接口的信息量应尽可能少。

（3）每一层的功能选定都应基于已有的成功经验。

（4）在需要不同的通信服务时，可在一层内再设置两个或更多的子层次。当不需要该服务时，也可绕过这些子层次。

2.2.2　OSI 参考模型各层之间的关系

OSI 参考模型的分层模型如图 2-1 所示。下面介绍 OSI 参考模型各层的简单功能。

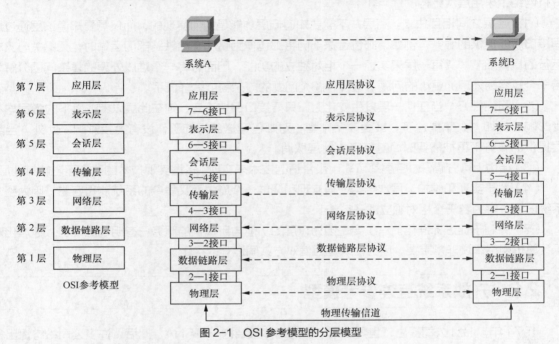

图 2-1　OSI 参考模型的分层模型

1. 物理层

物理层（Physical Layer）是 OSI 参考模型的最底层，传送的基本单位是比特（bit），完成的是计算机网络中最基础的任务。其任务是实现两个节点间的物理连接，并在传输介质上传送比特流，将数据链路层帧中的每个比特从一个节点通过传输介质传送到下一个节点。物理层向数据链路层提供的是透明的比特流传送服务。物理层的功能主要有以下 3 点。

（1）确定物理介质机械的、电气的、功能的以及过程（规程）的特性，并能在数据终端设备（Data Terminal Equipment，DTE）（如计算机、终端等）、数据电路端接设备（Data Circuit-terminating Equipment，DCE）（如调制解调器）、数据交换设备（Data Switch Equipment，DSE）之间完成物理连接，以及传输通路的建立、维持和释放等操作。

（2）能在两个物理连接的数据链路实体之间提供透明的比特流传输。物理连接可以是永久的，也可以是动态的；可以是双工的，也可以是半双工的。

（3）在传输过程中能对传输通路的工作进行监督。一旦出现故障，可立即通知相应设备。

关于物理上互连的问题，国际上已经有许多标准可用。其中，主要有美国电子工业协会（Electronic

Industry Association，EIA）的 RS-233-C、RS-367-A、RS-449，国际电报电话咨询委员会（International Telephone and Telegraph Consultative Committee，CCITT）建议的 X.21，以及 IEEE 802 系列标准等。

> **特别注意** 传递信息所利用的一些物理传输介质本身是在物理层的下面的，因此也有人把物理传输介质当作第 0 层。

2．数据链路层

数据链路层（Data Link Layer）常简称为"链路层"。计算机网络由主机、路由器和连接它们的链路组成，从源主机发送到目的主机的分组必须在一段一段的链路上传送。数据链路层的任务就是将分组从链路的一端传送到另一端。其主要功能是通过校验、确认和反馈重发等方式对高层屏蔽传输介质的物理特征，保证两个邻接（共享一条物理信道）节点间的无错数据传输，给上层提供无差错的信道服务。

数据链路层的具体工作过程为：接收来自上层的数据，不分段；给数据加上某种差错校验位（因为物理信道有噪声）、数据链协议控制信息和头/尾分界标志，让其变成帧（数据链路层协议数据单位）；将帧从物理信道上发送出去，同时处理接收端的回答数据，重传出错和丢失的帧，保证按发送次序把帧正确地交给对方。

此外，链路层还有流量控制、启动链路、同步链路的开始与结束等功能，以及对多站线、总线、广播通道上各站的寻址功能。

人们将数据链路层传送的基本单位称为帧（Frame）。因此数据链路层的任务就是在相邻节点之间（主机和路由器之间或两个路由器之间）的链路上传送以帧为单位的数据。

链路层的帧包括数据和必要的控制信息（如同步信息、差错控制等）。例如，在接收数据时，控制信息使接收端能够知道一帧从哪个比特开始和到哪个比特结束。控制信息还可用于接收端检测所收到的帧中有无差错。如发现差错，则数据链路层应该丢弃有差错的帧，以免继续传送下去白白浪费网络资源。

3．网络层

网络层（Network Layer）负责为分组交换网中的不同主机提供通信服务。在发送数据时，网络层把传输层产生的报文段（Segment）或用户数据报封装成分组或包进行传送。在 TCP/IP 体系结构中，由于网络层使用的协议是 IP，因此分组也叫作 IP 数据报，或简称数据报。

> **特别注意** 不要把传输层的"用户数据报"和网络层的"IP 数据报"弄混。

网络层的基本工作是接收来自源主机的报文（Message），并把它转换成报文分组（包），而后选择合适的路由，通过网络中的路由器转发（通常要经过多个路由器转发），最后把报文分组送达目的主机。

报文分组在源主机与目的主机之间建立起的网络连接上传送；当它到达目的主机后再装配还原为报文。这种网络连接是通过通信子网来建立的。网络层关心的是通信子网的运行控制，需要在通信子网中进行路由选择。如果在通信子网中同时出现过多的分组，则会造成阻塞，因而要对分组进行控制。当分组要跨越多个通信子网才能到达目的地时，还要解决网际互连的问题。网络层传送的基本单位是包（Packet）或分组，"包"一般也称"数据包"。

特别注意 无论在哪一层传送的数据单元，习惯上都可笼统地用"分组"来表示。在阅读国外文献时，特别要注意 packet 往往是作为任何一层传送的数据单元的同义词使用的。

Internet 是一个很大的互联网，它由大量的异构（Heterogeneous）网络通过路由器相互连接而来。Internet 主要的网络层协议是无连接的网际协议（Internet Protocol，IP）和许多路由选择协议。在本书中，网络层、网际层和 IP 层是同义词。

强调 网络层中的"网络"二字，已不是人们通常谈到的具体的网络，而是计算机网络体系结构模型中的专用名词。

4. 传输层

传输层（Transport Layer）的任务是负责向两台主机进程之间的通信提供通用的数据传输服务。应用进程利用该服务传送应用层报文。通用是指并不针对某个特定网络应用，多种应用可以使用同一个传输层服务。由于一台主机可以同时运行多个进程，因此传输层有复用和分用的功能。复用就是多个应用层进程可以同时使用传输层的服务，分用则是传输层把收到的信息分别交付给应用层中的相应进程。

传输层是第一个端对端（也就是主机到主机）的层次。该层的功能是提供一种独立于通信子网的数据传输服务（即对高层隐藏通信子网的结构），使源主机与目的主机像是点到点简单连接起来的一样，尽管实际的连接可能是一条租用线或各种类型的包交换网。传输层的具体工作是负责两个会话实体之间的数据传输，接收会话层送来的报文，把它分解成若干较短的片段（因为网络层限制了传送包的最大长度），保证每一个片段都能正确送达对方，并按它们发送的次序在目的主机中重新汇集起来（这一工作也可以在网络层完成）。通常，传输层在高层用户请求建立一条传输虚拟通信连接时，会通过网络层在通信子网中建立一条独立的网络连接。但是，当需要较高的吞吐量时，传输层也可以建立多条网络连接来支持一条传输连接，这就是分流。有时，为了节省费用，也可使多个传输通信合用一条网络连接，这就是复用。传输层还要处理端到端的差错控制和流量控制问题。概括地说，传输层为上层用户提供了端到端的透明化的数据传输服务。

在 Internet 中，主要有两个传输层协议。

（1）传输控制协议（Transmission Control Protocol，TCP）——提供面向连接的、可靠的数据服务，其数据传输的单位是报文段。

（2）用户数据报协议（User Datagram Protocol，UDP）——提供无连接的、尽最大努力（Best-Effort）的数据传输服务（不保证数据传输的可靠性），其数据传输的单位是用户数据报。

5. 会话层

会话层（Session Layer）允许不同主机上的各种进程间进行会话。传输层是主机到主机的层次，而会话层是进程到进程的层次。会话层组织和同步进程间的对话。它可以管理对话，允许双向同时进行，或任何时刻只允许一个方向进行。在后一种情况下，会话层提供了一种数据权标来控制哪一方有权发送数据。会话层还提供同步服务。若两台主机进程间要进行较长时间的大文件传输，而通信子网故障率又较高，对于传输层来说，每次传输失败后，都不得不重新传输这个文件。会话层提供了在数据流中插入同步点的机制，在每次网络出现故障后，可以仅重传最近一个同步点以后的数据，而不必从头开始。会话层管理通信进程之间的会话，协调数据发送方、发送时间和数据包的大小等。会话层及以上各层传送的基本单位是信息。

6. 表示层

表示层（Presentation Layer）为上层用户提供共同需要的数据或信息语法表示变换。大多数用户间并非仅交换随机的比特数据，还要交换人名、日期、货币数量和商业凭证之类的信息。它们是通过字符串、整数、浮点数以及由简单类型组合成的各种数据结构来表示的。不同的机器采用不同的编码方法来表示这些数据类型和数据结构，如美国信息交换标准代码（American Standard Code for Information Interchange，ASCII）、广义二进制编码的十进制交换码（Extended Binary Coded Decimal Interchange Code，EBCDIC）、反码或补码等。为了让采用不同编码方法的计算机通信交换后能相互理解彼此数据的值，可以采用抽象的标准方法来定义数据结构，并采用标准的编码表示形式。管理这些抽象的数据结构，并把计算机内部的表示形式转换成网络通信中采用的标准表示形式是由表示层来完成的。数据压缩和加密也是由表示层提供的表示变换功能来完成的。数据压缩可减少传输的比特数，从而节省经费；数据加密可防止窃听和篡改。

7. 应用层

应用层（Application Layer）是开放系统互连环境中的最高层。不同的应用层为特定类型的网络应用提供访问 OSI 环境的方式。网络环境下不同主机间的文件传送、访问和管理（File Transfer Access and Management，FTAM），网络环境下传送标准电子邮件的报文处理系统（Message Handling System，MHS），方便不同类型的终端和不同类型的主机间通过网络交互访问的虚拟终端（Virtual Terminal，VT）协议等都属于应用层的范畴。

OSI 参考模型在网络技术发展中起到了主导作用，促进了网络技术的发展和标准化。但是应该指出，OSI 参考模型本身并非协议标准。它主要提出了将网络功能划分为层次结构的建议，以便开发各层协议的标准。一些国际标准机构，如 CCITT、美国国家标准学会（American National Standards Institute，ANSI）等均进行了各层协议标准的开发。因此，目前存在多种网络标准，如 TCP/IP 就是一个普遍使用的网络互连的标准协议簇。这些标准的形成和改善又不断促进网络技术的发展和应用。

2.2.3 OSI 环境中的数据传输过程

OSI 环境中的数据传输过程与 OSI 的通信模型结构息息相关。

1. OSI 的通信模型结构

OSI 的通信模型结构如图 2-2 所示，它描述了 OSI 通信环境。OSI 的通信模型结构描述的范围包括联网计算机系统中的物理层到应用层的 7 层与通信子网，即图中虚线所连接的范围。

在图 2-2 中，系统 A 和系统 B 在接入计算机网络之前，不需要有实现从物理层到应用层的 7

层功能的硬件与软件。如果它们要接入计算机网络，则必须增加相应的硬件和软件。通常，物理层、数据链路层和网络层可以由硬件方式来实现，而较高层基本通过软件方式来实现。例如，当系统 A 与系统 B 交换数据时，系统 A 先调用实现应用层功能的软件模块，将系统 A 的交换数据请求传送到表示层，再向会话层传送，直至物理层；物理层通过传输介质连接系统 A 与中间节点的通信控制处理机，将数据送到通信控制处理机；通信控制处理机的物理层接收到系统 A 的数据后，通过数据链路层检查是否存在传输错误，若无错误，则通信控制处理机通过网络层确定下面应该把数据传送到哪一个中间节点；若通过路径选择确定了下一个中间节点的通信控制处理机，则将数据从上一个中间节点传送到下一个中间节点；下一个中间节点的通信控制处理机采用同样的方法将数据传送到系统 B，系统 B 将接收到的数据从物理层逐层向高层传送，直至系统 B 的应用层。

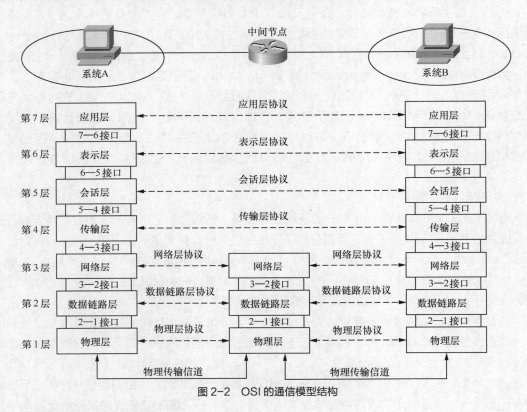

图 2-2　OSI 的通信模型结构

2. OSI 环境中的数据传输过程

OSI 环境中的数据流如图 2-3 所示。从图中可以看出，OSI 环境中的数据传输过程包括以下几个步骤。

（1）当系统 A 的应用进程数据传送到应用层时，应用层数据加上本层的控制报头后，组织成应用层的数据服务单元，并传输到表示层。

（2）表示层接收到这个数据服务单元后，加上本层的控制报头，组成表示层的数据服务单元，再传送到会话层。以此类推，直至数据传送到传输层。

（3）传输层接收到这个数据服务单元后，加上本层的控制报头，就构成了传输层的数据服务单元，称为报文。

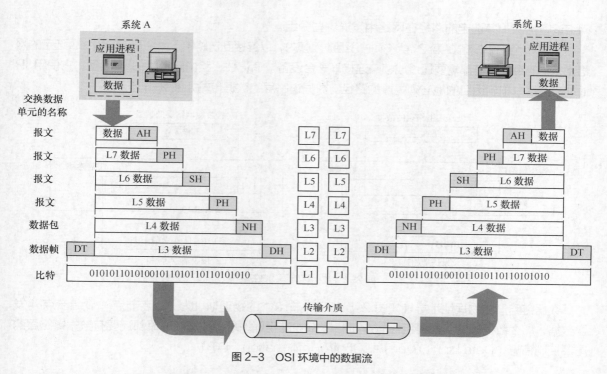

图 2-3　OSI 环境中的数据流

（4）传输层的报文传送到网络层时，由于网络数据服务单元的长度有限，传输层的长报文将被分成多个较短的数据字段，加上网络层的控制报头，就构成了网络层的数据服务单元，称为分组，也被称为报文分组或数据包。

（5）网络层的分组传送到数据链路层时，加上数据链路层的控制信息，就构成了数据链路层的数据服务单元，称为帧。

（6）数据链路层的帧传送到物理层后，将以比特流的方式通过传输介质传输出去。

当比特流到达目的节点计算机 B 时，再从物理层依次上传，每层对各层的控制报头进行处理，将用户数据上交给高层，最后将系统 A 的应用进程数据传送到系统 B 的应用进程。

尽管系统 A 的应用进程数据在 OSI 环境中要经过复杂的处理过程才能传送到系统 B 的应用进程，但对于每个系统的应用进程来说，OSI 环境中数据流的复杂处理过程是透明的。系统 A 的应用进程数据好像是"直接"传送给系统 B 的应用进程的，这就是开放系统互连参考模型在网络通信过程中起到的本质作用。

例如，系统 A 想发送 E-mail 给系统 B，其发送内容如下。

The small gray cat ran up the wall to try to catch the red bird.

如果要将该 E-mail 发送到合适的目的地，则数据封装过程包括以下 5 个转换步骤。

（1）当用户发送 E-mail 消息时，其中的字母和数字字符被转换成数据，从第 7 层向下传到第 5 层，并在网络中传输。

（2）在第 4 层，传输层使用段把数据打包，使它能用于网络传输，并确保系统两端的消息主机能可靠通信。

（3）数据在第 3 层被放入分组（或数据报），其中包含源和目的逻辑地址的网络报头。此后，网络设备沿着一条选定的路径在网络中发送这些分组。

（4）每个网络设备在第 2 层必须把分组放入帧内，以连接到链路中下一个直连的网络。选定的网络路径上的每台设备都需要通过成帧来连接下一台设备。请记住，路由器是第 3 层设备，它使用 IP 地址来选择分组到达目的地必须经过的路径。数据链路层的数据传输如图 2-4 所示。

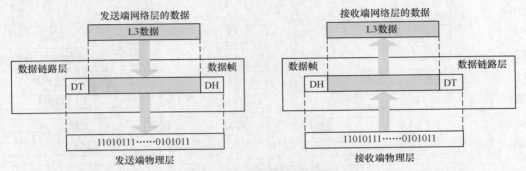

图 2-4　数据链路层的数据传输

数据链路层的物理地址寻址如图 2-5 所示。节点 1 的物理地址为 A，若节点 1 要给节点 4 发送数据，那么数据帧的头部要包含节点 1 和节点 4 的物理地址，数据帧的尾部还要有数据链路层的尾部控制信息（Data Link Layer Tail Control Information，DT）。

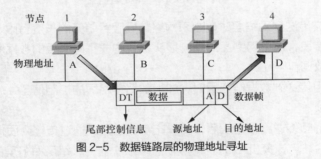

图 2-5　数据链路层的物理地址寻址

（5）在第 1 层，帧必须转换成可以在传输介质（通常是铜线或光缆）中传输的“1”或“0”模式。时钟（Clocking）功能使设备能区分在介质中传送的比特。所选路径中的物理网络介质可能有所不同。例如，E-mail 消息可能来自一个 LAN，通过校园网的主干网络，再经过 WAN 链路，直至另一个远端 LAN 中的目的地，如图 2-6 所示。

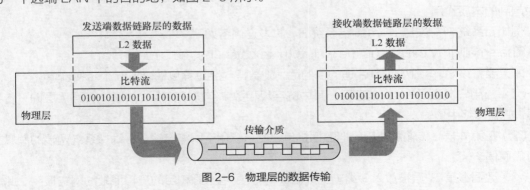

图 2-6　物理层的数据传输

2.3 TCP/IP 体系结构

OSI 参考模型最初是开发网络通信协议簇的一个工业参考标准。通过严格遵守 OSI 参考模型标准，不同的网络技术之间可以轻易地实现互操作。但由于 Internet 在全世界飞速发展，TCP/IP 协议簇成为一种事实上的标准，并形成了 TCP/IP 参考模型。不过，OSI 参考模型的制定也参考了 TCP/IP 协议簇及其分层体系结构的思想，而 TCP/IP 参考模型在不断发展的过程中也吸收了 OSI 参考模型标准中的概念及特征。

2-3 TCP/IP 体系结构

2.3.1 TCP/IP 的概念

TCP/IP 起源于美国高级研究计划署（Advanced Research Project Agency，ARPA）网络，简称 ARPANET，由它的两个主要协议（即 TCP 和 IP）而得名。TCP/IP 是 Internet 上所有网络和主机之间进行交流所使用的共同"语言"，是 Internet 中的标准网络连接协议。通常所说的 TCP/IP 实际上包含了大量的协议和应用，且由多个独立定义的协议组合在一起，协同工作。因此，更确切地说，应该称 TCP/IP 为 TCP/IP 协议集、TCP/IP 协议栈或 TCP/IP 协议簇（Protocol Suit）。

在 Internet 使用的各种协议中，最重要和最著名的就是 TCP 和 IP 两个协议。现在人们经常提到的 TCP/IP 并不一定是单指 TCP 和 IP 这两个具体协议，而往往是表示 Internet 所使用的整个协议簇。

TCP/IP 协议簇具有以下几个特点。

（1）开放的协议标准，可以免费使用，并且独立于特定的计算机硬件与操作系统。

（2）独立于特定的网络硬件，可以运行在 LAN、WAN 中，更适用于互联网中。

（3）统一的网络地址分配方案，使整个 TCP/IP 设备在网络中具有唯一的地址。

（4）标准化的高层协议，可以提供多种可靠的用户服务。

2.3.2 TCP/IP 的层次结构

OSI 参考模型是一种通用的、标准的理论模型，目前市面上没有一个流行的网络协议完全遵守 OSI 参考模型，TCP/IP 也不例外。TCP/IP 协议簇有自己的模型，称为 TCP/IP 参考模型，其层次结构和 OSI 参考模型的层次结构的对照关系如图 2-7 所示。

TCP/IP 实际上是一个协议系列，这个协议系列的正确名称应是 Internet 协议系列，而 TCP 和 IP 是其中的两个协议。由于它们是最基本、最重要的两个协议，也是广为人知的协议，因此，通常用 TCP/IP 来代表整个 Internet 协议系列。其中，有些协议是为满足很多应用的需要而提供的低层功能，包括 IP、TCP 和 UDP；其他协议则用于完成特定的任务，如传送文件、发送邮件等。

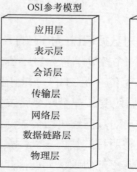

图 2-7 TCP/IP 参考模型的层次结构与 OSI 参考模型的层次结构的对照关系

TCP/IP 的层次结构包括 4 个层次，即网络接口层、网际层、传输层和应用层，但实际上只有 3 个层次包含了实际的协议。TCP/IP 中各层的协议如图 2-8 所示。

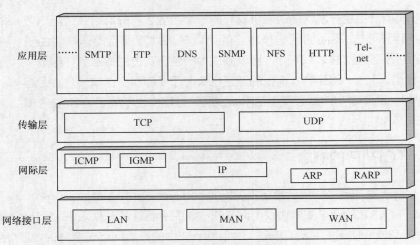

图 2-8　TCP/IP 中各层的协议

1. 网络接口层

TCP/IP 参考模型的最底层是网络接口层，也称为网络访问层，该层负责将帧放入线路或从线路中取下帧。它包括了能使用与物理网络进行通信的协议，且对应着 OSI 参考模型的物理层和数据链路层。该层并没有定义具体的网络接口协议，而是旨在提高灵活性，以适应各种网络类型，如 LAN、MAN 和 WAN。这也说明了 TCP/IP 可以运行在任何网络之上。

2. 网际层

网际层也称互联网层，是在 Internet 标准中正式定义的第一层。它将数据包封装成 Internet 数据包并运行必要的路由算法，具体来说就是处理来自上层（传输层）的报文段，将报文段形成 IP 数据报，并且为该数据报选择路径，最终将它从源主机发送到目的主机。在网际层中，最常用的协议是 IP，其他协议用来协助 IP 进行操作，如 Internet 控制报文协议（Internet Control Message Protocol，ICMP）、Internet 组管理协议（Internet Group Management Protocol，IGMP）、地址解析协议（Address Resolution Protocol，ARP）和反向地址转换协议（Reverse Address Resolution Protocol，RARP）等。

（1）IP

IP 的任务是对数据包进行相应的寻址和路由，并从一个网络转发到另一个网络。IP 在每个发送的数据包前加入一个控制信息，其中包含了源主机的 IP 地址（IP 地址相当于 OSI 参考模型中网络层的逻辑地址）、目的主机的 IP 地址和其他信息。IP 的另一项工作是分割和重编在传输层被分割的数据包。由于数据包要从一个网络转发到另一个网络，当两个网络支持传输的数据包的大小不相同时，IP 会在发送端对数据包进行分割，并在分割的每一段前加入控制信息进行传输。当接收端接收到数据包后，IP 将所有的片段重新组合成原始的数据。

IP 是一个无连接的协议。无连接是指主机之间不建立用于可靠通信的端到端的连接，源主机只是简单地将 IP 数据包发送出去，而 IP 数据包可能会丢失、重复、延迟时间长或者次序混乱。因此，要实现数据包的可靠传输，就必须依靠高层的协议或应用程序，如传输层的 TCP。

（2）ICMP

ICMP 为 IP 提供差错报告。由于 IP 是无连接的，且不进行差错检验，当网络中发生错误时，它不能检测错误。向发送 IP 数据包的主机汇报错误就是 ICMP 的工作。例如，如果某台设备不能将一个 IP 数据包转发到另一个网络，则它会向发送数据包的源主机发送一个消息，并通过 ICMP 解释这个错误。ICMP 能够报告的一些普通错误类型有目标无法到达、阻塞、回波请求和回波应答等。

（3）IGMP

IP 只是负责网络中点到点的数据包传输，而点到多点的数据包传输要依靠 IGMP 来完成。它主要负责报告主机组之间的关系，以便相关的设备（路由器）可支持多播发送。

（4）ARP 和 RARP

ARP 用于查找与给定 IP 地址对应的主机的网络物理地址。IP 地址是互联网中标识主机的逻辑地址，在封装传送数据报时，还必须知道彼此的物理地址。

发送方主机 A 使用 ARP 查找接收方主机 B 的物理地址，可以广播一个 ARP 请求报文分组，该报文分组包含接收方主机 B 的 IP 地址。当前网络中的每台主机检查接收到的 ARP 广播报文，判断自己是否为发送方主机 A 所请求的目标，如果是，则将自己的物理地址通过 ARP 报文发回给主机 A。当发送方主机 A 得到接收方主机 B 的物理地址时，将此地址存入缓存地址中，以备下次发送时使用。

RARP 用于解决网络物理地址到 IP 地址的转换问题。例如，在无盘工作站启动时，如果只知道本地主机的网络物理地址（即网卡地址），而不知道 IP 地址，那么本地主机需要从远程服务器上获取其操作系统的映像，通过向本网络中发送 RARP 报文来获得它的 IP 地址。在网络中被授权提供 RARP 服务的计算机也称为 RARP 服务器。

3. 传输层

传输层在计算机之间提供通信会话，也称为主机至主机层，与 OSI 参考模型的传输层类似。它主要负责主机至主机的端到端通信，该层使用了两个协议来支持数据的传送：TCP 和 UDP。这两个协议的详细内容在第 4 章会讲解，这里仅做简单介绍。

（1）TCP

TCP 是传输层的一种面向连接的通信协议，可提供可靠的数据传送。对于大量数据的传输，通常要求有可靠的传送。

TCP 将源主机应用层的数据分成多个分段，并将每个分段传送到网际层，网际层将数据封装为 IP 数据包，并发送到目的主机。目的主机的网际层将 IP 数据包中的分段传送给传输层，再由传输层对这些分段进行重组，还原成原始数据，并传送给应用层。另外，TCP 还要完成流量控制和差错检验的任务，以保证可靠的数据传输。

（2）UDP

UDP 是传输层的一种面向无连接的通信协议，因此，它不能提供可靠的数据传输。此外，UDP 不进行差错检验，必须由应用层的应用程序来提高可靠性和完成差错控制，以保证端到端数据传输的正确性。虽然与 TCP 相比，UDP 显得非常不可靠，但其在一些特定的环境下还是非常有优势的，例如，在要发送的信息较短，不值得在主机之间建立一次连接时。另外，面向连接的通信通常只能在两台主机之间进行，若要实现多台主机之间的一对多或多对多的数据传输，即广播或多播，就需要使用 UDP。

4. 应用层

TCP/IP 参考模型的顶部是应用层，与 OSI 参考模型中最上面的 3 层任务相同，用于提供网络服务。该层是应用程序进入网络的通道。应用层有许多 TCP/IP 工具和服务，如文件传输协议（File Transfer Protocol，FTP）、远程终端协议（Telnet）、简单网络管理协议（Simple Network Management Protocol，SNMP）、域名系统（Domain Name System，DNS）等。该层为网络应用程序提供了两个接口：Windows Sockets 和 NetBIOS。

在 TCP/IP 参考模型中，应用层包括了所有的高层协议，而且总是不断有新的协议加入。应用层的协议主要有以下几种。

（1）Telnet：让本地主机可以作为仿真终端登录到远程主机上运行应用程序。

（2）FTP：实现主机之间的文件传送。

（3）简单邮件传输协议（Simple Mail Transfer Protocol，SMTP）：实现主机之间电子邮件的传送。

（4）DNS：实现主机名与 IP 地址之间的映射。

（5）动态主机配置协议（Dynamic Host Configuration Protocol，DHCP）：实现对主机的地址分配和配置工作。

（6）路由信息协议（Routing Information Protocol，RIP）：用于网络设备之间交换路由信息。

（7）超文本传输协议（HyperText Transfer Protocol，HTTP）：用于 Internet 中客户机与 WWW 服务器之间的数据传输。

（8）网络文件系统（Network File System，NFS）：实现主机之间的文件系统共享。

（9）引导协议（Bootstrap Protocol，BOOTP）：用于无盘主机或工作站的启动。

（10）SNMP：实现网络的管理。

2.3.3　OSI 参考模型与 TCP/IP 参考模型的比较

世界上任何地点的任何系统只要遵循 OSI 标准就可进行相互通信。TCP/IP 最早是 ARPANET 使用的网络体系结构和协议标准，以它为基础的 Internet 是目前规模最大的计算机网络。OSI 参考模型与 TCP/IP 参考模型的差别如下。

1. 模型设计的差别

OSI 参考模型是在具体协议制定之前设计的，对具体协议的制定进行了约束。因此，在模型设计时考虑得不是很全面，有时不能完全指导协议中某些功能的实现，从而导致要对模型进行"修修补补"。TCP/IP 参考模型正好相反，协议在先，模型在后，模型实际上是对已有协议的抽象描述。TCP/IP 参考模型不存在与协议的匹配问题。

2. 层数和层间调用关系不同

OSI 参考模型分为 7 层，而 TCP/IP 参考模型只有 4 层，除网络层、传输层和应用层外，其他各层都不相同。另外，TCP/IP 参考模型虽然也分层次，但层次之间的调用关系不像 OSI 参考模型那么严格。在 OSI 参考模型中，两个实体通信必须涉及下一层的实体，下层向上层提供服务，上层通过接口调用下层的服务，层间不能有越级调用关系。OSI 参考模型这种严格分层确实是有必要的。

遗憾的是，严格按照分层模型编写的软件效率极低。为了克服以上缺点，提高效率，TCP/IP 参考模型在保持基本层次结构的前提下，允许越过紧挨着的下一层，直接使用更低层次提供的服务。

3．最初设计的差别

TCP/IP 参考模型在设计之初就着重考虑不同网络之间的互连问题，并将网际层协议 IP 作为一个单独的重要的层次。OSI 参考模型最初只考虑到用一种标准的公用数据网将各种不同的系统互连在一起。后来，OSI 参考模型虽然认识到了 IP 的重要性，但已经来不及像 TCP/IP 参考模型那样将网际层作为一个独立的层次，只好在网络层中划分出一个子层来起到类似 IP 的作用。

4．对可靠性的强调不同

OSI 参考模型认为数据传输的可靠性应该由点到点的数据链路层和端到端的传输层来共同保证，而 TCP/IP 参考模型分层思想认为可靠性是端到端的问题，应该由传输层来解决。因此，TCP/IP 参考模型允许单个链路（或计算机）丢失或损坏数据，网络本身不进行数据恢复，对丢失或损坏的数据的恢复是在源节点设备与目的节点设备之间进行的。在 TCP/IP 网络中，保证可靠性的工作是由主机来完成的。

5．标准的效率和性能存在差别

OSI 参考模型是作为国际标准由多个国家共同努力制定的，标准大而全，效率却低（OSI 参考模型的各项标准已超过 200 个）。TCP/IP 参考模型并不是作为国际标准开发的，它只是对已有标准的一种概念性描述。它的设计目的单一，影响因素少，协议简单高效，可操作性强。

6．市场应用和支持不同

OSI 参考模型设计之初，人们普遍希望网络标准化，对 OSI 参考模型寄予厚望。然而，OSI 参考模型迟迟无成熟产品推出，妨碍了第三方厂家开发相应的软、硬件，进而影响了 OSI 参考模型的市场占有率和未来发展。另外，在 OSI 参考模型出台之前，TCP/IP 参考模型就代表着市场主流，OSI 参考模型出台后很长一段时间内不具有可操作性，因此，在信息"爆炸"、网络迅速发展的 10 多年中，性能差异、市场需求的优势在客观上促使众多的用户选择了 TCP/IP 参考模型，并使其成为"既成事实"的国际标准。

2.4 习题

一、填空题

1．网络协议就是为实现网络中的数据交换而建立的_____或_____，它主要由_____、_____和_____3 部分组成，即协议的三要素。

2．为完成计算机之间的通信合作，把每个计算机互连的功能划分成有明确定义的层次，并规定同层次进程通信的协议及相邻层之间的接口服务，这些同层次进程通信的协议以及相邻层的接口统称为_____。

3．网络的参考模型有两种：_____和_____。前者出自 ISO；后者是一个事实上的工业标准。

4．从低到高依次写出 OSI 参考模型中各层的名称：_____、_____、_____、_____、_____、_____和_____。

5．物理层是 OSI 分层结构体系中最重要、最基础的一层。它是建立在通信介质的基础上的、实现设备之间的_____接口。

6. TCP/IP 参考模型中的 4 个层次为_____、_____、_____和_____。

二、选择题

1. 计算机网络的基本功能是（　　）。

A. 资源共享　　　　　B. 分布式处理　　C. 数据通信　　　　　D. 集中管理

2. 计算机网络是（　　）与计算机技术相结合的产物。

A. 网络技术　　　　　B. 通信技术　　　C. 人工智能技术　　　D. 管理技术

3. OSI 参考模型是（　　）。

A. 网络协议软件　　　B. 应用软件　　　C. 强制性标准　　　　D. 自愿性的参考标准

4. 当一台计算机向另一台计算机发送文件时，下面的（　　）过程正确描述了数据的转换步骤。

A. 数据、数据段、数据包、数据帧、比特

B. 比特、数据帧、数据包、数据段、数据

C. 数据包、数据段、数据、比特、数据帧

D. 数据段、数据包、数据帧、比特、数据

5. 物理层的功能之一是（　　）。

A. 实现实体间的按位无差错传输

B. 向数据链路层提供一个非透明的位传输

C. 向数据链路层提供一个透明的位传输

D. 在 DTE 和 DTE 间完成对数据链路的建立、维持和释放操作

6. 关于数据链路层的叙述正确的是（　　）。

A. 数据链路层协议是建立在无差错物理连接基础上的

B. 数据链路层是计算机到计算机之间的通路

C. 数据链路层上传输的一组信息称为报文

D. 数据链路层的功能是实现系统实体间的可靠、无差错数据信息传输

三、思考题

1. 什么是分层网络体系结构？分层的含义是什么？

2. 画出 OSI 参考模型的层次结构，并简述各层的功能。

3. 简述 TCP/IP 参考模型的层次结构及各层的功能。

4. 比较 OSI 参考模型与 TCP/IP 参考模型的异同。

5. 简述 OSI 环境中数据传输的过程。

2.5 拓展训练 使用 Visio 绘制网络拓扑结构图

一、实训目的

学会使用 Visio 绘图软件绘制网络拓扑结构图。

二、实训环境要求

在安装有 Windows 7/10 操作系统的计算机中安装好 Visio 2010。

三、实训内容

（1）学会使用 Visio 绘制网络拓扑结构图。

（2）分析网络拓扑结构图，确定拓扑类型。

四、实训步骤

（1）学会使用 Visio 2010。

Windows 7 操作系统中的操作如下。

① 单击"开始"按钮，选择"Microsoft Office"命令，选择"Microsoft Visio 2010"子命令，启动 Visio 2010。

② 熟悉 Visio 2010 操作界面。

（2）使用 Visio 2010 绘制网络拓扑结构图。

① 启动 Visio，选择"空白绘图"→"创建"命令，创建一个新文件。

② 选择"开始"选项卡，选择"更多形状"→"网络"→"详细网络图"命令，进入网络拓扑结构图的编辑状态，按图 2-9 进行绘制。

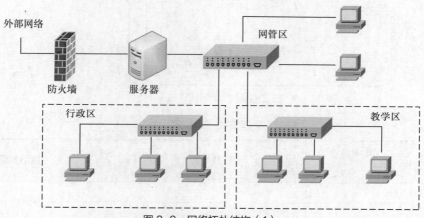

图 2-9 网络拓扑结构（1）

③ 在"更多形状"→"网络"→"网络和外设"形状模板中选择"服务器"模块并将其拖曳到绘图区域中，创建服务器的图形实例。

④ 加入防火墙模块。选择"防火墙"模块并将其拖曳到绘图区域中，适当调整其大小，创建防火墙的图形实例。

⑤ 绘制线条。选择不同粗细的线条，在"服务器"模块和"防火墙"模块之间连线，并绘出服务器与其他模块的连线。

⑥ 双击图形后，图形进入文本编辑状态，输入文字。

⑦ 使用文本工具画出文本框，为绘图页添加标题。

⑧ 改变背景色。设计完成，保存图样。

⑨ 按照步骤①～步骤⑧绘制图 2-10 所示的网络拓扑结构，保存绘图文件。

（3）分析网络拓扑结构图，确定拓扑类型、网络类型。

根据所学的知识，分析两个网络拓扑结构图，确定拓扑类型、网络类型（C/S 或对等网络类型），并将结果填写在表 2-1 中。

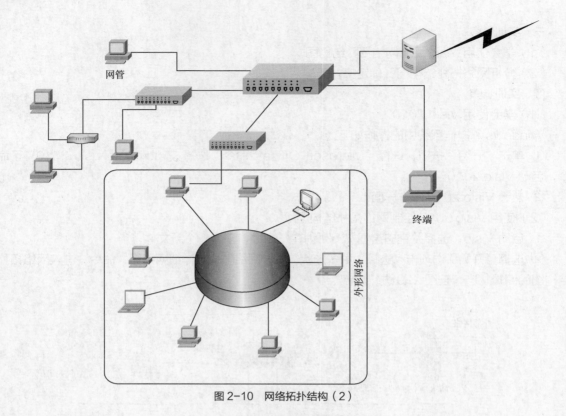

网管

终端

外形网络

图 2-10　网络拓扑结构（2）

表 2-1　记录表

记录条目　　网络拓扑结构	拓扑类型	网络类型
网络拓扑结构（1）		
网络拓扑结构（2）		

五、实训思考题

（1）单星形拓扑结构与采用分级（层）组网的星形拓扑结构有何差异？

（2）星形拓扑结构的优缺点是什么？其他网络拓扑结构的优缺点是什么？

第 3 章
数据通信基础

计算机网络的主要应用是数据通信。数据通信可实现计算机和计算机、计算机和终端，以及终端和终端的数据信息传递。它是继电报、电话业务之后的第 3 种大型的通信业务。数据通信中传递的信息均以二进制数据的形式来表现。数据通信的另一个重要特点是它总是与远程信息处理相联系。这里的信息处理是指包括科学计算、过程控制、信息检索等内容在内的广义的信息处理。

本章学习目标

- 掌握数据通信系统的基本概念。
- 了解数据通信方式。
- 掌握多路复用技术。

- 掌握数据交换技术。
- 掌握差错控制技术。

3.1　数据通信系统

通信的目的是单、双向地传递信息。从广义上说，采用任何方法，通过任何介质将信息从一端传送到另一端的过程都可以称为通信。在计算机网络中，数据通信是指在计算机之间、计算机与终端，以及终端之间传送表示字符、数字、语音、图像的二进制代码 0、1 比特序列的过程。

3.1.1　数据通信的基本概念

数据通信的基本概念包括信息、数据和信号。

1. 信息

信息（Information）是客观事物属性和相互联系特性的表征，反映了客观事物的存在形式和运动状态。例如，事物的运动状态、结构、温度、性能等都是信息的不同表现形式。信息可以以文字、声音、图形、图像等不同形式存在。

3-1　数据通信系统

2. 数据

数据（Data）是事实或观察的结果，是对客观事物的逻辑归纳，是用于表示客观事物的未经加工的原始素材。数据可以是连续的值，例如，日常生活中人的声音强度、电压高低、温度等，这样的数据称为模拟数据。数据也可以是离散的，例如，计算机中的二进制数据只有"0""1"两种状态，这样的数据称为数字数据。现在大多数的数据传输是数字数据传输，本章提到的数据也多指数字数据。

3. 信号

简单地讲，信号就是携带信息的传输介质。在通信系统中，人们常常使用的电信号、电磁信号、光信号、载波信号、脉冲信号、调制信号等术语就是指携带某种信息的具有不同形式或特性的传输介质。信号按其参量取值的不同，分为模拟信号和数字信号。模拟信号是指在时间上和幅度取值上都连续变化的信号，如图 3-1（a）所示。例如，声波就是一个模拟信号，当人说话时，空气中便产生了一个声波，这个声波包含了一段时间内的连续值。数字信号是指在时间上离散的、在幅度值上经过量化的信号，如图 3-1（b）所示，它一般是由 0、1 二进制代码组成的数字序列。数字信号从一个值到另一个值的变化是瞬时发生的，就像开关电灯一样。

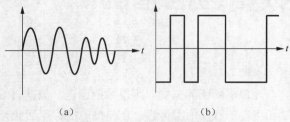

（a） （b）

图 3-1 模拟信号与数字信号

4. 理解数据、信息和信号的联系和区别

信息、数据和信号这三者是紧密相关的，通常用数据表达信息，传送这个信息就是把表达这个信息的数据发送出去，为此要依赖于一定的物理信号，这与使用的传输介质有关。

一般情况下，数据是数据链路层的概念，要保证在介质上传输的信息的准确性；信息是应用层的概念，要保证我们要表达的意思；信号是物理层的概念，是指电平的高低、线路的通断等。例如，我们在打电话时，电话线要有"信号"，交换机交换的是语音"数据"，而我们和接电话的人交换的是"信息"。

> **注意** 信号按其参量取值的不同，分为模拟信号和数字信号。所谓连续和离散，是指信号的参量值。

3.1.2 数据通信系统模型

信息的传递是通过通信系统来实现的。图 3-2 所示为通信系统的基本模型。在通信系统中产生和发送信息的一端叫作信源，接收信息的一端叫作信宿，信源和信宿之间的通信线路称为信道。信息在进入信道时要经过变换器变换为适合信道传输的形式，经过信道的传输，在进入信宿时，信息要经过反变换器变换为适合信宿接收的形式。信号在传输过程中会受到来自外部或信

图 3-2 通信系统的基本模型

号传输过程本身的干扰，噪声源是信道中的噪声以及分散在通信系统其他各处的噪声的集中表示。

1. 数据通信系统的组成

数据通信系统主要由 3 个部分组成：信源、信道和信宿。

（1）信源

信源就是信息的发送端，是发出待传送信息的人或设备。

在发送端，需要使用信号变换器将信源发出的信息变换成适合在信道上传输的信号。对应不同的信源和信道，信号变换器有不同的组成和变换功能。发送端的信号变换器可以是编码器或调制器，

接收端的信号变换器相对应的就是译码器或解调器。

（2）信道

信道是通信双方以传输介质为基础的传输信息的通道，它是建立在通信线路及其附属设备上的。信道本身可以是模拟的或数字的，用于传输模拟信号的信道叫作模拟信道，用于传输数字信号的信道叫作数字信道。

一个通信系统在实际通信中不可避免地存在着噪声干扰，而这些干扰分布在数据传输过程的各个部分，为方便分析或研究问题，通常把它们等效为一个作用于信道上的噪声源。

（3）信宿

信宿就是信息的接收端，是接收所传送信息的人或设备。大部分信源和信宿设备是计算机或其他 DTE。

2. 数据通信系统的主要技术指标

描述数据传输速率和传输质量时，往往需要用到数据传输率、波特率、信道容量和误码率等技术指标。

（1）数据传输速率

数据传输速率又称比特率，是一种数字信号的传输速率。它是指每秒钟所传输的二进制代码的有效位数，单位为比特/秒（记作 bit/s）。

（2）波特率

波特率是指每秒钟发送的码元数。它是一种调制速率，单位为波特（baud）。波特率也称波形速率或码元速率。

（3）信道容量

信道容量用来表示一个信道传输数字信号的能力。它以数据传输速率作为指标，即信道所能支持的最大数据传输速率。信道容量仅由信道本身的特征决定，与具体的通信方式无关，它表示的是信道所能支持的数据传输速率的上限。

（4）误码率

误码率是衡量数据通信系统在正常工作情况下传输可靠性的指标。它是指传输出错的码元数占传输总码元数的比例。误码率也称为出错率。

（5）吞吐量

吞吐量是指单位时间内整个网络能够处理的信息总量，单位是字节/秒或位/秒。在单信道总线型网络中，吞吐量＝信道容量×传输效率。

（6）信道的传播延迟

信号在信道中传播，从发送端到达接收端需要一定的时间，这个时间叫作传播延迟（也称时延）。这个时间与发送端到接收端的距离有关，也与具体的通信信道中信号传播的速率有关。

3.2 数据通信方式

设计一个通信系统时，首先要确定是采用串行通信方式，还是并行通信方式。采用串行通信方式时，只需要在收发双方之间建立一条通信信道即可；采用并行通信方式时，必须在收发双方之间建立多条并行的通信信道。通信信道可由一条或多条通信信道组成，根据信道中某一时刻信息传输的方向，可以分为单工、半双工和全双工 3 种通信方式。

3.2.1 并行传输与串行传输

数据的传送方式有并行传输和串行传输两种。

1. 并行传输

并行传输是一次将待传送信号经由 n 条通信信道同时发送出去。因此，并行传输需要 n 条传输信道，使待传送信号能同时沿着各自的信道并行传输。并行传输的优点是传输速率快。计算机与各种外设之间的通信一般采用并行传输方式。并行传输需要的信道数较多，实现物理连接的费用非常高，因此，并行传输仅适用于短距离的通信。

2. 串行传输

串行传输是指一位位地传输，从发送端到接收端只需要一条通信信道，经由这条通信信道逐位地将待传送信号的每个二进制代码依次发送出去。很明显，串行传输的速率比并行传输的速率要慢得多，但实现起来容易、费用低，特别适用于进行远距离的数据传输。计算机网络中的数据传输一般采用串行传输方式。由于计算机内部的操作多为并行方式，所以采用串行传输时，发送端采用并/串转换装置将并行数据流转换为串行数据流，然后发送到信道上传送；在接收端，又通过串/并转换装置，将接收端的串行数据流转换为 8 位一组的并行数据流。

采用串行通信方式只需要在收发双方之间建立一条通信信道，而采用并行通信方式必须在收发双方之间建立并行的多条通信信道，因此，对于远程通信来说，在同样的传输速率下，并行通信在单位时间内发送的码元数是串行通信的 n 倍。并行通信需要建立多条通信信道，造价较高。因此，在远程通信中，人们一般采用串行通信方式。

> **提示** 计算机主板的总线既有串行传输方式的，也有并行传输方式的，但普通的数据总线、地址总数多数是并行传输方式的。

3.2.2 异步传输与同步传输

数据通信的一个基本要求是接收方必须知道它所接收的每一位字符的开始时间和持续时间，这样才能正确地接收发送方发送来的数据。满足上述要求的办法有两类：异步传输和同步传输。

1. 异步传输

异步传输的工作原理：每个字符（6～8 个二进制位）作为一个单元独立传输，字符之间的传输间隔任意。为了标记字符的开始和结尾，在每个字符的开始加 1 位起始位，结尾加 1 位、1.5 位或 2 位停止位，从而构成一个个"字符"，如图 3-3 所示。

起始位对接收方的时钟起置位作用，接收方的时钟置位后只要在 8～11 位的传送时间内准确，就能正确接收一个字符。最后的停止位告诉接收方该字符传送结束，接收方可以检测后续字符的起始位。当没有字符传送时，将连续传送停止位。

加入校验位的目的是检查传输中的错误，一般使用奇偶校验。异步传输的优点是简单，但起止位和校验位的加入会增加 20%～30%的开销，所以传输效率不会很高。

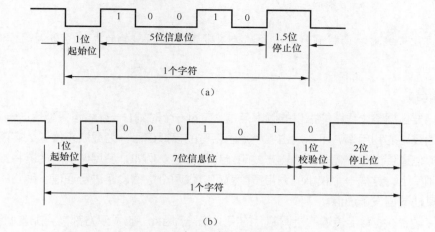

图 3-3　异步传输

2. 同步传输

同步传输方式与异步传输方式不同，它不是对每一个字符单独进行同步，而是对一组字符组成的数据块进行同步。同步的方法不是加 1 位起始位，而是在数据块前面加特殊模式的位组合或同步（Synchronous，SYN）字符，如图 3-4 所示，并且通过位填充或字符填充技术保证数据块中的数据不会与 SYN 字符混淆。

按照这种方式，发送方会在发送数据之前先发送一串 SYN 字符，接收方只要检测到连续两个及以上 SYN 字符就能确认已经进入同步状态，准备接收数据。在随后的传送过程中，双方以同

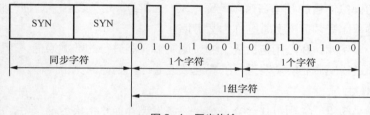

图 3-4　同步传输

一频率工作，直到传送完指示数据结束的控制字符。这种同步方式仅在数据块的前面加入 SYN 控制字符，效率更高。在短距离高速数据传输中，多采用同步传输方式。

3.2.3　基带传输、频带传输与宽带传输

按照传输信号的形态划分，数据传输方式可以分为基带传输、频带传输和宽带传输 3 种。在计算机网络中，频带传输和宽带传输是指计算机信息的模拟传输，基带传输是指计算机信息的数字传输。

1. 基带传输

在数据通信中，表示计算机中二进制数据比特序列的数字数据信号是典型的矩形脉冲信号。人们把矩形脉冲信号的固有频带称为基本频带，简称"基带"。这种矩形脉冲信号就叫作基带信号。在数字通信信道上，直接传送基带信号的方法称为基带传输。

在基带传输中，发送端将计算机中的二进制数据（非归零编码）经编码器变换为适合在信道上传输的基带信号，如曼彻斯特编码、差分曼彻斯特编码、4B/5B 编码等；在接收端，由解码器将收到的基带信号恢复成与发送端相同的数据。

基带传输是一种最基本的数据传输方式，一般用于距离较近的数据通信中。在计算机 LAN 中，通常采用这种传输方式。

注意 在通信系统中，调制前的电信号称为基带信号，调制后的电信号为调制信号。

2. 频带传输

基带传输要占据整个线路能提供的频率范围，在同一个时刻，一条线路只能传送一路基带信号。为了提高通信线路的利用率，可以用占据小范围带宽的模拟信号作为载波来传送数字信号。人们将这种利用模拟信道传送数字信号的传输方式叫作频带传输。例如，使用调制解调器将数字信号调制在某一载波频率上，这样一个较小的频带宽度就可以供两个数据设备进行通信，线路的其他频率范围还可用于其他数据设备通信。

在频带传输中，线路上传输的是调制后的模拟信号，因此，收发双方都需要配置调制解调设备，用来实现数字信号的调制和解调。

频带传输方式的优点是可以利用现有的大量模拟信道进行通信，线路的利用率高，价格便宜，容易实现，尤其适用于远距离的数字通信；缺点是效率低，误码率高。

3. 宽带传输

上述频带传输方式有时也称为宽带传输方式。更为精确的说法是，在频带传输中，如果调制成的模拟信号的频率在音频范围（300～3400Hz）之内，则称为频带传输；若调制成的模拟信号的频率比音频范围宽，则称为宽带传输。

例如，在公用电话线上通过调制解调器进行的数据通信，可以称为频带传输；在有线电视网中通过线缆调制解调器进行的高速数据通信，则称为宽带传输。

小知识 在利用电话公共交换网络实现计算机之间的通信时，将数字信号变换成音频信号的过程称为调制，将音频信号还原为对应的数字信号的过程称为解调，用于实现这种功能的设备称为调制解调器。

3.2.4 数据传输方向

按数据传输的方向，数据传输方式可以分为单工通信、半双工通信和全双工通信3种。

1. 单工通信

在单工通信方式中，信号只能向一个方向传输，任何时候都不能改变信号的传送方向。发送方不能接收，接收方也不能发送。信道的全部带宽都用于由发送方到接收方的数据传送。无线电广播和电视广播都是单工通信的例子。只能向一个方向传送信号的通信信道，只能用于单工通信方式中。

2. 半双工通信

在半双工通信方式中，信号可以双向传送，但必须交替进行，即同一时刻只能向一个方向传送。在一段时间内，信道的全部带宽用于一个方向上的信息传送，航空和航海无线电台以及对讲机都是以这种方式通信的。使用这种方式的设备要求通信双方都有发送和接收信号的能力，并且有双向传送信息的能力，因而比单工通信设备昂贵，但比全双工通信设备便宜。可以双向传送信号，但必须交替进行的通信信道，只能用于半双工通信方式中。

3. 全双工通信

在全双工通信方式中，信号可以双向同时传送，例如，现代的电话通信就属于全双工通信。这不但要求通信双方都有发送和接收设备，而且要求信道能提供双向传输的双倍带宽，所以全双工通信设备价格昂贵。只有可以双向同时传送信号的通信信道，才能实现全双工通信，自然也可以用于单工或半双工通信方式中。

3.2.5　多路复用技术

在数据通信或计算机网络系统中，传输介质的传输能力往往是很强的。如果一条物理信道上只能传输一路信号，则是对资源的极大浪费。采用多路复用技术，可以将多路信号组合在一条物理信道上进行传输，到接收端再用专门的设备将各路信号分离，极大地提高了通信线路的利用率。

3-2　多路复用技术

多路复用技术可以分为频分多路复用（Frequency Division Multiplexing，FDM）、时分多路复用（Time Division Multiplexing，TDM）、波分多路复用（Wave Division Multiplexing，WDM）和码分多路复用（Code Division Multiplexing，CDM）等多种形式。

1. FDM

当传输介质的有效带宽超过被传输的信号带宽时，可以把多个信号调制在不同的载波频率上，从而实现在同一传输介质上同时传送多路信号，即将信道的可用频带（带宽）按频率分割多路信号的方法划分为若干个互不重叠的频段，每路信号占据其中一个频段，从而形成许多个子信道，如图 3-5 所示。在接收端用适当的滤波器将多路信号分开，分别进行解调和终端处理，这种技术称为 FDM。

FDM 系统的原理示意图如图 3-6 所示，假设有 6 个输入源，分别输入 6 路信号到多路复用器中，多路复用器将每路信号调制在不同的载波频率上（如 f1、f2、……、f6）。每路信号以其载波频率为中心，占用一定的带宽。此带宽范围称为一个通道，各通道之间通常用保护频带隔离，以保证各路信号的频带不发生重叠。

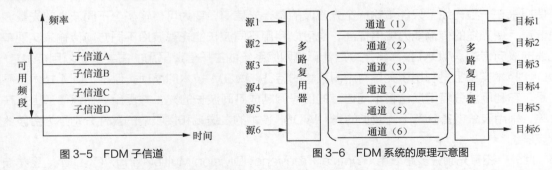

图 3-5　FDM 子信道　　　　　　　　图 3-6　FDM 系统的原理示意图

FDM 技术早已用在无线电广播系统中。有线电视（Cable Television，CATV）系统也使用了 FDM 技术。一个 CATV 电缆的带宽大约是 500MHz，可传送 80 个频道的电视节目，在每个频道 6MHz 的带宽中又进一步划分为声音子通道、视频子通道以及彩色子通道。每个频道两边都留有一定的警戒频带，防止相互干扰。

2. TDM

TDM 技术是指将传输时间划分为许多个短的互不重叠的时隙，并将若干个时隙组成时分复用帧，用每个时分复用帧中某一固定序号的时隙组成一个子信道，每个子信道占用的带宽相同，每个时分复用帧占用的时间也是相同的，如图 3-7 所示。也就是说，在同步 TDM 中，各路时隙的分配是预先确定的，且各信号源的传输定时是同步的。对于 TDM，时隙长度越短，每个时分复用帧中包含的时隙数就越多，所容纳的用户数也就越多，其原理如图 3-8 所示。

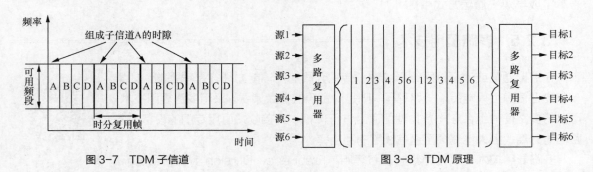

图 3-7　TDM 子信道　　　　　　　　　　　　图 3-8　TDM 原理

　　TDM 技术可以用在宽带系统中，也可以用在频分制下的某个子通道上。时分制按照子通道动态利用情况又可再分为两种：同步时分制和统计时分制。在同步时分制下，整个传输时间划分为固定大小的周期，每个周期内各子通道都在固定位置占有一个时槽。这样，在接收端可以按约定的时间关系恢复各子通道的信息流。当某个子通道的时槽来到时，如果没有信息要传送，则这一部分带宽会被浪费。统计时分制是对同步时分制的改进，人们把统计时分制下的多路复用器称为集中器，以强调它的工作特点。在发送端，集中器依次循环扫描各个子通道，若某个子通道有信息要发送，则为它分配一个时槽；若没有则跳过，这样就没有空槽在线路上传播了。此外，需要在每个时槽中加入一个控制域，以便接收端可以确定该时槽属于哪个子通道。

3. WDM

　　WDM 技术是频率分割技术在光缆介质中的应用，它主要用于全光缆网组成的通信系统中。WDM 技术是指在一根光缆上能同时传送多个不同波长的光载波的复用技术。使用 WDM 技术，可使原来在一根光缆上只能传输一个光载波的单一光信道，变为可传输多个不同波长的光载波的光信道，使光缆的传输能力成倍提高，也可以利用不同波长的光载波沿不同方向传输来实现单根光缆的双向传输。WDM 技术将是今后计算机网络系统的主干信道采用的主要多路复用技术之一。WDM 技术实质上是利用了光具有不同波长的特征。WDM 技术的原理类似于 FDM 技术，不同的是，它利用波分复用设备将不同信道的信号调制成不同波长的光，并复用到光缆信道上。在接收端，采用波分设备分离不同波长的光。WDM 技术的发送端和接收端的器件分别称为合波器和分波器。

　　此外，还有光频分多路复用（Optical Frequency Division Multiplexing，OFDM）、密集波分多路复用（Dense Wavelength Division Multiplexing，DWDM）、光时分多路复用（Optical Time Division Multiplexing，OTDM）、光码分多路复用（Optical Code Division Multiplexing，OCDM）技术等。DWDM 技术可极大地增加光缆信道的数量，从而充分利用光缆的潜在带宽，是计算机网络今后使用的重要技术之一。

4. CDM

　　前面介绍的 FDM（或 WDM）技术是以频段的不同来区分地址的，其特点是独占频段而共享时间。而 TDM 技术会共享频段而独占时间，相当于在同一频段内的不同相位上发送和接收信息，但频率资源共享。CDM 技术是一种用于移动通信系统中的新技术，笔记本电脑和掌上电脑等移动性计算机的联网通信将大量使用 CDM 技术。

CDM 技术的基础是微波扩频通信，扩频通信的特征是使用比发送的数据速率快许多的伪随机码对载荷数据的基带信号的频谱进行扩展，形成低功率频谱密度的宽带信号来发射。

CDM 技术就是利用扩频通信中不同码型的扩频码之间的相关性，为每个用户分配一个扩频编码，以区分不同的用户信号。发送端可用不同的扩频编码，分别向不同的接收端发送数据；同样，接收端用不同的扩频编码进行解码，即可得到不同发送端发送过来的数据，实现多址通信。CDM 的特点是频率和时间资源均为共享。因此，在频率和时间资源紧缺的情况下，CDM 技术将特别有用，这也是 CDM 技术受到人们普遍关注的原因。

3.3 数据交换技术

编码后的数据在通信线路上传输，最简单的方式是在两个互相连接的设备之间进行数据通信。但是，每个通信系统都采用把收发两端直接相连的形式是不可能的。更一般的情况是，通过有中间节点的网络把数据从源点转发到目的节点，以此实现数据通信。信息在这样的网络中传输就像火车在铁路网中运行一样，经过一系列交换节点（火车站），从一条线路转换到另一条线路，最终才能到达目的地。数据经过网络节点被转发的方式就是所谓的数据交换方式。

数据交换是多节点网络实现数据传输的有效手段。常用的数据交换方式有电路交换方式和存储转发交换方式两大类，存储转发交换方式又可分为报文交换方式和分组交换方式。

3-3　数据交换技术

3.3.1　电路交换

电路交换（Circuit Switching）也称线路交换，是数据通信领域最早使用的交换方式。

1. 电路交换原理

使用电路交换进行通信，就是要通过中间交换节点在两个站点之间建立一条专用的通信线路。最普通的电路交换例子是电话通信系统。电话通信系统利用交换机，在多条输入线和输出线之间通过不同的拨号和呼号建立直接通话的物理链路。物理链路一旦接通，相连的两站点即可直接通信。在该通信过程中，交换设备对通信双方的通信内容不做任何干预，即对信息的代码、符号、格式和传输控制顺序等没有影响。利用电路交换进行通信包括建立电路、传输数据和释放电路 3 个阶段。

（1）建立电路

传输数据之前，必须建立一个端到端的物理连接，这个连接过程实际上就是一个个站（节）点的接续过程。在图 3-9 所示的网络拓扑结构中，1、2、3、4、5、6、7 为网络转接节点，A、B、C、D、E、F 为通信节点。若通信节点 A 要与通信节点 D 进行通信，那么通信节点 A 是主叫用户，要先发出呼叫请求信号，经由节点 1、2、3、4 沿途接通一条物理链路，再由通信节点 D（被叫用户）发出应答信号给通信节点 A。这样，通信线路就接通了。只有当通信的两个节点之间建立物理链路后，才允许进入数据传输阶段。电路交换的这种"接续"过程所需时间（即建立时间）的长短与要接续的中间节点数有关。

（2）传输数据

在通信线路建立之后，两个通信节点即可进行数据传输。被传输的数据可以是数字数据，也可以是模拟数据。数据既可以从主叫通信节点发往被叫通信节点，也可以由被叫通信节点发往主叫通信节点。某次建立起的物理链路资源属于通信节点 A 和通信节点 D 这两个节点，且仅限于此次通信。在该链路释放之前，即便某一时刻线路上没有数据传输，其他节点也无法使用该链路。

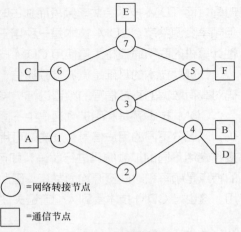

图 3-9　电路交换

（3）释放电路

数据传输结束后，要释放（拆除）该物理链路。释放动作可由两个通信节点中的任一通信节点发起并完成。释放信号必须传送到电路经过的各个节点，以便重新分配资源。

2．电路交换的特点

（1）线路交换中的每个节点都是电子式或电子机械式的交换设备，它不对传输的信息进行任何处理。

（2）数据传输开始前，必须在两个工作站之间建立实际的物理连接，此后才能通信。

（3）通道在连接期间是专用的，线路利用率较低。

（4）除链路上的传输时延外，不再有其他的时延，在每个节点上的时延是很短的。

（5）整个链路上有一致的数据传输速率，连接两端的通信节点必须同时工作。

3．电路交换的优缺点

电路交换的优点是实时性好，通道专用，通信效率较高；缺点是线路利用率低，不能连接不同类型的线路来组成链路，通信双方必须同时工作。

3.3.2　报文交换

报文交换（Message Exchanging）与线路交换不同，它采取的是"存储—转发"（Store-and-Forward）方式，不需要在通信的两个节点之间建立专用的通信线路。

1．报文交换的原理

数据以报文的方式发出，报文中除包括用户所要传送的信息外，还有源地址和目的地址等信息。报文从源节点发出后，要经过一系列中间节点才能到达目的节点。各中间节点收到报文后，先暂时将它存储起来，再分析目的地址、选择路由并排队等候，待需要的线路空闲时，才将它转发到下一个节点，并最终到达目的节点。其中的交换节点要有足够大的存储空间，用以缓冲收到的长报文。交换节点对各个方向上收到的报文进行排队，寻求下一个转发节点，并转发出去，这些都带来了排队等待时延。

2．报文交换的特点

（1）报文从源节点传送到目的节点采用"存储—转发"方式，在传送报文时，一个时刻仅占用一条通道。

（2）在交换节点中需要缓冲存储，报文需要排队，所以报文交换不能满足实时通信的要求。

3．报文交换的优点

（1）线路利用率高，因为有许多报文可以分时共享一条节点到节点的通道。

（2）不需要同时启动发送器和接收器来传输数据，网络可以在接收器启动之前暂存报文信息。

（3）在通信容量很大时，交换网络仍可接收报文，只是传输时延会增加。

（4）报文交换系统可把一份报文发往多个目的地。

（5）交换网络可以对报文进行速度和代码等的转换（如将 ASCII 转换为 EBCDIC）。

4．报文交换的缺点

（1）不能满足实时或交互式的通信要求，报文经过网络的时延长且不定。

（2）当节点收到过多的数据而无空间存储，或不能及时转发时，就不得不丢弃报文，且发出的报文将不按顺序到达目的节点。

3.3.3　分组交换

分组交换是在 1964 年提出来的，它也属于"存储—转发"交换方式。在这种交换方式中，数据包有固定的长度，因此交换节点只需要在内存中开辟一个小的缓冲区即可。在进行分组交换时，发送节点先把发送的数据包分成若干个分组，并对各个分组进行编号，每个分组按格式必须附加收发地址标志、分组编号、分组的起始/结束标志和差错校验等信息，以供存储转发。分组的过程叫作信息打包，分组也叫作信息包，分组交换有时也叫作包交换。

分组在网络中传播有两种方式：数据报和虚电路。

1．数据报

数据报方式同报文交换一样，对每个分组进行单独处理。每个分组都有完整的地址信息，正常情况下都可以到达目的节点。但因为每个分组独立地在网内传送，同一个报文的各个分组可能经由不同的路由到达目的节点，所以到达目的节点的顺序有可能和发送的顺序不一致。目的主机必须对收到的分组重新排序才能恢复原来的报文。

数据报方式由于采用了较小的分组作为传输单元，同一报文的不同分组可以在各个节点中被同时接收、处理和发送，这种并行性显著减少了传输的时延，提升了网络性能。但是，由于每个分组都带有目的地址和源地址等信息，通信的额外开销较大，分组经过每个节点都要进行路由选择，传输的时延也比较长，因此，数据报方式比较适用于短信息的传输，不太适用于长报文和会话式的通信。

2．虚电路

虚电路方式的工作过程类似于电路交换，包括 3 个阶段：虚电路的建立、数据传输、虚电路的拆除。在发送分组之前，要求先在发送端和接收端之间建立所谓的逻辑连接，即虚电路。在会话开始时，发送端先发送一个要求建立连接的请求信息，这个请求信息在网络中传播，途中经过的各个节点根据当时的网络通信状况决定选取哪条线路来响应这一请求，最后将请求送达目的节点。如果目的节点给予肯定的回答，则建立了逻辑连接。以后由发送端发出的一系列分组都经过这条电路，直至会话结束，释放虚电路。

虚电路方式与数据报方式不同的是，在传输数据分组之前，需要先建立逻辑连接；分组中不需要目的地址信息，而是代以虚电路标识符；分组经过中间节点时，也不再需要进行路由选择。虚电路方式与电路交换方式不同的是，逻辑连接的建立并不意味着其他通信不能使用这条线路，它仍然具有线路共享的优点。

> **提示** 虚电路可以是临时的，即会话开始时建立，结束时释放，这称为虚呼叫；也可以是永久的，即通信双方一开机就自动建立，直到一方（或同时）关机才释放，这称为永久虚电路。

3.3.4　高速交换技术

目前常用的数据交换方式主要是电路交换和分组交换，但近几年又出现了综合了电路交换和分组交换的高速交换方式，也称混合交换方式。混合交换方式采用动态时分复用技术，将一部分带宽分配给电路交换使用，而将另一部分带宽分配给分组交换使用。这两种交换所占的带宽比例也是动态可调的，以便使这两种交换都能得到充分利用，提供多媒体传输服务。典型的异步传输模式（Asynchronous Transfer Mode，ATM）、分布式队列双总线（Distributed Queue Dual Bus，DQDB）等均属于混合交换，它们同时提供等时电路交换和分组交换服务。帧中继（Frame Relay，FR）交换技术是在分组交换技术的基础上发展起来的快速分组交换技术。

3.4　差错控制技术

网络通信首先要保证传送信息的正确性。但在通信系统中，电磁干扰、设备故障等因素可能会使信号失真，导致接收方收到错误的信息，从而出现差错。

差错控制技术是指在数据通信过程中发现或纠正错误，把差错限制在尽可能小的允许范围内的技术和方法。

3.4.1　差错产生原因及控制方法

1. 差错产生原因

通信过程中出现的差错大致分为两类：一类是由热噪声引起的随机差错；另一类是由冲击噪声引起的突发差错。

热噪声是由电子的热运动产生的，热噪声随时存在，具有很宽的频谱，且幅度较小。通信线路的信噪比越高，热噪声引起的差错就越少。这种差错具有随机性，一次只影响个别比特，且错误之间没有关联。

冲击噪声通常是由瞬间的脉冲噪声引起的，如雷电等。虽然持续的时间短，但是线路上数据传输速率快，影响面比较大，例如，传输速率为 9 600bit/s 时，10ms 的噪声将影响 96bit，因而冲击噪声一般会影响连续的许多比特。

3-4　差错控制技术

2. 差错控制方法

最常用的差错控制方法是差错控制编码。差错控制编码是指发送端在发送数据信息之前，先向数据块中加入一些冗余信息，使数据块中的数据产生某种形式的联系，接收端通过验证这种联系是否存在，来判断数据在传输过程中是否出错。这种在数据块中加入冗余信息的过程称为差错编码。

最常用的差错控制编码有两种：一种是使编码只具有检错的功能，即接收端只能判断数据块有错，但不能准确判断产生错误的位置，也不能纠正错误，这种编码称为检错码；另一种是使编码具有一定的纠错功能，即接收端不仅能够知道数据块有错，还能知道错误的准确位置，此时只需将错误位取反即可获得正确的数据，这种编码称为纠错码。

3.4.2 奇偶校验码

奇偶校验通过在编码中增加一位校验位来使编码中 1 的数量为奇数（奇校验）或偶数（偶校验），从而使码距变为 2。奇校验可以检测代码中奇数位出错的情况，但不能发现偶数位出错的情况，即当合法编码中有奇数位发生了错误（编码中的 1 变成 0 或 0 变成 1）时，该编码中 1 的数量的奇偶性会发生变化，从而可以发现错误。目前，常用的奇偶校验码有 3 种：水平奇偶校验码、垂直奇偶校验码和水平垂直校验码。

1. 水平奇偶校验码

水平奇偶校验码是指为每一个数据的编码添加校验位，使信息位与校验位处于同一行。

实例 3-1：字符"word"的 ASCII 对应的二进制串为 1110111 1101111 1110010 1100100，其水平奇校验码和水平偶校验码如表 3-1 所示。

表 3-1　字符"word"的水平奇校验码和水平偶校验码

字符	二进制串	水平奇校验码	水平偶校验码
w	1110111	11101111	11101110
o	1101111	11011111	11011110
r	1110010	11100101	11100100
d	1100100	11001000	11001001

2. 垂直奇偶校验码

垂直奇偶校验码是指将数据分成若干个组，每一个数据占一行，排列整齐，再加一行校验码，针对同一组中的每一列采用奇校验或偶校验。

实例 3-2：对于 32 位数据 01110111011011110111001001100100，其垂直奇校验码和垂直偶校验码如表 3-2 所示。

表 3-2　垂直奇校验码和垂直偶校验码

编码分类	垂直奇校验码	垂直偶校验码
数据	01110111 01101111 01110010 01100100	01110111 01101111 01110010 01100100
校验位	11110001	00001110

3. 水平垂直校验码

在垂直奇偶校验码的基础上，为每个数据再增加一位水平校验位，便构成了水平垂直校验码。

实例 3-3：对于 32 位数据 01110111011011110111001001100100，其水平垂直校验码如表 3-3 所示。

表 3-3　水平垂直校验码

编码分类	水平垂直奇校验码		水平垂直偶校验码	
	水平校验码	数据	水平校验码	数据
数据	1	01110111	0	01110111
	1	01101111	0	01101111
	1	01110010	0	01110010
	0	01100100	1	01100100
垂直校验位	0	11110001	1	00001110

3.4.3　循环冗余校验码

循环冗余校验（Cyclic Redundancy Check，CRC）码广泛用于数据通信领域和磁介质存储系统中。它利用生成多项式的 k 个数据位产生 r 个校验位来进行编码，其编码长度为 $k+r$。CRC 码的代码格式如图 3-10 所示。

图 3-10　CRC 码的代码格式

由此可知，CRC 码是由两部分组成的，左边为信息码（数据），右边为校验码。若信息码占 k 位，则校验码占 $n-k$ 位。其中，n 为 CRC 码的字长，因此 CRC 码又称为（n，k）码。校验码是由信息码产生的，校验码位数越多，该代码的校验能力就越强。在求 CRC 码时，采用的是模 2 运算，即按位运算，不发生借位和进位，如下所示。

$0+0=0$　　$0+1=1$　　$1+0=1$　　$1+1=0$　　$0-0=0$　　$0-1=1$　　$1-0=1$　　$1-1=0$

1. CRC 码的编码规则

设数据位是 k 位，需要添加 r 个校验位，则 CRC 码的编码规则如下。

（1）用 C_{k-1}、C_{k-2}、……、C_0 表示 k 个数据位，可根据该数据构造一个多项式 $C(x)$，$C(x)$ 的形式如下。

$$C(x)=C_{k-1}x^{k-1}+C_{k-2}x^{k-2}+\cdots+C_1x+C_0$$

将 $C(x)$ 乘 x^r，相当于将数据位左移 r 位。

（2）给定一个 r 阶的生成多项式 $g(x)$，可以求出一个校验位表达式 $r(x)$。用 $g(x)$ 除 $C(x)\times x^r$，可以得商多项式 $q(x)$ 和余数多项式 $r(x)$，即

$$\frac{C(x)\times x^r}{g(x)}=q(x)+\frac{r(x)}{g(x)}$$

或者 $C(x)\times x^r=q(x)g(x)+r(x)$。

在模 2 运算中，$C(x)\times x^r+r(x)=q(x)g(x)$。

（3）$C(x) \times x^r + r(x)$ 就是所求的 n 位 CRC 码，$r(x)$ 是其中的校验位。所得 CRC 码的多项式应该是生成多项式 $g(x)$ 的倍数。

（4）校验数据时，用 n 位 CRC 码除以 $g(x)$，若余数为 0，则传送的数据无差错，否则根据余数的值可查出差错位。

2. 对生成多项式的要求

为了能够校验出发生差错的位置，生成多项式必须满足下面的条件。

（1）当任何一位误传时，都能使余数不为 0。

（2）当不同的位发生差错时，应当使余数互不相同。

（3）对余数继续进行模 2 除法，余数是循环的。

只有满足这些条件，才能使 CRC 码不但能发现传输中的差错，而且能判定是哪一位发生了差错。

CRC-CCITT 和 CRC-16 是两种常用的标准生成多项式，它们的检错率都比较高，其中有以下公式。

$$\text{CRC-CCITT} = x^{16} + x^{12} + x^5 + 1$$
$$\text{CRC-16} = x^{16} + x^{15} + x^2 + 1$$

3. 例题

实例 3-4：设数据为 1011010，生成多项式为 $g(x) = x^4 + x + 1$，采用（11，7）码，即 $k=7$，$r=4$，求数据 1011010 的 CRC 码。

（1）分析。

CRC 码一般会在 k 位信息位之后拼接 r 位校验位。

编码步骤如下。

① 将待编码的 k 位信息表示成多项式 $M(x)$。

② 将 $M(x)$ 左移 r 位，得到 $M(x) \times x^r$。

③ 用 $r+1$ 位的生成多项式 $g(x)$ 对应的二进制比特序列 $G(x)$ 去除 $M(x) \times x^r$，得到余数 $R(x)$。

④ 对 $M(x) \times x^r$ 与 $R(x)$ 进行模 2 加运算，得到 CRC 码。

（2）求解步骤如下。

① $G(x) = 10011$（从 $g(x) = x^4 + x + 1$ 推出）。

② $M(x) = 1011010$。

③ $M(x) \times x^4 = 10110100000$（$r=4$，左移 4 位）。

（3）（$M(x) \times x^4 / G(x)$）的求解过程如下。

```
                    1010101
        10011 / 10110100000
                10011
                ────────
                0010110
                 10011
                ────────
                0010100
                 10011
                ────────
                0011100
                 10011
                ────────
                 1111
```

余数多项式对应的校验码为 1111。

因此，所求的 CRC 码为 10110101111。

3.5 习题

一、填空题

1. 在通信系统中，调制前的电信号为_____信号，调制后的信号为调制信号。

2. 在采用电信号表达数据的系统中，数据分为数字数据和_____两种。

3. 数据通信的传输方式可分为_____和_____，其中计算机主板的地址总线多数是采用_____进行数据传输的。

4. 用于计算机网络的传输介质有_____和_____。

5. 在利用电话公共交换网络实现计算机之间的通信时，将数字信号变换成音频信号的过程称为_____，将音频信号还原为对应的数字信号的过程称为_____，用于实现这种功能的设备称为_____。

6. 网络中的通信在直接相连的两个设备间实现是不现实的，通常要经过中间节点将数据从信源逐点传送到信宿。通常使用的 3 种交换技术是_____、_____和_____。

7. 数据传输有两种同步的方法：_____和_____。

二、选择题

1. 两台计算机通过传统电话网络传输数据信号，需要提供（   ）。

A. 中继器　　　　　　　B. 集线器　　　　　　C. 调制解调器　　　　　　D. RJ-45 连接器

2. 通过分割线路的传输时间来实现多路复用的技术称为（   ）。

A. FDM　　　　　　　　B. WDM　　　　　　　C. CDM　　　　　　　　D. TDM

3. 将物理信道的总带宽分割成若干个子信道，每个子信道传输一路信号，这就是（   ）。

A. 同步 TDM　　　　　　B. CDM　　　　　　　C. 异步 TDM　　　　　　D. FDM

4. 下列差错控制编码中，（   ）是通过多项式除法来检测错误的。

A. 水平奇偶校验码　　B. CRC　　　　　　C. 垂直奇偶校验码　　D. 水平垂直奇偶校验码

5. 半双工通信的典型例子是（   ）。

A. 广播　　　　　　　　B. 电视　　　　　　　C. 对讲机　　　　　　　D. 手机

6. 在同步时钟信号作用下使二进制码元逐位传送的通信方式称为（   ）。

A. 模拟通信　　　　　　B. 无线通信　　　　　C. 串行通信　　　　　　D. 并行通信

7. 某一数据传输系统采用 CRC 方式，CRC-4 的生成多项式为 $G(x)=x^4+x^3+1$。生成校验码时，能检测到 A，CRC-4 的校验码为 B 位，若接收方收到的二进制比特序列为 110111001，则 CRC-4 的校验码为 C。

那么 A 为（   ），B 为（   ），C 为（   ）。

供选择的答案如下。

A. ① 所有偶数位错误　　　　　② 所有奇数位错误
　　③ 小于等于 2 位的任意错误　④ 小于等于 4 位的任意错误

B. ① 8　　　　　② 4　　　　　③ 32　　　　　④ 64

C. ①1010　　　②1000　　　③1001　　　④0010

三、思考题

1. 试分析数据与信号的区别。

2. 数据通信有哪几种同步方式？它们各自的优缺点是什么？

3. 主要的数据复用技术有哪些？它们各自的适用范围是什么？

4. 什么是单工、半双工和全双工通信？它们分别适用于什么场合？

5. 什么是基带、频带和宽带传输？

6. 简述虚电路交换原理，并比较它与数据报交换方式的区别。

7. 分别采用奇校验和偶校验计算下列数据的校验位。

（1）1011011。

（2）0110101。

8. 传输数据为 1101001，生成多项式为 $g(x) = x^4 + x^3 + 1$，求 $g(x)$ 对应的二进制比特序列，并计算 CRC 码。

3.6 拓展训练 制作并测试直通双绞线

一、实训目的

- 掌握非屏蔽双绞线与 RJ-45 接头的连接方法。
- 了解 EIA/TIA 568A 和 EIA/TIA 568B 标准线序的排列顺序。
- 掌握非屏蔽双绞线的直通线与交叉线的制作方法，并了解它们的区别和适用环境。
- 掌握线缆测试的方法。

3-5 制作直通双绞线

图 3-11 彩图

二、实训步骤

双绞线的制作分为直通线的制作和交叉线的制作。制作过程主要分为 5 步，可简单归纳为"剥""理""插""压""测"5 个字。

（1）制作直通双绞线。

为了保证制作的双绞线具有良好的兼容性，通常根据最普遍的 EIA/TIA 568A 标准来制作，制作步骤如下。

① 准备好 5 类双绞线、RJ-45 水晶头、压线钳和网线测试仪等，如图 3-11 所示。

② 剥线。用压线钳的剥线刀口夹住 5 类双绞线的外保护套管，适当用力夹紧并慢慢旋转，让刀口正好划开双绞线的外保护套管（不要将里面的双绞线的绝缘层划破），刀口距 5 类双绞线的端头至少 2cm。取出端头，剥下保护胶皮，如图 3-12 所示。

③ 将划开的外保护套管剥去（旋转、向外抽），如图 3-13 所示。

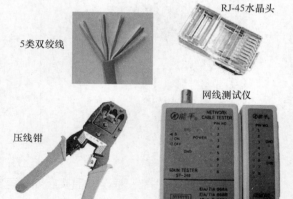
图 3-11 5 类双绞线、RJ-45 水晶头、压线钳和网线测试仪

图 3-12 剥线（1）

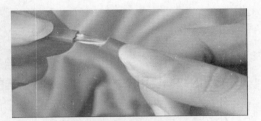
图 3-13 剥线（2）

④ 理线。双绞线由 8 根有色导线两两绞合而成，把相互缠绕在一起的每对线缆逐一解开，按照 EIA/TIA 568A 标准（绿白-1、绿-2、橙白-3、蓝-4、蓝白-5、橙-6、棕白-7、棕-8）和导线颜色将导线按规定的序号排好，排列的时候注意尽量避免线路缠绕和重叠，如图 3-14 所示。

⑤ 将 8 根导线拉直、压平、理顺，导线间不留空隙，如图 3-15 所示。

图 3-14 彩图

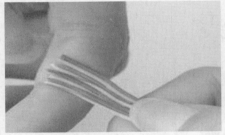
图 3-14 理线（1）

图 3-15 理线（2）

图 3-15 彩图

⑥ 用压线钳的剪线刀口将 8 根导线剪齐，并留下约 12mm 的长度，如图 3-16 所示。

⑦ 捏紧 8 根导线，防止导线乱序，使水晶头有塑料弹片的一侧朝下，把整理好的 8 根导线插入水晶头（插至底部），注意"绿白"线要对着 RJ-45 水晶头的第一脚，如图 3-17 所示。

图 3-16 剪线

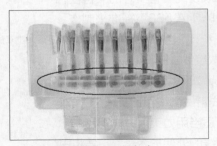
图 3-17 插线（1）

图 3-16 彩图

⑧ 确认 8 根导线都已插至水晶头底部，再次确认线序无误后，将水晶头从压线钳"无牙"一侧推入压线槽内，如图 3-18 所示。

⑨ 压线。双手紧握压线钳的手柄，用力压紧，使水晶头的 8 个针脚接触点穿过导线的绝缘外层，分别和 8 根导线紧紧地压接在一起。做好的水晶头如图 3-19 所示。

图 3-18　插线（2）

图 3-19　做好的水晶头

图 3-19 彩图

> **注意**　压过的 RJ-45 水晶头的 8 只金属脚一定比未压过的低，这样才能顺利地嵌入芯线中。优质的压线钳甚至必须在接脚完全压入后才能松开握柄，取出 RJ-45 水晶头，否则接头会卡在压接槽中取不出来。

⑩ 按照上述方法制作双绞线的另一端，即可完成直通双绞线的制作。

（2）测试。

现在已经做好了一根网线，在实际使用它连接设备之前，先使用一个简易测线仪来进行连通性测试。

① 将直通双绞线两端的水晶头分别插入主测试仪和远程测试端的 RJ-45 接口，将开关推至"ON"挡（"S"为慢速挡），若主测试仪和远程测试端的指示灯从 1 至 8 依次闪亮绿色，则说明网线连接正常，如图 3-20 所示。

② 若连接不正常，则按下述情况显示。

- 当有一根导线（如 3 号线）断路时，主测试仪和远程测试端的 3 号指示灯都不亮。
- 当有几根导线断路时，相对应的指示灯都不亮；当导线少于两根线连通时，指示灯都不亮。
- 当两头网线乱序，如 2、4 线乱序时，指示灯的显示如下。

主测试仪端不变：1—2—3—4—5—6—7—8。

远程测试端：1—4—3—2—5—6—7—8。

图 3-20　网线连接正常

- 当有两根导线短路时，主测试仪的指示灯仍然按从 1 到 8 的顺序逐个闪亮，而远程测试端的两根短路线对应的指示灯将同时亮起，其他指示灯仍按正常的顺序逐个闪亮。若有 3 根以上（含 3 根）导线短路，则所有短路的导线对应的指示灯都不亮。
- 如果出现红灯或黄灯，则说明其中存在接触不良等现象，此时最好先用压线钳压制两端水晶头一次。再次进行测试，如果故障依旧存在，则检查两端芯线的排列顺序是否一样。如果芯线顺序不一样，则应剪掉一端，参考另一端芯线顺序重做一个水晶头。

> **注意**　简易测线仪只能简单地测试网线是否连通，不能检验网线的传输质量。传输质量取决于一系列因素，如线缆本身的衰减值、串扰的影响等。这往往需要更复杂和更高级的测试设备才能准确判断。

（3）制作交叉双绞线并进行测试。

① 制作交叉双绞线的步骤和操作与制作直通双绞线一样，只是交叉双绞线一端按 EIA/TIA-568B 标准（橙白-1、橙-2、绿白-3、蓝-4、蓝白-5、绿-6、棕白-7、棕-8）制作，另一端按 EIA/TIA-568A 标准制作。

② 测试交叉双绞线时，主测试仪的指示灯按 1—2—3—4—5—6—7—8 的顺序逐个闪亮，远程测试端的指示灯按 3—6—1—4—5—2—7—8 的顺序逐个闪亮。

（4）几点说明。

双绞线与设备之间的连接方法很简单，一般情况下，设备口相同时，使用交叉双绞线；反之，使用直通双绞线。在某些场合，关于如何判断应该是用直通双绞线还是交叉双绞线，特别是当集线器或交换机互连时，有的口是普通口，有的口是级联口，用户可以参考以下几种办法进行选择。

① 查看说明书。如果该设备在级联时需要使用交叉双绞线连接，则一般会在设备说明书中说明。

② 查看连接端口。如果有的端口与其他端口不在一块，且标有 Uplink 或 Out to Hub 等标识，则表示该端口为级联口，应使用直通双绞线连接。

③ 实测。这是最实用的一种方法。可以先制作两条用于测试的双绞线，其中一条是直通双绞线，另一条是交叉双绞线。用其中的一条双绞线连接两个设备，注意观察连接端口对应的指示灯，如果指示灯亮，则表示连接正常，否则换另一条双绞线进行测试。

④ 从颜色区分线缆的类型，一般黄色表示交叉双绞线，蓝色表示直通双绞线。

特别提示 新型的交换机已不再需要区分 Uplink 口，交换机级联时直接使用直通双绞线即可。

拓展阅读 核高基

"核高基"就是"核心电子器件、高端通用芯片及基础软件产品"的简称，是中华人民共和国国务院于 2006 年发布的《国家中长期科学和技术发展规划纲要（2006—2020 年）》中与载人航天、探月工程并列的 16 个重大科技专项之一。近年来，一批国产基础软件的领军企业的强势发展给中国软件市场增添了几许信心，而"核高基"犹如助推器，给了国产基础软件更强劲的发展支持力量。

第 4 章
TCP/IP协议簇

04

TCP/IP 协议簇是 Internet 的基础。TCP/IP 是一组协议的代名词，包括许多协议，这些协议共同组成了 TCP/IP 协议簇。其中比较重要的有 SLIP、PPP、IP、ICMP、ARP、TCP、UDP、FTP、DNS、SMTP 等。

本章学习目标

- 熟练掌握 IP 数据报。
- 掌握 IP 地址和编址方式。
- 掌握用户数据报协议。

- 掌握传输控制协议。
- 掌握 TCP/IP 实用工具。

4.1 网际协议

网际协议（Internet Protocol，IP）是 TCP/IP 体系中最常用的网际层协议。设计 IP 的目的是提高网络的可扩展性：一是解决大规模、异构网络的互连互通问题；二是分割顶层网络应用和底层网络技术之间的耦合关系，以利于两者独立发展。根据端到端的设计原则，IP 只为主机提供一种无连接、不可靠、尽力而为的数据报传输服务。

4.1.1 与 IP 配套使用的协议

IP 是整个 TCP/IP 协议簇的核心，也是构成互联网的基础。IP 位于 TCP/IP 参考模型的网际层（相当于 OSI 参考模型的网络层），对上可传送传输层各种协议（如 TCP、UDP 等）的信息；对下可通过以太网、令牌环（Token Ring）网络等各种技术将 IP 数据报传送到链路层。

与 IP 配套使用的协议有 4 种：地址解析协议（Address Resolution Protocol，ARP）、反向地址解析协议（Reverse Address Resolution Protocol，RARP）、网际控制报文协议（Internet Control Message Protocol，ICMP）和网际组管理协议（Internet Group Management Protocol，IGMP）。

4-1　TCP/IP 网络层协议

图 4-1 所示为 IP 与其配套协议的关系。

因为 IP 要经常使用 ARP 和 RARP，所以在图 4-1 中，这两种协议位于网际层的最下面；

而 ICMP 和 IGMP 位于该层的上部，因为它们要使用 IP。IP 用于使互连起来的许多计算机网络能够通信，因此 TCP/IP 体系结构中的网络层常常称为网际层（Internet Layer）或 IP 层。

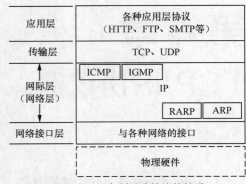

图 4-1　IP 与其配套协议的关系

IPv4（Internet Protocol version 4）又称网际协议版本 4、互联网通信协议第 4 版，是 IP 开发过程中的第 4 个修订版本，也是此协议第一个被广泛部署的版本。IPv4 是互联网的核心，也是使用最广的网际协议版本，其后续版本为 IPv6（Internet Protocol version 6）。

> **特别注意**　在本书后续内容中，为了方便讲解，IPv4 统一用 IP 代替。

4.1.2　IP 数据报格式

学习 Internet 网络层最恰当的方式是从 IP 数据报本身的格式开始，因为 IP 数据报的格式能够说明 IP 都具有什么功能。图 4-2 所示为 IP 数据报的完整格式。

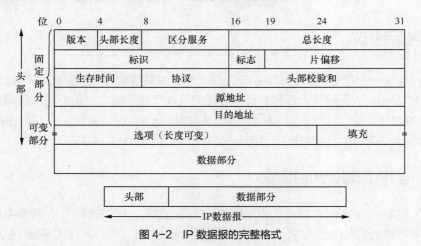

图 4-2　IP 数据报的完整格式

从图 4-2 中可以看出，一个 IP 数据报由头部和数据部分组成，数据部分也称为有效净荷。头部由一个 20 字节的固定部分和一个可选字段的可变部分组成。IP 头部的固定部分是所有 IP 数据报必须具有的，因此，IP 头部的最小长度是 20 字节（即头部的固定部分）。头部的固定部分的后面是一些可选字段，其长度是可变的。下面介绍 IP 数据报各字段的含义。

1. IP 数据报头部的固定部分

（1）版本（Version）。版本字段占 4 位，是指目前采用的 IP 版本。其值为 0100 时，表示 IP 版本为 IPv4，其值为 0110 时，表示 IP 版本为 IPv6。

（2）头部长度。头部长度也称网际报头长度（Internet Header Length，IHL），占 4 位，表示头部的长度，可表示的最大十进制数值是 15。请特别注意，这个字段表示的数值的单位是 32 位字长（32 位字长是 4 字节），当 IP 的头部长度为 1111（即十进制的 15）时，就达到最大值 60 字节，因此可选字段最多为 40 字节。当 IP 分组的头部长度不是 4 字节的整数倍时，必须利用最后的填充字段加以填充。

（3）区分服务（Differentiated Service）。区分服务字段占 8 位，用来区分不同的服务种类。这个字段在旧标准中叫作服务类型（Type of Service，ToS），但实际上一直没有使用过。1998 年，因特网工程任务组（Internet Engineering Task Force，IETF）把这个字段改名为区分服务。只有在使用区分服务时，这个字段才起作用。

（4）总长度（Total Length）。总长度字段占 16 位，是指头部和数据部分之和的长度，单位为字节。由于总长度字段为 16 位，所以 IP 数据报的最大长度为 $2^{16}-1=65\ 535$ 字节。

（5）标识（Fragment Identification）。标识字段占 16 位，标识了数据报的计数值。IP 软件在存储器中维持一个计数器，每产生一个数据报，计数器就加 1，并将此值赋给标识字段。但这个"标识"并不是序号，因为 IP 是无连接服务，数据报不存在按序接收的问题。当数据报由于长度超过网络的最大传输单元（Maximum Transmission Unit，MTU）而必须分片时，这个标识字段的值就被复制到所有数据报片的标识字段中。相同的标识字段的值使分片后的各数据报片最后能在目的节点被正确地重装成为原来的数据报。

（6）标志（Flag）。标志字段占 3 位，该字段的第 1 位没有使用；第 2 位是 DF（Don't Fragment）位，当 DF=1 时，表示"不能分片"，当 DF=0 时，允许分片；第 3 位是 MF（More Fragment）位，当 MF=1 时，表示后面"还有分片"的数据报，当 MF=0 时，表示这是数据报片中的最后一个。

（7）片偏移（Fragment Offset）。片偏移字段占 13 位。当报文被分片后，该字段标记对应分片在原报文中的相对位置，即片偏移。片偏移以 8 字节为偏移单位。所以，每个分片的长度一定是 8 字节（64 位）的整数倍。所以，除了最后一个分片外，其他分片的偏移值都是 8 字节（64 位）的整数倍。

（8）生存时间（Time To Live，TTL）。生存时间字段占 8 位，表示数据报在网络中的寿命。由发出数据报的源点设置这个字段，其目的是防止无法交付的数据报无限制地在 Internet 中逗留，白白消耗网络资源。其在最初设计时以秒为单位，现在把生存时间字段的功能改为"跳数限制"，路由器在每次转发数据报之前就把生存时间的值减 1。若生存时间的值减小到 0，则丢弃这个数据报，不再转发。生存时间的意义是指明数据报在 Internet 中至多可经过多少个路由器。显然，数据报能在 Internet 中经过的路由器的最大数值是 255。若把生存时间的初始值设置为 1，则表示这个数据报只能在本局域网中传送。因为这个数据报一旦被传送到局域网中的某个路由器，在被转发之前，生存时间的值就减小到 0 了，会被这个路由器丢弃。

（9）协议（Protocol）。协议字段占 8 位，指出此数据报携带的数据使用的是何种协议，以便使目的主机的 IP 层知道应将数据部分上交给哪个处理进程。不同的协议有不同的协议号。常用的协议和相应的协议字段值如表 4-1 所示。

（10）头部校验和（Header Checksum）。头部校验和字段占 16 位。这个字段只检验数据报的头部，不包括数据部分。这是因为数据报每经过一个路由器，路由器都要重新计算头部校验和

（因为某些字段，如生存时间、标志、片偏移等都可能发生变化）。不检验数据部分可减少计算的工作量。为了进一步减少计算校验和的工作量，IP 头部的校验和不采用复杂的 CRC 码，其计算方法请查阅相关文献。

表 4-1　常用的协议和相应的协议字段值

协议名	ICMP	IGMP	TCP	EGP	IGP	UDP	IPv6	OSPF
协议字段值	1	2	6	8	9	17	41	89

（11）源地址（Source Address）和目的地址（Destination Address）。这两个地址字段各占 32 位，分别表示数据报的源 IP 地址和目的 IP 地址。

2. IP 数据报头部的可变部分

可变部分包括选项和填充两个字段。

（1）选项（Option）。选项字段的长度可变，从 0 字节到 40 字节不等，具体长度取决于所选择的项目。选项字段用来支持测试、调试和保证安全性等措施，内容丰富。某些选项项目只需要 1 字节，但有些选项项目需要多个字节。这些选项项目一个个拼接起来，中间不需要有分隔符，最后用全 0 的填充字段补齐成为 4 字节的整数倍。

（2）填充（Padding）。因为选项字段中的长度不是固定的，所以需要使用若干个 0 填充，以保证整个 IP 数据报头部的长度是 32 位的整数倍。

> **提示**　IP 数据报头部长度的最大值为 60 字节，而头部的固定部分长度为 20 字节，所以可变部分（选项字段和填充字段）最大长度为 40 字节。但是，典型的 IP 数据报不使用头部中的选项字段，因此典型的 IP 数据报头部的长度是 20 字节。

3. IP 数据报的数据部分

数据部分表示传输层的数据，如使用 TCP、UDP、ICMP 或 IGMP 等协议的数据。数据部分的长度不固定。

网际层下面的每一种数据链路层都有自己的帧格式，帧格式中的数据字段的最大长度称为 MTU。以太网和 802.3 网络的 MTU 分别是 1500 字节和 1492 字节。当一个 IP 数据报要被封装成数据链路层的帧时，此数据报的总长度（即头部加上数据部分）一定不能超过其下面的数据链路层的 MTU 值。

虽然使用尽可能长的数据报会使传输效率提高，但由于以太网的普遍应用，实际上使用的数据报长度很少有超过 1500 字节的。为了不使 IP 数据报的传输效率降低，有关 IP 的标准文档规定：所有的主机和路由器能够处理的 IP 数据报长度不得小于 576 字节。这个数值也就是最小的 IP 数据报的总长度。当数据报长度超过网络所容许的 MTU 值时，就必须对过长的数据报进行分片才能在网络中传送（见前面的片偏移字段）。此时，数据报头部中的总长度字段不是指未分片前的数据报长度，而是指分片后的每一个分片的头部长度与数据长度的总和。

> 　**提示**　详情请参考本章拓展训练 1。

4.1.3 IP 地址

TCP/IP 起源于美国 ARPANET，且由它的两个主要协议（TCP 和 IP）而得名。TCP/IP 是互联网通信的基础。

整个 Internet 就是一个单一的逻辑网络。IP 地址就是给 Internet 中的每一台主机（或路由器）的每一个接口分配一个全世界范围内唯一的 32 位的标识符。IP 地址的结构使人们可以在 Internet 中很方便地进行寻址。

1. IP 地址的表示形式

由于 IP 地址是以 32 位二进制代码的形式表示的，这种形式非常不适合阅读和记忆，为了便于用户阅读和理解 IP 地址，Internet 管理委员会采用了一种"点分十进制"表示方法来表示 IP 地址。也就是说，将 IP 地址分为 4 字节（每个字节 8 位），且每个字节用十进制数表示，并用点号"."隔开，如图 4-3 所示。

4-2　IP 地址及 TCP/IP 实用程序

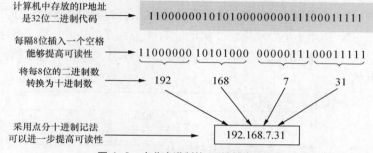

图 4-3　点分十进制的 IP 地址表示方法

> **提示**　我国的互联网服务提供商（Internet Service Provider，ISP）可向亚太网络信息中心（Asia-Pacific Network Information Center，APNIC）申请 IP 地址（需缴费），单个用户可以直接向 ISP 申请 IP 地址。

2. IP 地址分类

TCP/IP 用 IP 地址在 IP 数据报中标识源地址和目的地址。由于源主机和目的主机都位于某个网络中，要寻找一个主机，要先找到它所在的网络，因此 IP 地址结构由网络号（Net-ID）和主机号（Host-ID）两部分组成。网络号标识了主机（或路由器）所连接到的网络，主机号标识了该主机（或路由器），网络号和主机号也可分别称为网络地址和主机地址。

IP 地址根据网络 ID 的不同分为 5 种类型，即 A 类地址、B 类地址、C 类地址、D 类地址和 E 类地址，如表 4-2 所示。

表 4-2　IP 地址分类

地址类别	第 1 个 8 位位组的格式	最大网络数	网络中最大主机数	有效 IP 地址范围
A 类	0xxxxxxx	2^7-2 最小可用网络：1 最大可用网络：126	$2^{24}-2$	1.0.0.1～126.255.255.254

续表

地址类别	第1个8位 位组的格式	最大网络数	网络中最大 主机数	有效 IP 地址范围
B 类	10xxxxxx	$2^{14}-1$ 最小可用网络：128.1.0.0 最大可用网络：191.255.0.0	$2^{16}-2$	128.1.0.1～191.255.255.254
C 类	110xxxxx	$2^{21}-1$ 最小可用网络：192.0.1.0 最大可用网络：223.255.255.0	$2^{8}-2$	192.0.1.1～223.255.255.254
D 类	1110xxxx	1110 后跟 28 位的多路广播地址		224.0.0.0～239.255.255.255
E 类	1111xxxx	以 1111 开始，为将来使用保留		240.0.0.0 ～ 255.255.255.254 （255.255.255.255 为广播地址）

A 类地址首位为"0"，网络号占 8 位，主机号占 24 位，适用于大型网络；B 类地址前两位为"10"，网络号占 16 位，主机号占 16 位，适用于中型网络；C 类地址前 3 位为"110"，网络号占 24 位，主机号占 8 位，适用于小型网络；D 类地址前 4 位为"1110"，用于多路广播；E 类地址前 4 位为"1111"，为将来使用保留，通常不用于实际工作环境。各类 IP 地址的网络号字段和主机号字段如图 4-4 所示。

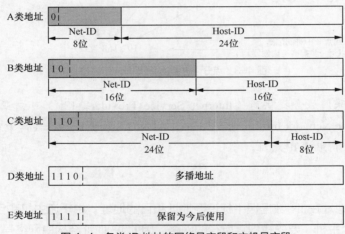

图 4-4 各类 IP 地址的网络号字段和主机号字段

有一些 IP 地址具有专门用途或特殊意义。IP 地址的分配、使用应遵循以下规则。

（1）网络号必须是唯一的。

（2）网络号的首字节不能是 127，此数保留给内部回送函数使用，主要用于诊断。

（3）主机号对应的网络号必须是唯一的。

（4）主机号的各位不能全为"1"，全为"1"时用作广播地址。

（5）主机号的各位不能全为"0"，全为"0"时表示本地网络。

3. 特殊 IP 地址

IP 地址空间中的某些地址已经为特殊用途而保留，通常并不允许作为主机的 IP 地址，如表 4-3 所示。

表 4-3   特殊 IP 地址

网络号	主机号	源地址使用	目的地址使用	代表的意思
全 0	全 0	可以	不可以	本网络中的本主机
全 0	特定	可以	不可以	本网络中特定的主机
全 1	全 1	不可以	可以	只在本网络中进行广播（各路由器均不转发）
特定	全 1	不可以	可以	对特定的所有主机进行广播
特定	全 0	不可以	不可以	用于标识网络号为特定的网络
127	非全 0 全 1	可以	可以	用作本地软件环回测试之用

这些保留地址的规则如下。

（1）IP 地址的网络号部分不能"全部为 1"或"全部为 0"。

（2）IP 地址的子网部分（子网详细内容见第 8 章）不能"全部为 1"或"全部为 0"。

（3）IP 地址的主机号部分不能"全部为 1"或"全部为 0"。

（4）当 IP 地址中的主机号的所有位都为 0 时，表示一个网络，而不是网络中的特定主机。

（5）在一个子网网络中，将主机号的所有位都设置为 0 时，代表特定的子网。所以，为这个子网分配的所有位不能全为 0，否则会代表上一级的网络。

（6）IP 地址的 32 位不能全部都是 0，因为 0.0.0.0 是一个不合法的地址，而且用于代表"未知网络或地址"。

（7）网络号为 127（即 01111111）的地址保留作为环回测试（Loopback Test）地址，用于主机进程之间的通信。若主机发送一个目的地址为环回地址（如 127.0.0.1）的 IP 数据报，则本主机中的协议软件会处理数据报中的数据，而不会把数据报发送到任何网络。目的地址为环回地址的 IP 数据报永远不会出现在任何网络中。

（8）当 IP 地址中的所有位都为 1 时，产生的 IP 地址为 255.255.255.255，用于向本地网络中的所有主机发送广播消息。网络层的这个配置由相应的物理地址进行镜像，这个物理地址的所有位也全部为 1。一般的，这个物理地址会是 FFFFFFFFFFFF。通常，路由器并不传递这些类型的广播，除非有特殊的配置命令使它们这样。

（9）如果将 IP 地址中所有主机号位都设置为 1，则该 IP 地址的作用为向对应网络中的所有主机广播，也称为直接广播，可以通过路由器进行。例如，132.100.255.255 或 200.200.150.255 就是面向指定网络中所有主机广播地址的例子。

4. 私有 IP 地址

为了节约 IP 地址空间，增强网络的安全性，一些 IP 地址被保留作为私网的 IP 地址。私有 IP 地址不能在 Internet 中使用，处于私有 IP 地址的网络称为内网或私网。LAN 主要使用私有 IP 地址，当要与 Internet 进行通信时，必须进行网络地址转换（Network Address Translation，NAT）。

私有 IP 地址只能用于 LAN，不能用于 WAN，其地址范围如下。

（1）A 类地址中：10.0.0.0～10.255.255.255，只有 1 个网段。

（2）B 类地址中：172.16.0.0～172.31.255.255，有 16 个网段。

（3）C 类地址中：192.168.0.0～192.168.255.255，有 256 个网段。

4.1.4　物理地址与 IP 地址

理解主机的物理地址（也称硬件地址）和 IP 地址在学习 IP 地址时非常重要。

互联网是由路由器将一些物理网络互连而成的逻辑网络。从源主机发送的分组在到达目的主机之前可能要经过许多不同的物理网络。在逻辑的互联网层次上，主机和路由器使用它们的逻辑地址进行标识；而在具体的物理网络层次上，主机和路由器必须使用它们的物理地址进行标识。图 4-5 所示为这两种地址的区别。从层次的角度看，物理地址是数据链路层和物理层使用的地址，而 IP 地址是网络层及以上各层使用的地址，是一种逻辑地址。下面以局域网为例来说明 IP 地址与物理地址的关系。

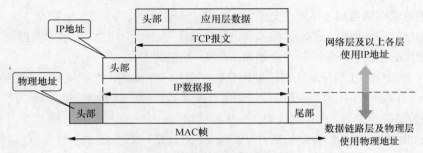

图 4-5　IP 地址与物理地址的区别

在发送数据时，数据从高层传递到低层，然后才到通信链路上传输。使用 IP 地址的 IP 数据报一旦交给了数据链路层，就被封装成媒体接入控制（Media Access Control，MAC）帧。MAC帧在传送时使用的源地址和目的地址都是物理地址，这两个地址都写在 MAC 帧的头部中。

连接在通信链路上的设备（主机或路由器）在接收 MAC 帧时，使用的是 MAC 帧头部中的物理地址。在数据链路层看不见隐藏在 MAC 帧的数据中的 IP 地址。只有在剥去 MAC 帧的头部和尾部，把 MAC 帧中的数据上交给网络层后，网络层才能在 IP 数据报的头部中找到源 IP 地址和目的 IP 地址。

总之，IP 地址放在 IP 数据报的头部，而物理地址则放在 MAC 帧的头部。网络层及其以上各层使用的是 IP 地址，而数据链路层及物理层使用的是物理地址。在图 4-5 中，当 IP 数据报被放入数据链路层的 MAC 帧以后，整个 IP 数据报就成为 MAC 帧的数据，因而在数据链路层看不见 IP 数据报的 IP 地址。

4.1.5　地址解析协议

在实际应用中，经常会遇到这样的问题：已经知道了一台主机或路由器的 IP 地址，需要找出其相应的物理地址；或者反过来，已经知道物理地址，需要找出相应的 IP 地址。ARP 和 RARP 就是用来解决这样的问题的。

我们知道，网络层使用的是 IP 地址，但在具体物理网络的链路上传送数据时，最终还是必须使用该物理网络的物理地址。但 IP 地址和物理网络的物理地址之间由于格式不同而不存在简单的映射关系（例如，IP 地址有 32 位，而局域网的物理地址是 48 位）。此外，在一个物理网络中可能经常会有新的主机加入进来，或撤走一些主机的情况发生。更换网络适配器也会使主机的物理地址改变。在支持硬件广播的局域网中可以使用 ARP 来解决 IP 地址与物理地址的动态映射问题。

现在的动态主机配置协议（Dynamic Host Configuration Protocol，DHCP）已经包含了 RARP 的功能，因此现在已经没有人再使用单独的 RARP 了，这里只介绍 ARP 的相关内容。

1. MAC 地址

在局域网中，物理地址已固化在网卡上的只读存储器（Read-Only Memory，ROM）中，因此常常将物理地址称为硬件地址。因为局域网的 MAC 帧中的源地址和目的地址都是硬件地址，所以硬件地址又称为 MAC 地址。在本书中，物理地址、MAC 地址和硬件地址表示的意义是相同的。

MAC 地址长度为 48 位。其中 0～23 位为组织标识符，代表网卡生产厂商，24～47 位是由厂商自己分配的。例如，MAC 地址 00-90-27-99-11-cc 的前 6 个十六进制数字（即二进制的 0～23 位）00-90-27 表示该网卡由 Intel 公司生产，相应的网卡序列号为 99-110-cc（24～47 位）。MAC 地址就如同人们的身份证号码一样，具有全球唯一性。世界上任何两块网卡的 MAC 地址都是不一样的。MAC 地址是数据链路层和物理层使用的地址。

2. ARP 工作原理

以太网协议规定，同一 LAN 中的一台主机要和另一台主机进行直接通信时，必须知道目的主机的 MAC 地址。

在每台安装有 TCP/IP 的计算机中都有一个 ARP 缓存表，表中的 IP 地址与 MAC 地址是一一对应的。

以主机 A（192.168.1.5）向主机 B（192.168.1.1）发送数据为例。

（1）发送数据时，主机 A 会在自己的 ARP 缓存表中寻找是否有目的 IP 地址。

（2）如果找到了，也就知道了目的 MAC 地址，直接把目的 MAC 地址写入帧中即可发送。

（3）如果在 ARP 缓存表中没有找到目的 IP 地址，则主机 A 会在网络中发送一个广播："我是 192.168.1.5，我的 MAC 地址是 00-aa-00-66-d8-13，请问 IP 地址为 192.168.1.1 的 MAC 地址是什么？"。

（4）网络中的其他主机并不响应 ARP 的询问，只有主机 B 接收到这个广播时，才向主机 A 做出这样的回应："192.168.1.1 的 MAC 地址是 00-aa-00-62-c6-09"。

（5）这样，主机 A 就知道了主机 B 的 MAC 地址，其即可向主机 B 发送信息。

（6）主机 A 和 B 还会同时更新自己的 ARP 缓存表（因为主机 A 在询问时，把自己的 IP 地址和 MAC 地址一起通知给了主机 B），下次主机 A 再向主机 B 或者主机 B 向主机 A 发送信息时，直接从各自的 ARP 缓存表中查找即可。

（7）ARP 缓存表采用了老化机制（即设置了 TTL），在一段时间内（一般为 15～20min），如果表中的某一行内容（IP 地址与 MAC 地址的映射关系）没有被使用过，则该行内容会被删除，这样可以大大减少 ARP 缓存表的长度，加快查询速度。

3. 主机 ARP 缓存

当主机 A 第一次访问主机 B 时，先需要通过 ARP 将主机 B 的 IP 地址解析为相应的 MAC 地址，再封装并发送 MAC 帧（帧的目的 MAC 地址为主机 B 的 MAC 地址），同时主机 A 会把解析的结果放在本机的缓存中，这样主机 A 再次访问主机 B 时，就不需要通过 ARP 再次进行解析了。

可以通过 ARP 命令查看并编辑本机 ARP 缓存内容，但主机重启后缓存会被清空。

提示 详情请参考本章拓展训练 2。

4.2 网际控制报文协议

为了更有效地转发数据报和提高交付成功的概率，在网际层使用了网际控制报文协议（Internet Control Message Protocol，ICMP）。ICMP 允许主机或路由器报告差错情况和提供有关异常情况的报告。ICMP 是 Internet 的标准协议。ICMP 报文作为 IP 层数据报的数据，加上数据报的头部，组成 IP 数据报发送出去，ICMP 报文是封装在 IP 数据报中，作为其数据的一部分存在的。由于 ICMP 配合 IP 一起完成网际层的功能，所以把 ICMP 作为 IP 层的协议，而不是高层的协议。

IP 在传送数据报时，如果路由器不能正确地传送或者检测到异常现象而影响其正确传送，路由器就需要通知传送的源主机或路由器采取相应的措施，ICMP 为 IP 提供了差错控制、网络拥塞控制和路由控制等功能。主机、路由器和网关利用它来实现网络层信息的交互，ICMP 最大的用途就是差错汇报。

ICMP 报文是在 IP 数据报内部传输的，如图 4-6 所示。

ICMP 通常被认为是 IP 的一部分，因为 ICMP 报文是在 IP 分组内携带的。也就是说，ICMP 报文是 IP 的有效载荷，就像 TCP 或者 UDP 作为 IP 的有效载荷一样。

ICMP 报文有一个类型字段和一个代码字段，同时包含导致 ICMP 报文首先被产生的 IP 数据报头部和其数据部分的前 8 字节（由此可以确定导致错误的分组）。ICMP 报文的格式如图 4-7 所示。

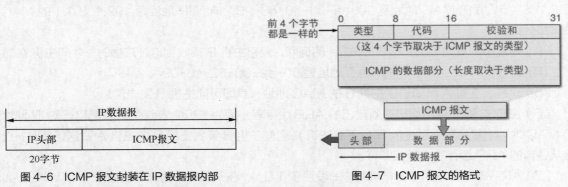

图 4-6　ICMP 报文封装在 IP 数据报内部　　　　图 4-7　ICMP 报文的格式

ICMP 报文的种类有两种，即 ICMP 差错报告报文和 ICMP 询问报文。

ICMP 报文的前 4 个字节是统一的格式，共有三个字段：类型、代码和校验和。接着的 4 个字节的内容与 ICMP 的类型有关。最后面的是数据字段，其长度取决于 ICMP 的类型。

ping 程序就是给指定主机发送 ICMP 类型为 8、代码为 0 的报文，目的主机接收到回应请求后，返回一个类型为 0、代码为 0 的 ICMP 应答。表 4-4 所示为 ICMP 报文消息。

表 4-4　ICMP 报文消息

类　　型	代　　码	描　　述
0	0	回应应答（执行 ping）
3	0	目的网络不可达
3	1	目的主机不可达
3	2	目的协议不可达
3	3	目的端口不可达
4	0	源端抑制（拥塞控制）
8	0	回应请求
9	0	路由器公告
10	0	路由器发现
11	0	TTL 过期
12	0	IP 头部损坏

例如，ICMP 的源端抑制消息的目的是执行拥塞控制，它允许一个拥塞路由器给主机发送一个 ICMP 源端抑制消息，迫使主机降低传送速率。

4.3 用户数据报协议

TCP/IP 协议簇支持一个无连接的传输层协议，该协议提供面向事务的、简单的、不可靠信息的传送服务，被称为用户数据报协议（User Datagram Protocol，UDP）。RFC 768 描述了 UDP。

UDP 为应用程序提供了一种无需建立连接就可以发送封装的 IP 数据包的方法。UDP 不确认报文是否到达，不对报文进行排序，也不进行流量控制，因此 UDP 报文可能会出现丢失、重复和失序等现象。

4.3.1 UDP 概述

UDP 的主要特点如下。

4-3　TCP 和 UDP 协议

（1）UDP 是无连接的，即发送数据之前不需要建立连接，因此减少了开销（Overhead）和发送数据之前的时延（Delay）。

（2）UDP 使用尽最大努力交付，即不保证可靠交付，因此主机不需要维护复杂的连接状态表。

（3）UDP 是面向报文的。发送方的 UDP 对于应用程序交下来的报文，会在添加了头部之后向下交付，UDP 对应用层交付下来的报文既不合并也不拆分，而是保留这些报文的边界。应用层交给 UDP 多长的报文，UDP 就照样发送，即一次发送一个报文。接收方 UDP 对于下方交上来的 UDP 用户数据报，会在去除头部之后原封不动地交付给上层的应用程序，一次交付一个完整报文。

（4）由于 UDP 没有拥塞控制，因此网络出现的拥塞不会使源主机的发送速率降低。这对实时应用是很重要的。很多实时应用（如 IP 电话、实时视频会议等）要求源主机以恒定的速率发送数据，并且允许在网络发生拥塞时丢失一些数据，但不允许数据有太大的时延。UDP 正好能满足这种要求。

（5）UDP 支持一对一、一对多、多对一和多对多的交互通信。

UDP 只有 8 字节的头部开销，比 TCP 的 20 字节的头部要短得多。

4.3.2 UDP 的头部字段

UDP 报文有两个字段，即数据字段和头部字段。UDP 报文的格式如图 4-8 所示。

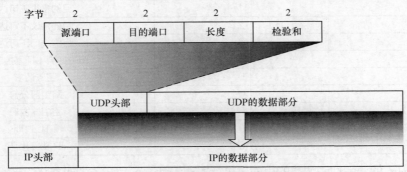

图 4-8　UDP 报文的格式

头部字段很简单，只有 8 字节，由 4 个字段组成，每个字段都是 2 字节，各字段的含义如下。

（1）源端口表示源端口号，在需要对方回信时选用，不需要时全部为 0。

（2）目的端口表示目的端口号。

（3）长度表示 UDP 报文（用户数据报）的长度，其最小值是 8（仅有头部）。

（4）校验和是可选字段。若计算校验和，则将 IP 头部、UDP 头部和 UDP 数据全部计算在内，用于检错，即由发送端计算校验和并存储，由接收端进行验证；否则，取 0 值。

> **特别注意**　UDP 的校验和字段是可选项而非强制性字段。如果该字段为 0，则说明不进行校验。这样设计的目的是使那些在可靠性很好的 LAN 中使用 UDP 的应用程序能够尽量减小开销。因为 IP 中的校验和并没有覆盖 IP 数据报中的数据部分，所以使用该字段是非常有必要的。

4.3.3 传输层端口

Internet 传输层与网络层在功能上的最大区别是前者可提供进程间的通信能力。因此，TCP/IP 提出了端口的概念，用于标识通信的进程。TCP 和 UDP 都使用应用层接口处的端口和上层的应用进程进行通信。也就是说，应用层的各种进程是通过相应的端口与传输实体进行交互的。

1. UDP 端口

UDP 报文头部中最重要的字段就是源端口和目的端口，它们用来标识 UDP 报文的发送方和接收方。实际上，UDP 通过二元组（目的 IP 地址，目的端口号）来定位一个接收方应用程序，而用二元组（源 IP 地址，源端口号）来标识一个发送方进程。二元组（IP 地址，端口号）被称为套接字（Socket）地址。

UDP 报文的多路分用模型如图 4-9 所示。一个 UDP 端口与一个报文队列（缓存）关联，UDP

根据目的端口号将到达的报文加到对应队列中。应用进程根据需要从端口对应的队列中读取整个报文。由于 UDP 没有流量控制功能，如果报文到达的速度长期大于应用进程从队列中读取报文的速度，则会导致队列溢出和报文丢失。要注意的是，与后面将要讨论的 TCP 不同，端口队列中的所有报文的目的 IP 地址和目的端口号相同，但源 IP 地址和源端口号并不一定相同，即不同源而同一目的地的报文会定位到同一队列中。

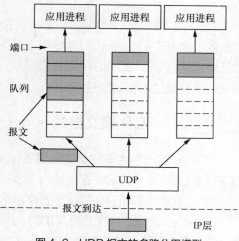

　　如果接收方 UDP 发现收到的报文中的目的端口号不正确（即不存在对应于该端口号的应用进程），则丢弃该报文，并由 ICMP 发送一个"端口不可达"的差错报文给发送方。

图 4-9　UDP 报文的多路分用模型

2. TCP/UDP 常用保留端口

　　端口号是一个 16 位二进制数，约定取值小于 256 的端口号为标准服务保留，取值大于 256 的端口号为自由端口。自由端口是在端主机的进程间建立传输连接时，由本地用户进程动态分配得到的。因为 TCP 和 UDP 是完全独立的两个软件模块，所以各自的端口号之间没有必然联系。

> **说明**　256～1024 端口一般不是常用端口，早期大多用于 UNIX 服务器或用作路由组播端口等。1～255 一般为常用端口。256 端口用于远程进程调用（Remote Procedure Call，RPC），C/S 三层结构网络进程之间的会话都要用到 RPC，如网络共享等，它也是黑客常用的端口。

TCP 和 UDP 的保留端口如图 4-10 所示。

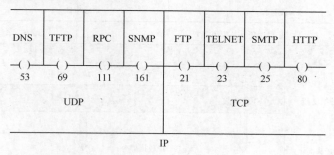

DNS：域名服务系统　　　　FTP：文件传输协议
Telnet：远程登录　　　　　RPC：远程进程调用
SNMP：简单网络管理协议　　HTTP：超文本传输协议
TFTP：简单文件传输协议（Trivial File Transfer Protocol）
SMTP：简单邮件传输协议

图 4-10　TCP 和 UDP 的保留端口

4.4　传输控制协议

　　传输层包含了两个重要协议：传输控制协议（Transmission Control Protocol，TCP）和

UDP。

TCP 是 TCP/IP 体系结构中面向连接的、基于字节流的传输层协议。它提供全双工和可靠交付的服务，由 IETF 的 RFC 793 定义。TCP 和 UDP 最大的区别就是 TCP 是面向连接的，而 UDP 是无连接的。TCP 比 UDP 要复杂得多，除了具有面向连接和可靠传输的特性外，TCP 还在传输层使用了流量控制和拥塞控制机制。

4.4.1 TCP 报文格式

TCP 只有一种类型的传输协议数据单元（Transport Protocol Data Unit，TPDU），叫作 TCP 报文段。一个 TCP 报文段由 TCP 头部（即报文段头部）和 TCP 数据部分两部分组成，而 TCP 的全部功能都体现在它头部各字段的作用上。

TCP 头部的前 20 字节是固定的，后面有 $4n$（n 必须是整数）字节是根据需要增加的选项。因此 TCP 头部的最小长度是 20 字节。TCP 数据部分是无结构的字节流，流中的数据是由一个个字节序列构成的，TCP 中的序号和确认号都针对字节流中的字节，而不针对报文段。TCP 报文的格式如图 4-11 所示。

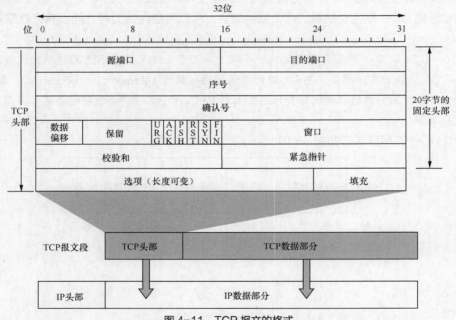

图 4-11　TCP 报文的格式

TCP 报文各字段的含义如下。

（1）源端口（Source Port）和目的端口（Destination Port）。这两个端口字段各占 16 位，标识了发送端和接收端的应用进程。1024 以下的端口号被称为知名端口，它们被保留用于一些标准的服务。

（2）序号（Sequence Number）。序号字段占 32 位，是所发送的报文段的第一字节的序号，用以标识发送的数据字节流。序号从 0 开始，到 $2^{32}-1$ 为止，共 2^{32}（即 4294967296）个序号。一个 TCP 连接中传送的数据流中的每一个字节都按顺序编号。整个数据的起始序号在连接建立时设置。TCP 头部中序号字段的值是本报文段所发送数据的第一字节的序号。

（3）确认号（Acknowledgement Number）。确认号字段占 32 位，是期望收到对方的下一个报文段的第一数据字节的序号。TCP 提供的是双向通信，一端发送数据的同时，对接收到的对端数据进行确认。例如，B 正确收到了 A 发送过来的一个报文段，其序号字段值是 501，而数据长度是 200 字节，这表明 B 正确收到了 A 发送的序号为 501～700 的数据。因此，B 希望收到 A 的下一个数据序号是 701，于是 B 在发送给 A 的确认报文段中把确认号置为 701，表示对第 701 字节之前（不包括 701 字节）的所有字节的确认。TCP 采用的是累积确认。

由于序号字段有 32 位长，所以可对 4GB（即 4 千兆字节）的数据进行编号，这样可保证在大多数情况下，当序号重复使用时，旧序号的数据早已通过网络到达终点。

（4）数据偏移（Data Offset）。数据偏移字段占 4 位，它指出 TCP 报文段的数据起始处距离 TCP 报文段的起始处有多远。这实际上就是 TCP 报文段头部的长度。头部长度不固定（因头部中有长度不确定的选项字段），因此数据偏移字段的存在是必要的。但应注意，这个字段所表示数的单位是 32 位字长（32 位字长是 4 字节）。由于 4 位二进制数能够表示的最大十进制数是 15（即二进制的 1111），因此数据偏移的最大值是 60 字节，这也是 TCP 头部的最大长度。

（5）保留（Reserved）。保留字段占 6 位，为将来的应用保留，但目前应置为 "0"。

（6）标志。标志字段占 6 位，分别是紧急（Urgent，URG）位、确认（Acknowledgement，ACK）位、推送（Push，PSH）位、复位（Reset，RST）位、同步（Synchronization，SYN）位和终止（Finish，FIN）位。以下是各标志位设置为 1 时的意义。

① URG 位表明紧急指针字段有效。它告诉接收方 TCP 此报文段中有紧急数据，应尽快交付给应用程序，而不要按序从接收缓存中读取。

② 只有 ACK=1 时，确认号字段才有效。当 ACK=0 时，确认号无效。

③ PSH 位的作用是通告接收方立即将收到的报文连同 TCP 接收缓存中的数据递交给应用进程处理。出于效率的考虑，TCP 可能会延迟发送数据或向应用程序延迟交付数据，这样可以一次处理更多的数据。但是当两个应用进程进行交互式通信时，有时一端的应用进程希望在输入一个命令后立即收到对方的响应。在这种情况下，应用程序可以通知 TCP 使用推送（Push）操作。此时，发送 TCP 把 PSH 位置为 1，并立即创建一个报文段发送出去，而不需要积累到足够多的数据再发送。接收 TCP 收到 PSH 位置为 1 的报文段时，会尽快交付给接收应用进程，而不再等到接收到足够多的数据才向上交付。

虽然应用程序可以选择推送操作，但现在多数 TCP 是根据情况自动设置 PUSH 位的，而不交由应用程序处理。

④ RST 位的作用是复位由于主机崩溃或其他原因导致的错误连接。当 RST=1 时，表明 TCP 连接中出现了严重差错，必须先释放连接，再重新建立传输连接。将 RST 位置为 1，还可以用来拒绝一个非法的报文段或拒绝打开一个连接。

⑤ SYN 位用来建立一个连接。SYN=1、ACK=0 表明这是一个连接请求报文段；对方若同意建立连接，则应在响应的报文段中使用 SYN=1 和 ACK=1。因此，SYN 位置为 1 时，表示这是一个连接请求或连接接收报文。

⑥ FIN 位用来释放连接。当 FIN=1 时，表明此报文段的发送方的数据已发送完毕，并要求释放传输连接。

（7）窗口（Window）。窗口字段占 16 位，其值指示发送该报文段一方的接收窗口大小（而不是自己的发送窗口），取值在 $0\sim2^{16}-1$。窗口字段用来控制对方发送的数据量（从确认号开始，允许对方发送的数据量），单位为字节。TCP 连接的一端根据设置的缓存空间大小确定自己的接收窗口大小，并通知对方以确定对方发送窗口的上限。

窗口字段反映了接收方接收缓存的可用空间大小，计算机网络经常用接收方接收能力的大小来控制发送方的数据发送量。

（8）校验和（Checksum）。校验和字段占 16 位。校验和字段校验的范围包括 TCP 头部和 TCP 数据两部分。和 UDP 一样，TCP 在计算校验和时，要在报文段的前面加上 12 字节的伪头部。

（9）紧急指针（Urgent Pointer）。紧急指针字段占 16 位，用于指出在本报文段中紧急数据最后一字节的序号。紧急指针仅在 URG 位为 1 时才有意义，它指出了本报文段中紧急数据的字节数（紧急数据结束后就是普通数据）。

（10）选项（Option）。选项字段长度可变，最长可达 40 字节。没有使用选项字段时，TCP 头部的长度是 20 字节。TCP 最初只规定了一种选项——最大报文段长度（Maximum Segment Size，MSS），即每一个 TCP 报文段中的数据字段的最大长度。

（11）填充（Padding）。选项字段长度不一定是 32 位的整数倍，所以要加填充位，即在这个字段中加入额外的 0，以保证 TCP 头部是 32 位的整数倍。

（12）TCP 数据部分。TCP 报文段中的数据部分是可选的。在一个连接建立和一个连接终止时，双方交换的报文段仅有 TCP 头部。如果一方没有数据要发送，则可以使用没有任何数据的 TCP 头部来确认收到的数据。

4.4.2　TCP 可靠传输

TCP 利用网络层 IP 提供的不可靠的通信服务，为应用进程提供可靠的、面向连接的、端到端的基于字节流的传输服务。

TCP 提供可靠的、面向连接的字节流传输。TCP 连接是全双工和点到点的。全双工意味着可以同时进行双向传输，点到点的意思是每个连接只有两个端点，TCP 不支持组播或广播。为保证数据传输的可靠性，TCP 使用"3 次握手"机制来建立和释放传输的连接，并使用确认和重传机制来实现对传输差错的控制。另外，TCP 采用窗口机制实现流量控制和拥塞控制。

1. TCP 连接的建立与释放

为确保连接建立和释放的可靠性，TCP 使用了 3 次握手机制。3 次握手就是在连接建立和释放的过程中，通信的双方需要交换 3 个报文。

在创建一个新的连接过程中，3 次握手机制要求每一端产生一个随机的 32 位初始序列号。由于每次请求新连接时使用的初始序列号不同，所以 TCP 可以将过时的连接区分开来，以避免重复连接产生。

图 4-12 所示为 TCP 利用 3 次握手机制建立连接的正常过程。

在 TCP 中，连接的双方都可以发起释放连接的操作。为了保证在释放连接之前，所有的数据都可靠地到达了目的地，TCP 再次使用了 3 次握手机制。一方发出释放请求后并不立即释放连接，而是等待对方确认。只有收到对方的确认信息后，才释放连接。

2. TCP 的差错控制（确认与重传）

在差错控制过程中，如果接收方的 TCP 正确收到一个数据报文，那么它要回发一个确认信息给发送方。若检测到错误，则丢弃该数据。而发送方在发送数据时，TCP 需要启动一个定时器。在定时器结束计时之前，如果没有收到一个确认信息（可能因为数据出错或丢失），则发送方重传该数据。图 4-13 所示为 TCP 的差错控制机制。

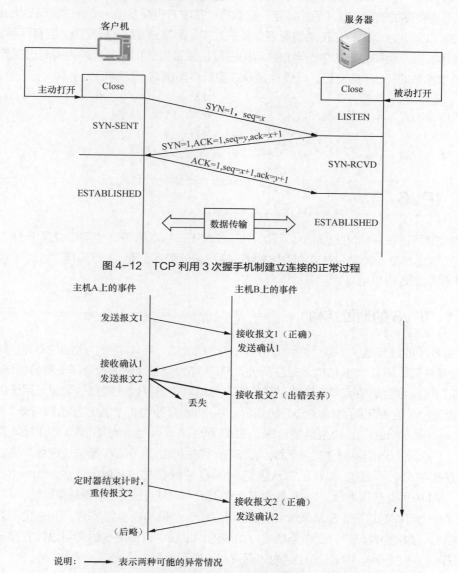

图 4-12 TCP 利用 3 次握手机制建立连接的正常过程

图 4-13 TCP 的差错控制机制

4.4.3 流量控制

一旦连接建立起来，通信双方就可以在该连接上传输数据了。在数据传输过程中，TCP 提供了一种基于动态滑动窗口协议的流量控制机制，使接收方 TCP 实体能够根据自己当前的缓冲区容量来控制发送方 TCP 实体传送的数据量。假设接收方现有 2 048 字节的缓冲区空间，如果发送方传送了一个 1 024 字节的报文段并被正确接收到，那么接收方要确认该报文段被正确接收。然而，因为它现在只剩下 1024 字节的缓冲区空间（在应用程序从缓冲区中取走数据之前），所以它只声明 1024 字节大小的窗口，期待接收后续的数据。当发送方再次发送了 1024 字节的 TCP 报文段后，因为接收方无剩余的缓冲区空间，所以最终其声明的滑动窗口大小为 0。此时发送方必须停止发送数据，直到接收方主机上的应用程序被确定从缓冲区中取走一些数据，接收方重新发出一个新的窗口值为止。

当滑动窗口大小为 0 时，在正常情况下，发送方不能再发送 TCP 报文段。但有两种情况除外，一是发送紧急数据，例如，立即中断远程的用户进程；二是为防止窗口声明丢失时出现死锁，发送方可以发送 1 字节的 TCP 报文段，以便让接收方重新声明确认号和窗口大小。

提示 详情请参考本章拓展训练 3。

4.5 IPv6

现有的互联网是在 IPv4 的基础上运行的，IPv6 是下一版本的 IP，也可以说是下一代 IP。IPv4 采用了 32 位地址长度，大约只有 43 亿个地址，现已被分配完。而 IPv6 采用了 128 位地址长度，几乎可以不受限制地提供地址。

4.5.1 IPv6 的地址结构

IPv6 由 8 个地址节组成，每个地址节包含 16 个地址位，用 4 个十六进制位书写，地址节与地址节间用冒号分隔。除了 128 位的地址空间外，IPv6 还为点到点通信设计了一种分类结构的地址，这种地址称为可聚合全局单点广播地址。开头的 3 个地址位是"地址类别"前缀，用于区别其他地址类型。其后是 13 位顶级聚合体（Top Level Aggregator，TLA）ID、32 位下级聚合体（Next Level Aggregator，NLA）ID、16 位位置聚合体（Site Level Aggregator，SLA）ID 和 64 位主机接口 ID，分别用于标识分级结构中的 TLA、NLA、SLA 和主机接口。TLA 是与长途服务供应商和电话公司相互连接的公共网络接入点，它从因特网编号分配机构（Internet Assigned Numbers Authority，IANA）处获得地址。NLA 通常是大型 ISP，它从 TLA 处申请获得地址，并为 SLA 分配地址。SLA 也可称为订户（Subscriber），它可以是一个机构或小型 ISP。SLA 负责为属于它的订户分配地址，通常为其订户分配由连续地址组成的地址块，以便这些机构可以建立自己的地址分级结构以识别不同的子网。IPv6 地址结构如图 4-14 所示。

bit	128 126	125 113	112 81	80 65	64 1
	地址类别	TLA ID	NLA ID	SLA ID	主机接口 ID
	3 位	13 位	32 位	16 位	64 位

图 4-14 IPv6 地址结构

IPv6 的地址长度是 IPv4 的 4 倍，其基本的表达方式是 $X:X:X:X:X:X:X:X$，其中 X 是一个 4 位十六进制整数（16 位），所以 IPv6 地址共 128 位（16×8=128）。例如，下面是一些合法的 IPv6 地址。

CDCD:910A:2222:5498:8475:1111:3900:2020

1030:0:0:0:C9B4:FF12:48AA:1A2B　　　　　2000:0:0:0:0:0:0:1

请注意这些整数是十六进制整数，其中 A～F 分别表示 10～15。地址中的每个整数都必须表示出来，但左边的"0"可以不写。从上面可以看出：IPv4 是"点分十进制地址格式"，而 IPv6 是"冒分十六进制地址格式"。

上面是一种较标准的 IPv6 地址表达方式，还有两种更加清楚的易于使用的方式。

允许用"空隙"表示一长串的 0，如上例中的"2000:0:0:0:0:0:0:1"可表示为"2000::1"。

两个冒号表示该地址可以扩展到一个完整的 128 位地址。在这种表示方法中，只有当 16 位组全部为 0 时，才会被两个冒号取代，且两个冒号在地址中只能出现一次。

在 IPv6 和 IPv4 混合环境中可用第 3 种方法表示：IPv6 地址中的最低 32 位可以用于表示 IPv4 地址，该地址可以按照一种混合方式表达，即 $X:X:X:X:X:X:d.d.d.d$，其中 X 表示一个 16 位十六进制整数，而 d 表示一个 8 位十进制整数。

例如，"0:0:0:0:0:0:10.0.0.1"就是一个合法的基于 IPv6 环境的 IPv4 地址。该地址也可表示为"::10.0.0.1"。

4.5.2　配置 IPv6

下面主要介绍手动简易配置和使用程序配置 IPv6 的过程。

1. 手动简易配置 IPv6

（1）在计算机 1 上，选择"开始"→"控制面板"→"网络和 Internet"→"网络和共享中心"→"更改适配器设置"命令，打开"网络连接"窗口。

（2）右击"本地连接"图标，在弹出的快捷菜单中选择"属性"命令，打开"Wireless Network Connection 属性"对话框，如图 4-15 所示。

（3）选中"Wireless Network Connection 属性"对话框中的"Internet 协议版本 6（TCP/IPv6）"复选框，再单击"属性"按钮（或双击"Internet 协议版本 6（TCP/IPv6）"选项），打开"Internet 协议版本 6（TCP/IPv6）属性"对话框，如图 4-16 所示。

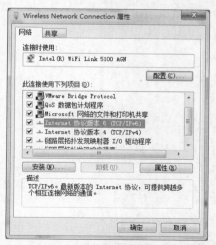
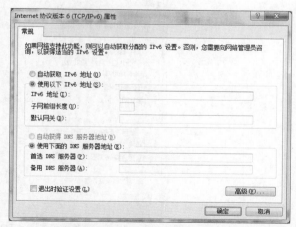

图 4-15　"Wireless Network Connection 属性"对话框　　图 4-16　"Internet 协议版本 6（TCP/IPv6）属性"对话框

（4）输入 ISP 给定的 IPv6 地址，包括网关等信息。

2. 使用程序配置 IPv6

（1）选择"开始"→"运行"命令，在"运行"对话框中输入"cmd"命令，单击"确定"按钮，打开命令提示行窗口，可以执行"ping　::1"命令来验证 IPv6 是否安装正确，如图 4-17 所示。

（2）选择"开始"→"运行"命令，在"运行"对话框中输入"netsh"命令，单击"确定"按钮，进入系统网络参数设置环境，如图 4-18 所示。

（3）设置 IPv6 地址及默认网关。假如网络管理员分配给客户端的 IPv6 地址为 2010:da8:207::1010，默认网关为 2010:da8:207::1001，则有以下操作。

图 4-17　验证 IPv6 是否安装正确

① 执行"interface IPv6 add address "本地连接" 2010:da8:207::1010"命令即可设置 IPv6 地址。

② 执行"interface IPv6 add route ::/0 "本地连接" 2010:da8:207::1001 publish=yes"命令即可设置 IPv6 默认网关，如图 4-19 所示。

图 4-18　系统网络参数设置环境　　　　　　　图 4-19　设置 IPv6 及默认网关

（4）回到"Internet 协议版本 6（TCP/IPv6）属性"对话框，可发现 IPv6 地址已经配置好了，如图 4-20 所示。

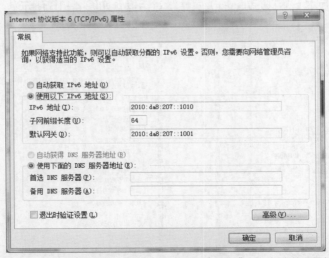

图 4-20　"Internet 协议版本 6（TCP/IPv6）属性"对话框中的配置结果

4.6 TCP/IP 实用工具

TCP/IP 实用程序涉及对 TCP/IP 进行故障诊断和配置、文件传输和访问、远程登录等多个方面的操作。针对不同的操作系统，实用程序的名称、选项参数及输出可能有所不同，本节介绍的实用程序均基于 Windows 7 操作系统。

1. ping 命令的使用

ping 命令是利用回应请求/应答 ICMP 报文来测试目的主机或路由器的可达性的。

执行 ping 命令可获得如下信息。

（1）检测网络的连通性，检验与远程计算机或本地计算机的连接。

（2）确定是否有数据报被丢弃、复制或重传。ping 命令在所发送的数据报中设置唯一的序列号（Sequence Number），以此检查其接收到的应答报文的序列号。

（3）ping 命令在其所发送的数据报中设置时间戳（Timestamp），根据返回的时间戳信息可以计算数据报交换的时间（Round Trip Time，RTT）。

（4）ping 命令校验每一个收到的数据报，据此可以确定数据报是否损坏。

ping 命令的语法格式如下。

```
ping [-t][-a][-n count][-l size][-f][-i TTL][-v TOS][-r count][-s count] [[-j host-list]|[-k host-list]] [-w timeout] 目的 IP 地址
```

ping 命令各选项的含义如表 4-5 所示。

表 4-5　ping 命令各选项的含义

选　　项	含　　义
-t	连续回应到目的主机的测试结果，直到手动停止（按 Ctrl+C 组合键）
-a	将 IP 地址解析为主机名
-n count	发送回送请求 ICMP 报文的次数（默认值为 4）
-l size	定义 echo 数据报的大小（默认值为 32 字节）
-f	不允许分片（默认为允许分片）
-i TTL	指定生存周期
-v TOS	指定要求的服务类型
-r count	记录路由
-s count	使用时间戳选项
-j host-list	使用松散源路由选项
-k host-list	使用严格源路由选项
-w timeout	指定等待每个回送应答的超时时间（以 ms 为单位，默认值为 1000ms，即 1s）

① 测试本机 TCP/IP 是否正确安装。

执行"ping 127.0.0.1"命令，如果能成功执行命令，则说明 TCP/IP 已正确安装。"127.0.0.1"是环回地址，它会永远回送到本机。

② 测试本机 IP 地址是否正确配置或者网卡是否正常工作。

执行"ping'本机 IP 地址'"命令，如果能成功执行命令，则说明本机 IP 地址配置正确，并且网卡工作正常。

③ 测试与网关之间的连通性。

执行"ping'网关 IP 地址'"命令，如果能成功执行命令，则说明本机到网关之间的物理线路是连通的。

④ 测试能否访问 Internet。

执行"ping 39.96.127.170"命令，如果能成功执行命令，则说明本机能访问 Internet。其中，"39.96.127.170"是 Internet 中人邮教育社区的服务器的 IP 地址。

⑤ 测试 DNS 服务器是否正常工作。

执行"ping www.ryjiaoyu.com"命令，如果能成功执行命令，则说明 DNS 服务器工作正常，即能把网址（www.ryjiaoyu.com）正确解析为 IP 地址（39.96.127.170），如图 4-21 所示；否则，说明主机的 DNS 未设置或设置有误等。

如果计算机打不开任何网页（Web Page），则可通过上述 5 个步骤诊断故障发生的位置，并采取相应的解决措施。

⑥ 连续发送 ping 探测报文。

```
Ping   -t   39.96.127.170
```

⑦ 使用自选数据长度的 ping 探测报文，如图 4-22 所示。

图 4-21　使用 ping 命令测试 DNS 服务器是否正常工作

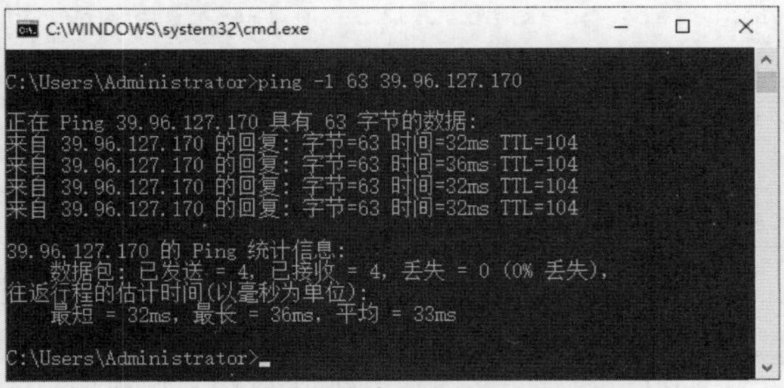

图 4-22　使用自选数据长度的 ping 探测报文

⑧ 修改 ping 命令的请求超时时间，如图 4-23 所示。

⑨ 不允许路由器对 ping 探测报文分片，如图 4-24 所示。

图 4-23　修改 ping 命令的请求超时时间

图 4-24　不允许路由器对 ping 探测报文分片

如果指定的探测报文的长度太长，又不允许分片，则探测数据报不可能到达目的地并返回应答。

2. ipconfig 命令的使用

ipconfig 命令可以查看主机当前的 TCP/IP 配置信息（如 IP 地址、网关、子网掩码等）、刷新

DHCP 和 DNS 设置。

ipconfig 命令的语法格式如下。

```
ipconfig [/all] [/renew[Adapter]] [/release [Adapter]] [/flushdns] [/displaydns]
[/registerdns] [/showclassid Adapter] [/setclassid Adapter [ClassID]][/?]
```

ipconfig 命令各选项的含义如表 4-6 所示。

表 4-6　ipconfig 命令各选项的含义

选　项	含　义
/all	显示所有适配器的完整 TCP/IP 配置信息
/renew　[Adapter]	更新所有适配器或特定适配器的 DHCP 配置
/release　[Adapter]	发送 DHCP RELEASE 消息到 DHCP 服务器，以释放所有适配器或特定适配器的当前 DHCP 配置并丢弃 IP 地址配置
/flushdns	刷新并重设 DNS 客户解析缓存的内容
/displaydns	显示 DNS 客户解析缓存的内容，包括 Local Hosts 文件预装载的记录，以及最近获得的针对计算机解析的名称查询的资源记录
/registerdns	初始化计算机中配置的 DNS 名称和 IP 地址的手动动态注册信息
/showclassid　Adapter	显示指定适配器的 DHCP 类别 ID
/setclassid　Adapter　[ClassID]	配置特定适配器的 DHCP 类别 ID
/?	在命令提示行窗口中显示帮助信息

① 要显示基本 TCP/IP 配置信息，可执行 ipconfig 命令。使用不带参数的 ipconfig 命令可以显示所有适配器的 IP 地址、子网掩码和默认网关。

② 要显示完整的 TCP/IP 配置信息（主机名、物理地址、IP 地址、子网掩码、默认网关、DNS 服务器等），可执行"ipconfig　/all"命令，请把显示结果输入表 4-7。

表 4-7　完整的 TCP/IP 配置信息

选　项	显示结果
主机名（Host Name）	
网卡的物理地址（Physical Address）	
主机的 IP 地址（IP Address）	
子网掩码（Subnet Mask）	
默认网关（Default Gateway）	
DNS 服务器（DNS Server）	

③ 仅更新"本地连接"适配器的由 DHCP 分配的 IP 地址配置，可执行"ipconfig　/renew"命令。

④ 要在排除 DNS 的名称解析故障期间刷新 DNS 解析器缓存，可执行"ipconfig　/flushdns"命令。

3. arp 命令的使用

arp 命令用于查看、添加和删除缓存中的 ARP 表项。

ARP 表可以包含动态（Dynamic）和静态（Static）表项，用于存储 IP 地址与物理地址的映射关系。

动态表项随时间推移自动添加和删除。而静态表项则一直保留在高速缓存中，直到人为删除或重新启动计算机为止。

每个动态表项的潜在生命周期是 10min，新表项加入时，定时器开始计时。如果某个表项添加后 2min 内没有被再次使用，则此表项过期并从 ARP 表中删除；如果某个表项始终在使用，则它的最长生命周期为 10min。

图 4-25　显示高速缓存中的 ARP 表

① 显示高速缓存中的 ARP 表，如图 4-25 所示。

② 添加 ARP 静态表项，如图 4-26 所示。

③ 删除 ARP 表项，如图 4-27 所示。

图 4-26　添加 ARP 静态表项　　　　　　图 4-27　删除 ARP 表项

4. tracert 命令的使用

跟踪路由（Traceroute）是指路由跟踪实用程序，用于获得 IP 数据报访问目标时从本地计算机到目的主机的路径信息。

tracert 命令的语法格式如下。

```
tracert [-d] [-h MaximumHops] [-j HostList] [-w Timeout] [-R] [-S SrcAddr] [-4][-6]
[TargetName][-? ]
```

tracert 命令各选项的含义如表 4-8 所示。

表 4-8　tracert 命令各选项的含义

选　项	含　义
-d	防止 tracert 命令试图将中间路由器的 IP 地址解析为它们的名称
-h　MaximumHops	指定搜索目标（目的）的路径中"跳数"的最大值。默认"跳数"的值为 30
-j　HostList	指定"回显请求"消息，将 IP 报头中的松散源路由选项与 HostList 中指定的中间目标集一起使用
-w　Timeout	指定等待"ICMP 已超时"或"回显答复"消息（对应于要接收的给定"回显请求"消息）的时间（单位为 ms）

选　　项	含　　义
-r	指定 IPv6 路由扩展报头应用来将"回显请求"消息发送到本地主机，使用指定目标作为中间目标并测试反向路由
-s　SrcAddr	指定在"回显请求"消息中使用的源地址。仅当跟踪 IPv6 地址时，才使用该选项
-4	指定 tracert 命令只能将 IPv4 用于本跟踪
-6	指定 tracert 命令只能将 IPv6 用于本跟踪
TargetName	指定目标，可以是 IP 地址或主机名
-?	在命令提示行窗口中显示帮助信息

① 要跟踪名为"www.ptpress.com.cn"的主机的路径，可执行"tracert www.ptpress.com.cn"命令，结果如图 4-28 所示。

② 要跟踪名为"www.ptpress.com.cn"的主机的路径，并防止将每个 IP 地址解析为它的名称，可执行"tracert -d www.ptpress.com.cn"命令，结果如图 4-29 所示。

图 4-28　使用 tracert 命令跟踪主机的路径（1）

图 4-29　使用 tracert 命令跟踪主机的路径（2）

5. netstat 命令的使用

netstat 命令可以显示当前活动的 TCP 连接、计算机侦听的端口、以太网统计信息、IP 路由表、IPv4 统计信息以及 IPv6 统计信息等。

netstat 命令的语法格式如下。

```
netstat [-a] [-e] [-n] [-o] [-p Protocol] [-r] [-s] [Interval][/?]
```

netstat 命令各选项的含义如表 4-9 所示。

表 4-9　netstat 命令各选项的含义

选　　项	含　　义
-a	显示所有活动的 TCP 连接以及计算机侦听的 TCP 和 UDP 端口
-e	显示以太网统计信息，如发送和接收的字节数、数据包数等
-n	显示活动的 TCP 连接，不过只以数字形式表示地址和端口号
-o	显示活动的 TCP 连接和每个连接的进程 ID（Process Identifier，PID）。该选项可以与-a、-n 和-p 选项结合使用
-p　Protocol	显示 Protocol 指定的协议的连接

续表

选 项	含 义
–r	显示 IP 路由表的内容。该选项与“route print”命令等价
–s	按协议显示统计信息
Interval	每隔 Interval 秒重新显示一次选定的消息。按 Ctrl+C 组合键停止重新显示统计信息。如果省略该选项，则 netstat 将只显示一次选定的信息
/?	在命令提示行窗口中显示帮助信息

① 要显示所有活动的 TCP 连接以及计算机侦听的 TCP 和 UDP 端口，可执行“netstat –a”命令，结果如图 4-30 所示。

② 要按协议显示以太网统计信息，如发送和接收的字节数、数据包数等，可执行“netstat –e –s”命令，结果如图 4-31 所示。

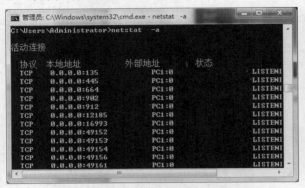

图 4-30　显示所有活动的 TCP 连接以及计算机侦听的 TCP 和 UDP 端口

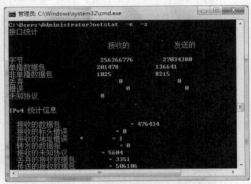

图 4-31　按协议显示以太网统计信息

4.7　习题

一、填空题

1. IP 地址由_____和_____组成。

2. Internet 传输层包含两个重要协议：_____和_____。

3. 在 Internet 传输层中，每一个端口都是用_____来描述的。

4. 端口号是一个 16 位二进制数，约定取值小于_____的端口号被标准服务保留，取值大于_____端口号的为自由端口。

5. _____是一种面向无连接的传输协议。

6. TCP 的全称是_____，IP 的全称是_____。

7. TCP/IP 参考模型由_____、_____、_____和_____ 4 层组成。

8. IPv4 地址由_____位二进制数组成，IPv6 地址由_____位二进制数组成。

9. 以太网利用_____协议获得目的主机 IP 地址与物理地址的映射关系。

10. _____是用来判断任意两台计算机的 IP 地址是否属于同一网络的根据。

11. A 类 IP 地址的标准子网掩码是_____，写成二进制是_____。

12. 已知某主机的 IP 地址为 132.102.101.28，子网掩码为 255.255.255.0，那么该主机所在子网的网络地址是_____。

13. 只有两台计算机处于同一个_____，才可以进行直接通信。

二、选择题

1. 为了保证连接的可靠建立，TCP 通常采用（   ）。

A. 3 次握手机制　　　　　　B. 窗口控制机制　　　C. 自动重发机制　　　D. 端口机制

2. 下列 IP 地址中，（   ）是 C 类地址。

A. 127.233.13.34 　　　　　　　　　　　　B. 212.87.256.51

C. 169.196.30.54 　　　　　　　　　　　　D. 202.96.209.21

3. IP 地址 205.140.36.88 中表示主机号的部分是（   ）。

A. 205 　　　　　　　　B. 205.140 　　　　C. 88 　　　　D. 36.88

4. （   ）表示网卡的物理地址。

A. 192.168.63.251 　　　　　　　　　　　　B. 19-23-05-77-88

C. 0001.1234.FBC3 　　　　　　　　　　　　D. 50-78-4C-6F-03-8D

5. IP 地址 127.0.0.1 表示（   ）。

A. 一个暂时未用的保留地址 　　　　　　　　B. 一个 B 类 IP 地址

C. 一个本网络的广播地址 　　　　　　　　　D. 一个本机的 IP 地址

6. 通常情况下，下列说法错误的是（   ）。

A. 高速缓存区中的 ARP 表是人工建立的

B. 高速缓存区中的 ARP 表是主机自动建立的

C. 高速缓存区中的 ARP 表是动态的

D. 高速缓存区中的 ARP 表保存了主机 IP 地址与物理地址的映射关系

三、问答题

1. IP 地址中的网络号与主机号各起什么作用？

2. 为什么要推出 IPv6？IPv6 中的变化体现在哪几个方面？

3. TCP 的连接管理分为几个阶段？简述 TCP 连接建立的 3 次握手机制。

4. TCP 和 UDP 有何主要区别？TCP 和 UDP 的数据格式分别包含哪些信息？

4.8 拓展训练

拓展训练 1　使用抓包软件 Wireshark 抓取并分析 IP 数据报

一、实训目的

• 进一步理解并掌握网络层的定义和功能。

• 理解 IP 数据报格式。

• 掌握使用抓包软件抓取 IP 数据报的方法。

• 理解并分析相关数据包的信息，从而深入理解 TCP/IP 网际层。

4-4　网络层数据包抓包分析

二、实训要求

- 下载适用于 Windows 7 操作系统的 Wireshark。
- 使用 Wireshark 抓取 HTTP 上网的数据包。
- 结合前面讲过的 IP 数据报格式具体分析抓取到的 IP 数据报。

三、实训指导

（1）Wireshark 软件介绍。常用的抓包软件有 Sniffer、Wireshark（又名 EtheReal），通过该类软件可以截获网络传输数据并按照协议格式进行分析。这里使用免费的 Wireshark，该软件可以直接从其官网下载。Wireshark 的主界面如图 4-32 所示。

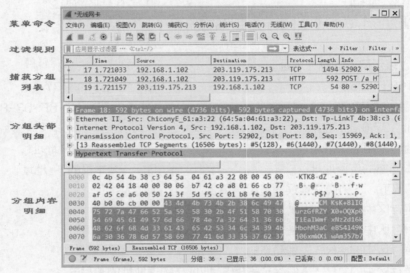

图 4-32　Wireshark 的主界面

① 菜单命令：常用的菜单有"文件"和"捕获"两个。"文件"菜单允许保存捕获的分组数据或打开一个已保存的捕获分组数据的文件。"捕获"菜单允许用户开始捕获分组。

② 过滤规则：在该字段中，可以填写协议的名称或其他信息，软件会根据此内容对捕获分组列表中的分组进行过滤。

③ 捕获分组列表：按行显示已被捕获的分组内容，其中包括 Wireshark 赋予的分组序号、捕获时间、分组的源地址和目的地址、协议类型、分组中包含的协议说明信息。该列表中显示的协议类型是发送或接收分组的最高层协议的类型。

④ 分组头部明细：分层显示捕获分组列表中被选中分组的头部详细信息。其中包括与以太网帧有关的信息，以及与包含在该分组中的 IP 数据报有关的信息。如果利用 TCP 或 UDP 承载分组，则 Wireshark 会显示 TCP 或 UDP 报文的头部信息，应用层协议的头部字段也会显示。

⑤ 分组内容明细：以 ASCII 或十六进制显示被捕获的帧的完整内容。

（2）打开 Wireshark 软件，关闭已有的联网程序（防止抓取过多的包），开始捕获。

（3）打开浏览器，输入使用 HTTP 上网的某网站的地址 [不使用超文本传输安全协议（Hypertext Transfer Protoco over Securesocket layer，HTTPS）网站，HTTPS 网站不能抓取数据包]，网页打开后停止捕获。

（4）如果抓到的数据包比较多，则可在"Wireshark：抓包选项"窗口的"抓包过滤"文本框中输入"tcp port http"，单击"开始"按钮进行过滤，如图 4-33 所示。过滤的结果就是和刚才打开的网页相关的数据包。

图 4-33　使用过滤器

（5）在过滤的结果中选择第一个包括 HTTP GET 请求的帧，如图 4-34 所示，该帧用于向目的网站服务器发出 HTTP GET 请求。

```
4 0.010468    192.168.147.1        115.231.29.16      HTTP   GET / HTTP/1.1
```

图 4-34　第一个包括 HTTP GET 请求的帧

（6）选中该帧后，单击该帧头部封装明细中 Internet Protocol 前的"＋"按钮，显示该帧所在的 IP 数据报的头部信息和数据区，如图 4-35 所示。

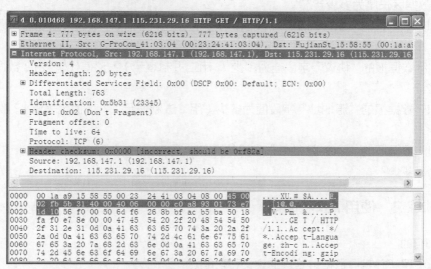

图 4-35　IP 数据报的头部信息和数据区

（7）数据区默认以十六进制显示，可在数据区右击，在快捷菜单中选择"二进制"命令，以二进制显示 IP 数据报的数据区，如图 4-36 所示。数据区中选中部分为 IP 数据报的数据，其余是封装该 IP 数据报的其他层的头部数据。

图 4-36　以二进制显示 IP 数据报的数据区

四、实训思考题

选择目标数据包并回答下列问题。

（1）该 IP 数据报的"版本"字段值为多少？该值代表该 IP 数据报的协议版本是什么？

（2）该 IP 数据报的"报头长度"字段值为多少（用二进制表示）？该值代表该 IP 数据报的报头长度为多少字节？

（3）该 IP 数据报的"总长度"字段值为多少（用二进制表示）？包的总长度为多少字节？该 IP 数据报的数据区长度为多少字节？

（4）该 IP 数据报的"生存周期"字段值为多少？该值代表该 IP 数据报最多还可以经过多少个路由器？

（5）该 IP 数据报的"协议"字段值为多少 （用二进制表示）？该值代表该 IP 数据报的上层封装协议是什么？

（6）该 IP 数据报的"源地址"字段值为多少（用二进制表示）？该值代表该 IP 数据报的源 IP 地址是多少？

（7）该 IP 数据报的"目的 IP 地址"字段值为多少（用二进制表示）？该值代表该 IP 数据报的目的 IP 地址是多少？

拓展训练 2　使用 ARP 命令

一、实训目的

● 进一步理解并掌握数据链路层的定义和功能。

- 理解并掌握 TCP/IP 与 OSI 参考模型的原理及关系。
- 掌握 Windows 操作系统中 ARP 命令的使用方法。
- 理解交换机物理地址表。

二、实训要求

- 使用"ipconfig /all"命令查看网卡的物理地址等配置信息。
- 使用"arp /?"命令查看 ARP 命令的语法和语义。
- 使用"arp –a"命令查看本机的 ARP 缓存表。
- 使用"arp –s"命令手动绑定 LAN 中其余主机的 IP 地址和物理地址。

三、实训指导

（1）实训拓扑结构如图 4-37 所示。

（2）使用"ipconfig /all"命令查看网卡的物理地址等配置信息，如图 4-38 所示。

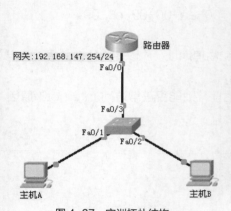

图 4-37　实训拓扑结构

图 4-38　使用"ipconfig /all"命令查看网卡的物理地址等配置信息

请将实训结果填入表 4-10。

表 4-10　实训结果 1

主机	IP 地址	物理地址	网关 IP 地址
A			
B			

（3）使用"arp /?"命令查看 ARP 命令的语法和语义。

（4）在主机 A 上使用"arp –a"命令查看本机的 ARP 缓存表。如果主机 A 没有访问过任何主机及 Internet，则此时主机 A 的 ARP 缓存表可能为空。

请将实训结果填入表 4-11。

表 4-11　实训结果 2

IP 地址	物理地址	类型

（5）使用主机 A 访问主机 B（如获取 B 的共享文件）和 Internet，再次使用"arp –a"命令查看主机 A 的 ARP 缓存表。

请将实训结果填入表 4-12。

表 4-12　实训结果 3

IP 地址	物理地址	类型

（6）在主机 A 上使用"arp –d"命令清空 ARP 缓存表，再使用"arp –a"命令查看主机 A 的 ARP 缓存表。

（7）使用"arp –s"命令可以手动绑定 LAN 中其余主机的 IP 地址和物理地址，防止 ARP 病毒等的攻击，该命令的语法格式为 arp –s 157.55.85.212　　00-aa-00-62-c6-09。

四、实训思考题

根据实训结果，要在主机 A 上手动绑定网关的 IP 地址和物理地址，应该使用什么命令？绑定后能否正常访问 Internet？

如果在主机 A 上绑定网关的 IP 地址和主机 B 的物理地址，则能否正常访问 Internet？原因是什么？

拓展训练 3　传输层数据包抓包分析

一、实训目的
- 进一步理解并掌握传输层的定义和功能。
- 理解 TCP 数据包的格式。
- 掌握使用抓包软件抓取 TCP 数据包并进行分析的方法。
- 熟悉 TCP 的 3 次握手机制以及连接建立、数据传输、连接释放的过程。

4-6　传输层数据包抓包分析

二、实训要求
- 深刻理解传输层的定义和功能。
- 掌握使用 Wireshark 工具抓取使用 HTTP 上网的 TCP 3 次握手数据包的方法。
- 结合前面讲过的 TCP 报文格式具体分析 TCP 的交互过程，进而掌握 TCP 的 3 次握手机制。

三、实训指导

（1）打开 Wireshark 软件，关闭已有的联网程序（防止抓取过多的包），开始抓包。

（2）打开浏览器，输入使用 HTTP 上网的某网站的地址（不使用 HTTPS 网站，HTTPS 网站无法抓取数据包），网页打开后停止抓包。

（3）如果抓到的数据包比较多，则可在"Wireshark：抓包选项"窗口的"抓包过滤"文本框中输入"tcp port http"，单击"开始"按钮进行过滤，如图 4-39 所示。过滤的结果就是和刚才打开的网页相关的数据包。

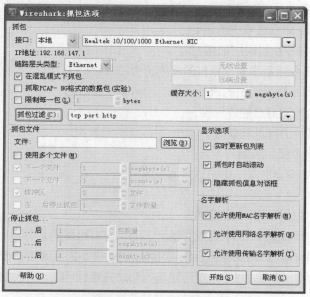

图 4-39　使用过滤器

（4）选择抓包并过滤后得到的 3 次握手过程的 3 个 TCP 报文段进行分析，如图 4-40 所示。

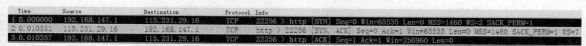

图 4-40　抓包并过滤后得到的 3 次握手过程的 3 个 TCP 报文段

这 3 个特殊的 TCP 报文段即为 3 次握手的过程。

四、实训思考题

分析这 3 个 TCP 报文段，回答以下问题。

（1）第 1 个 TCP 报文段的目的端口是多少，封装它的 IP 数据报的目的 IP 是多少？为什么？

（2）第 1 个 TCP 报文段的 SYN 值为多少，ACK 值为多少，SEQ 值为多少？

（3）第 2 个 TCP 报文段的 SYN 值为多少，ACK 值为多少，SEQ 值为多少？

（4）第 3 个 TCP 报文段的 SYN 值为多少，ACK 值为多少，SEQ 值为多少？

（5）这 3 个 TCP 报文段中有应用层协议（本例中为 HTTP）传来的数据吗？为什么？

（6）在数据经过的路由器上能看到这 3 个 TCP 报文段吗？为什么？

拓展训练 4　使用网络命令排除故障

一、实训目的

- 了解 ARP、ICMP、网络基本输入输出系统（Network Basic Input/Output System，NetBIOS）、FTP 和 Telnet 等网络协议的功能。
- 熟悉各种常用网络命令的功能，了解如何利用网络命令检查和排除网络故障。
- 熟练掌握 Windows Server 2012 中常用网络命令的用法。

二、实训要求

- 使用 arp 命令查看 ARP 缓存表中的信息。
- 使用 hostname 命令查看主机名。
- 使用 ipconfig 命令查看网络配置。
- 使用 nbtstat 命令查看本地计算机的名称缓存和名称列表。
- 使用 netstat 命令查看协议的统计信息。
- 使用 ping 命令检测网络的连通性。
- 使用 Telnet 工具进行远程管理。
- 使用 tracert 命令检测故障。
- 使用其他网络命令。

三、实训指导

（1）使用 ping 命令检测网络的连通性。

正常情况下，当使用 ping 命令来查找问题产生的地方或检验网络的运行情况时，需要使用许多 ping 命令。如果所有 ping 命令都运行正确，则可以确认基本的连通性和配置参数都没有问题；如果某些 ping 命令出现运行故障，则可以知道应该到何处去查找问题。下面给出一个典型的检测顺序及可能出现的故障。

① ping 127.0.0.1，该命令会被送到本地计算机的 IP 软件中。如果没有收到回应，则表示 TCP/IP 的安装或运行存在某些最基本的问题。

② ping 本地 IP 地址，如 ping 192.168.22.10，该命令会被送到本地计算机配置的 IP 地址，本地计算机始终都应该对该 ping 命令做出应答。如果没有收到应答，则表示本地配置或安装存在问题。出现此问题时，请断开网线，并重新发送该命令。如果网线断开后该命令正确，则有可能网络中的另一台计算机配置了与本地计算机相同的 IP 地址。

③ ping LAN 内其他 IP 地址，如 ping 192.168.22.98，该命令经过网卡及网线到达其他计算机并返回。收到回送应答表明本地网络中的网卡和载体运行正确。如果没有收到回送应答，则表示子网掩码不正确、网卡配置错误，或电缆系统有问题。

④ ping 网关 IP 地址，如 ping 192.168.22.254，该命令如果应答正确，则表示网关正在运行。

⑤ ping 远程 IP 地址，如 ping 202.115.22.11，如果收到 4 个正确应答，则表示成功使用默认网关。

⑥ ping localhost，localhost 是操作系统的网络保留名，是 127.0.0.1 的别名，每台计算机都应该能将该名称转换成该地址。如果没有做到，则表示主机文件（Windows/System32/drivers/etc/hosts）中存在问题。

⑦ ping 域名地址，如 ping 某个网址。对这个域名执行 ping 命令时，计算机必须先将域名转换成 IP 地址，通常通过 DNS 服务器实现。如果这里出现故障，则表示 DNS 服务器的 IP 地址配置不正确，或 DNS 服务器有故障；也可以使用该命令实现域名转换为 IP 地址的功能。

如果上面列出的所有 ping 命令都能正常运行，计算机进行本地和远程通信的功能基本上就得到了保障。在实际网络中，这些命令都执行成功并不表示所有的网络配置都没有问题。例如，某些子网掩码错误就可能无法用这些方法检测到。同样的，由于 ping 的目的主机可以自行设置是否对收到的 ping 包产生回应，当收不到返回数据包时，也不一定说明网络有问题。

（2）使用 ipconfig 命令查看网络配置。

选择"开始"→"运行"命令，打开"运行"对话框，输入"cmd"命令，打开命令提示行窗口，输入"ipconfig /all"命令，仔细观察输出信息。

（3）使用 arp 命令查看 ARP 缓存表中的信息。

① 在命令提示行窗口中输入"arp –a"命令，其输出信息列出了 ARP 缓存表中的内容。

② 输入"arp –s 192.168.22.98 00-1a-46-35-5d-50"命令，可以实现 IP 地址与网卡地址的绑定。

（4）使用 tracert 命令检测故障。

tracert 命令一般用来检测故障产生的位置，用户可以通过 tracert IP 地址查找从本地计算机到远方主机的路径中的哪个环节出现了问题。虽然不能确定是什么问题，但是它已经告诉了人们问题所在的位置。

① 可以使用 tracert 命令检查到达目的地址所经过的路由器的 IP 地址，显示到达 www.263.net 主机所经过的路径，如图 4-41 所示。

② 与 tracert 命令的功能类似的还有 pathping 命令。pathping 命令用于进行路由跟踪。pathping 命令会先检测路由结果，再列出所有路由器之间转发数据包的信息，如图 4-42 所示。

图 4-41　到达 www.263.net 主机所经过的路径　　图 4-42　利用 pathping 命令跟踪路由

请读者输入"tracert www.ryjiaoyu.com"，查看从源主机到目的主机所经过的路由器的 IP 地址，仔细观察输出信息。

（5）使用 route 命令查看路由表信息。

输入"route print"命令查看主机路由表中的当前项目，仔细观察输出信息。

（6）使用 nbtstat 命令查看本地计算机的名称缓存和名称列表。

① 输入"nbtstat –n"命令查看本地计算机的名称列表。

② 输入"nbtstat –c"命令查看 NetBIOS 名称高速缓存的内容。NetBIOS 名称高速缓存存放了与本地计算机最近进行通信的其他计算机的 NetBIOS 名称和 IP 地址对，仔细观察输出信息。

（7）使用 net view 命令显示计算机及其注释列表。

输入"net view"命令查看计算机及其注释列表。要查看由 bobby 计算机共享的资源列表，可以输入"net view bobby"，结果中将显示 bobby 计算机中可以访问的共享资源，如图 4-43 所示。

图 4-43　输入"net view bobby"命令查看 bobby 计算机中可以访问的共享资源

（8）使用 net use 命令连接到网络资源。

① 使用"net use"命令可以连接到网络资源或断开连接，并查看当前到网络资源的连接。

② 连接到 bobby 计算机的"招贴设计"共享资源，输入"net use \\bobby\招贴设计"命令，并输入不带参数的"net use"命令，检查网络连接，仔细观察输出信息。

> **说明**　"招贴设计"为提前在 bobby 计算机中设置的共享资源。

四、实训思考题

（1）当用户使用 ping 命令测试与目的主机的连通性时，若收不到该主机的应答，则能否说明该主机工作不正常或与该主机的连接不通？为什么？

（2）ping 命令的返回结果有几种？分别代表何种含义？

（3）实验输出结果可能会出现达不到预期的情况，请思考并分析产生这种情况的原因。

（4）解释使用"route print"命令显示的主机路由表中各表项的含义。试想一想还有什么命令能够输出主机路由表。

拓展阅读　中国计算机的主奠基者

在我国计算机发展的历史"长河"中，有一位做出突出贡献的科学家，他也是中国计算机的主奠基者，你知道他是谁吗？

他就是华罗庚教授——我国计算技术的奠基人和最主要的开拓者之一。

1952 年在全国高等学校院系调整时，华罗庚从清华大学电机系物色了闵乃大、夏培肃和王传英三位科研人员，在他任所长的中国科学院应用数学研究所内建立了中国第一个电子计算机科研小组。1956 年筹建中国科学院计算技术研究所时，华罗庚教授担任筹备委员会主任。

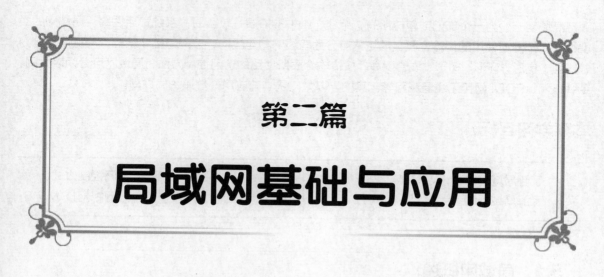

第二篇

局域网基础与应用

第 5 章　局域网组网技术
第 6 章　交换式以太网与虚拟局域网
第 7 章　无线局域网

工欲善其事，必先利其器。
——《论语·卫灵公》

第 5 章
局域网组网技术

05

局域网一般为一个部门或单位所有，组建、维护及扩展等较容易，系统灵活性高。局域网的类型很多，按网络使用的传输介质，局域网可分为有线网和无线网；按网络拓扑结构，局域网可分为总线型、星形、环形、树形、混合型等；按传输介质所使用的访问控制方法，局域网可分为以太网、令牌环网、FDDI 网和无线局域网等。其中，以太网是当前应用最普遍的局域网。

本章学习目标

- 了解局域网的特点、组成。
- 了解局域网的参考模型。

- 熟练掌握局域网介质访问控制方式。
- 掌握以太网及快速以太网组网技术。

5.1 局域网概述

LAN 是 20 世纪 70 年代迅速发展起来的计算机网络，其标准繁多，经过 40 多年的发展，以太网逐渐占据了上风。

1. LAN 的发展和技术

虽然 LAN 的发展历史只有 40 多年，但其发展速度很快，应用范围非常广泛，涵盖共享访问技术、交换技术、高速网络技术等多种技术。

5-1 局域网的组成设备及体系结构

共享访问技术意味着挂接在 LAN 中的所有设备共享一个通信介质（又称物理媒体），通常是同轴电缆（Coaxial Cable）、双绞电缆（Twisted Pair）或光纤电缆（Optical Fiber Cable，简称光缆）。计算机与网络的物理连接通过插在计算机内的网络接口卡（Network Interface Card，NIC）来实现。网络软件管理着网络中各计算机之间的通信和资源共享。在共享访问的 LAN 中，数据以包的形式完成发送和接收。

交换技术是将传统介质共享的网络分成一系列独立的网络，将大量的通信量分成许多小的通信支流。交换技术的一大特征是可以虚拟网络，通过在不同 LAN 之间建立高速交换式连接，从根本上解决 LAN 物理拓扑结构造成的拥塞和瓶颈问题。

高速共享网络技术有光纤分布式数据接口（Fiber Distributed Data Interface，FDDI）、快速以太网（Fast Ethernet）技术、吉比特以太网（Gigabit Ethernet）技术和 ATM 等。

2. LAN 的特点

LAN 的主要特点如下。

（1）覆盖的地理范围一般不超过几千米，通常网络分布在一座办公大楼或集中的建筑群内，为单个组织所有。

（2）通信速率快，传输速率一般为 10～100Mbit/s，甚至可达 1000Mbit/s，能支持计算机之间的高速通信。

（3）多采用分布式控制和广播式通信，可靠性高，误码率通常为 11^{-12}～11^{-7}。

（4）可采用多种通信介质，如同轴电缆、双绞线和光纤电缆等。

（5）易于安装、组建与维护，节点的增、删容易，具有较高的灵活性。

5.2 局域网的组成

在 LAN 的实际应用中，最重要的仍然是资源共享，包括高速或贵重的外围设备的共享、信息共享、访问文件系统和数据库。LAN 的组成包括网络服务器、工作站、网络设备和通信介质等，NOS 和网络协议（Network Protocol）也是 LAN 不可缺少的部分。NOS 对整个网络的资源运行进行管理。

5.2.1 网络服务器

网络可以配置不同数量的服务器，有些服务器提供相同的服务，有些服务器提供不同的服务。对于专用的服务器而言，其技术性能的优势主要体现在通信处理能力、内存容量、磁盘空间、系统容错能力、并发处理能力及高速缓存能力等方面。

从使用角度来看，网络服务器可分为文件服务器、应用服务器、打印服务器等。

1. 文件服务器

文件服务器能将大容量磁盘空间提供给网上用户使用，接收客户机提出的数据处理和文件存取请求，向客户机提供各种服务。文件服务器除了提供文件共享功能外，一般还提供网络用户管理、网络资源管理、网络安全管理等多项基本的网络管理功能，因此通常简称为"服务器"。文件服务器主要有 4 项指标，即存取速率、存储容量、安全措施和运行可靠性。

2. 应用服务器

根据服务器在网络中用途的不同，应用服务器又可分为数据库服务器、通信服务器、WWW 服务器、电子邮件（E-mail）服务器等。

3. 打印服务器

LAN 提供了共享打印机的功能。如果将打印机通过打印服务器接到网络中，则网络中任何一台客户机都能访问打印机。打印服务器接收来自客户机的打印任务，并按要求完成打印操作。

5.2.2 工作站

工作站是指连接到计算机网络中并运行应用程序来实现网络应用的计算机，它是数据处理的主要场所。用户通过工作站与网络交换信息，共享网络资源。工作站根据有无外部存储器，可分为无盘工作站和有盘工作站；根据应用环境的不同，可分为事务处理工作站和图形工作站；根据操作系统的不同，可分为 DOS 工作站、Windows 工作站、UNIX 工作站和 Linux 工作站等。

5.2.3　网络设备

网络设备是指用于网络通信的设备，包括网卡、中继器、集线器、网桥、交换机、路由器、网关等多种用于网络互连的设备。

1. 网卡

网卡是组成 LAN 的主要器件，用于网络服务器或工作站与通信介质的连接。网卡的种类很多，按支持的网络标准，网卡可分为以太网卡、ATM 网卡、FDDI 网卡、快速以太网卡和吉比特以太网卡；按适用的主机总线类型，网卡可分为工业标准结构（Industrial Standard Architecture，ISA）网卡、外围设备互连（Peripheral Component Interconnect，PCI）网卡和个人计算机内存卡国际联合会（Personal Computer Memory Card International Association，PCMCIA）网卡；按提供的电缆接口类型，网卡可分为 RJ-45 接口网卡、英国海军连接器（British Naval Connector，BNC）接口网卡、挂接单元接口（Attachment Unit Interface，AUI）网卡和光缆接口网卡等。

2. 中继器

中继器是工作在物理层上的连接设备，用于连接具有相同物理层协议的 LAN，是 LAN 互连的最简单的设备。

连接 LAN 的传输介质有双绞线、同轴电缆和光缆。无论使用哪种传输介质，由于传输线路噪声的影响，承载信息的数字信号或模拟信号都只能传输有限的距离，也就是说，单段网络中的电缆都有一个最大长度。而中继器的功能就是对接收信号进行再生和发送，从而增加信号传输的距离，此外不再执行任何操作。以太网常常利用中继器扩展总线的电缆长度。标准细缆以太网每段的长度最大为 185m，最多可有 5 段，因此增加中继器后，最大网络电缆长度可提高到 925m。

中继器的主要优点是安装简单、使用方便、价格相对低廉，不仅可以起到扩展网络距离的作用，还能将不同传输介质的网络连接在一起。但中继器不能提供网段间的隔离功能，通过中继器连接在一起的网络在逻辑上是同一网络。

3. 集线器

集线器是一种特殊的中继器，作为多个网络电缆段的中间转换设备将各个网段连接起来。集线器是 LAN 中计算机和服务器的连接设备，是 LAN 的星形连接点，每个工作站都是用双绞线连接到集线器上的，由集线器对工作站进行集中管理。数据从一个工作站发送到集线器上以后，就被中继到集线器中的其他端口，供网络中的所有用户使用。

集线器可以分为无源集线器、有源集线器和智能集线器 3 种。其中智能集线器还具有网络管理、路径选择等网络功能。但是随着网络交换技术的发展，集线器正逐步被交换机取代。

4. 网桥

当 LAN 中的用户日益增多、工作站日益增加时，LAN 中的信息量也将随之增加，这可能会引起 LAN 的性能下降。这是所有 LAN 都存在的一个问题。在这种情况下，必须对网络进行分段，以减少每段网络中的用户量和信息量。对网络进行分段的设备就是网桥。

网桥的第二个作用是互连两个相互独立而又有联系的 LAN。例如，一个企业有人事处、财务处，虽然人事处和财务处同在一栋楼，但最好将两者各自连接成一个 LAN，再用网桥互连起来。

网桥是在数据链路层上连接两个网络的，即网络的数据链路层不同而网络层相同时，要用网桥连接。网桥在网络互连中起着数据接收、地址过滤与数据转发的作用，用来实现多个网络系统之间的数据交换。从原则上讲，不同类型的网络之间可以通过网桥互连，但具有不同高层协议的网络之间是没办法进行互连的，所以实际上网桥只用于同类 LAN 之间的互连。

网桥能将一个较大的 LAN 分割成多个网段，或者将两个以上的 LAN 互连为一个逻辑 LAN。此外，网桥这种互连设备操纵在物理层之上的数据链路层，而互连设备操纵层次越高，功能就越强，因此它显示出了一些智能特性。

（1）网桥的功能

转换不同 LAN 时可能会存在许多问题，这些问题需要网桥进行妥善处理，因而要求网桥具有以下基本功能。

① 网桥对接收的信息帧只做少量的包装，而不做任何修改。

② 网桥可以采用另外一种协议来转发信息。

③ 网桥有足够大的缓冲空间，以满足高峰期的要求。

④ 网桥必须具有寻址和路径选择的能力。

（2）网桥的分类

按网桥的产品特性，可以对网桥进行不同的分类。

一种常用的分类方法是将网桥分为本地网桥和远程网桥。本地网桥在同一区域中为多个 LAN 段提供一个直接的连接，而远程网桥则通过电信线路将分布在不同区域的 LAN 段互连起来。

另一种分类方法是根据网桥的不同转化策略，将网桥分为透明网桥、源路由网桥和翻译网桥。

（3）网桥和中继器的比较

网桥的存储和转发功能与中继器相比有以下优点。

① 使用网桥进行互连打破了物理限制，这意味着构成 LAN 的数据站和网段很容易扩充。

② 网桥纳入存储和转发功能可使其连接使用不同协议的两个 LAN，从而构成一个不同的 LAN 混连的混合网络环境。

③ 网桥的中继功能仅依赖于帧的地址，因而对高层协议完全透明。

④ 网桥将一个较大的 LAN 分成多个网段，有利于提高可靠性、可用性和安全性。

5. 交换机

交换机是一种可用于电（光）信号转发的网络设备。目前网桥已经很少用了，交换机从本质上来讲就是一个多端口的网桥。它可以为接入交换机的任意两个网络节点提供独享的电信号通路。最常见的交换机是以太网交换机，其他常见的还有电话语音交换机、光缆交换机等。详细内容会在 6.1 节中介绍。

6. 路由器

随着网络规模的扩大，特别是形成大规模 WAN 环境时，网桥在路径选择、拥塞控制及网络管理方面远远不能满足要求，路由器则加强了这些方面的功能。

路由器是网络层上的连接，即不同网络与网络之间的连接。图 5-1 所示为路由器的工作示意图。

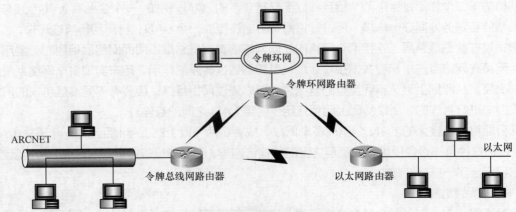

图 5-1 路由器的工作示意图

路由器在网络层对信息帧进行存储转发，不仅可以在 LAN 段之间的冗余路径中进行选择，还可以将相差很大的数据分组连接到 LAN。

路由器是目前网络互连设备中应用最为广泛的一种，无论是 LAN 与骨干网的互连，还是骨干网与 WAN 的互连，或者是两个 WAN 之间的互连，都离不开路由器。随着 Internet 的扩展，路由器的地位日益提高。

由于路由器的复杂性，它比网桥的传送速度要慢，因此更适合大型、复杂的网间连接。路由器和网桥最大的区别如下：网桥与高层协议无关，它把几个物理网络连接起来，提供给用户的仍然是一个逻辑网络，用户根本不知道网桥的存在；而路由器利用网际协议将网络分成几个逻辑子网。

作为连接通信子网的中转设备，路由器的主要工作是接收来自一端的报文分组，根据目的地址和当时的网络情况找出正确的路径，发往另一个通信子网。路径的选择就是路由器的主要任务。路径选择包括两个基本任务：一是最佳路径的判定，二是网间信息包的传送。信息包的传送一般又称为"交换"。

7. 网关

使两个完全不同的网络连接在一起，一般要使用网关（协议转换器）。使用路由器连接的网络需要使用相同的协议，而网关允许某层上有不同的协议。网关为互联网络双方高层的每一端提供了一种协议转换服务，能在高层协议不同的情况下提供协议转换服务。网关连接的示意图如图 5-2所示。

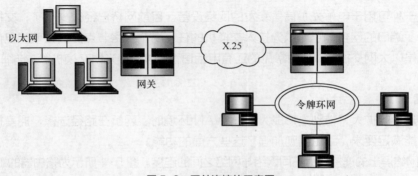

图 5-2 网关连接的示意图

如果要连接多个不同类型的网络，实现不同的功能，则需要多种类型的网关。

（1）电子邮件网关。这种网关可以从一种类型的系统向另一种类型的系统传输数据。例如，电子邮件网关允许使用 Eudora 电子邮件的用户与使用 Group Wise 电子邮件的用户相互通信。

（2）IBM 主机网关。这种网关可以在 PC 与 IBM 大型机之间建立和管理通信。

（3）Internet 网关。这种网关允许并管理 LAN 和 Internet 间的接入。Internet 网关可以限制某些 LAN 用户访问 Internet，反之亦然。

（4）LAN 网关。这种网关允许运行不同协议或运行于 OSI 参考模型不同层上的 LAN 网段间相互通信。路由器甚至只用一台服务器就可以充当 LAN 网关。LAN 网关还包括远程访问服务器，它允许远程用户通过拨号方式接入 LAN。

5.2.4 通信介质

通信介质是网络中信息传输的载体，是网络通信的物质基础之一。在 LAN 中，常用的通信介质有同轴电缆、双绞电缆和光缆；有的场合还会采用无线介质（Wireless Medium），如激光、红外线和无线电等。

1. 同轴电缆

同轴电缆由中心导体、绝缘层、导体网和护套层组成。同轴电缆按带宽分为两类：基带同轴电缆，用于直接传输离散变化的数字信号，阻抗为 50Ω；宽带同轴电缆，用于传输连续变化的模拟信号，阻抗为 75Ω。

2. 双绞电缆

双绞电缆由若干对双绞线（2 对或 4 对）外包缠护套组成。两根绝缘的金属导线扭在一起形成双绞线，线对扭在一起可减少相互间的电磁干扰。双绞电缆分为屏蔽双绞电缆（Shielded Twisted Pair，STP）和非屏蔽双绞电缆（Unshielded Twisted Pair，UTP）。EIA 为双绞电缆定义了多种质量级别，计算机网络常用的是五类线。

3. 光缆

光缆具有很大的带宽。

光缆由许多细如发丝的玻璃纤维外加绝缘护套组成，光束在玻璃纤维内传输，具有防电磁干扰、传输稳定可靠、传输带宽大等特点，适用于高速网络和骨干网的连接，如图 5-3 所示。

利用光缆连接网络时，端口处必须连接光/电转换器，且需要其他辅助设备。

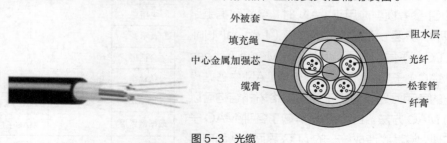

图 5-3 光缆

光缆分为单模光缆（Single-mode Fiber）和多模光缆（Multi-mode Fiber）两种。所谓"模"，就是指以一定角度进入光缆的一束光线。

（1）单模光缆的纤芯直径一般为 9 μm 或 10 μm，使用激光作为光源，并只允许一束光线穿过光缆，定向性强，传递数据质量高，传输距离远，最大传输距离可达 100 km，通常用于长途干线传输及城域网建设等。

（2）多模光缆的纤芯直径一般是 50 μm 或 62.5 μm，使用发光二极管作为光源，允许多束光线同时穿过光缆，定向性差，最大传输距离为 2 km，一般用于距离相对较近的区域内的网络连接。

4. 无线介质

无线介质有激光、红外线和无线电波（这些都属于电磁波）等，它们无需架设或铺埋通信介质。

选择通信介质时要考虑的因素很多，但首先应当确定主要因素。选择时，主要考虑以下因素。

（1）网络拓扑结构与连接方式。

（2）网络覆盖的地理范围与节点间距。

（3）支持的数据类型与通信容量。

（4）环境因素与可靠性。

5.3 局域网体系结构

LAN 技术自迅速发展以来，各种 LAN 产品层出不穷，但是不同设备生产商产生的产品互不兼容，给网络系统的维护和扩充带来了很大的困难。IEEE 802 委员会根据 LAN 介质访问控制方法适用的传输介质、拓扑结构、产品性能、实现难易等因素，为 LAN 制定了一系列的标准，称为 IEEE 802 标准。

5.3.1 局域网的参考模型

由于 OSI 参考模型是针对 WAN 设计的，因此 OSI 参考模型的数据链路层可以很好地解决 WAN 中通信子网的交换节点之间的点到点的通信问题。但是，当将 OSI 参考模型应用于 LAN 时会出现一个问题：该模型的数据链路层不具备解决 LAN 中各站点争用共享通信介质问题的能力。

为了解决这个问题，同时保持与 OSI 参考模型的一致性，在将 OSI 参考模型应用于 LAN 时，会将数据链路层划分为两个子层：逻辑链路控制（Logical Link Control，LLC）子层和介质访问控制（Media Access Control，MAC）子层。MAC 子层处理 LAN 中各站点对通信介质的争用问题，对于不同的网络拓扑结构可以采用不同的 MAC 方法。LLC 子层屏蔽了各种 MAC 子层的具体实现，将其改造成统一的 LLC 界面，从而向网络层提供一致的服务。图 5-4 所示为 OSI 参考模型与 IEEE 802 模型的对应关系。

图 5-4 OSI 参考模型与 IEEE 802 模型的对应关系

1．MAC 子层

MAC 子层是数据链路层的一个功能子层，是数据链路层的下半部分，它与物理层相邻。MAC 子层为不同的物理介质定义了 MAC 标准。其主要功能如下。

（1）传送数据时，将传送的数据组装成 MAC 帧，帧中包括地址和差错检测字段。

（2）接收数据时，将接收的数据分解成 MAC 帧，并进行地址识别和差错检测字段识别。

（3）管理和控制对 LAN 传输介质的访问。

2．LLC 子层

该层在数据链路层的上半部分，在 MAC 子层的支持下向网络层提供服务，可运行于所有 802 LAN 和 MAN 协议之上。LLC 子层与传输介质无关，它独立于介质访问控制方法，隐藏了各种 802 网络之间的差别，并向网络层提供了一个统一的格式和接口。

LLC 子层的功能包括差错控制、流量控制和顺序控制，并为网络层提供面向连接和无连接的两类服务。

5.3.2　IEEE 802 标准

IEEE 802 标准已被 ANSI 采纳为美国国家标准，随后又被 ISO 采纳为国际标准，称为 ISO 802 标准。

IEEE 802 委员会认为，LAN 只是一个计算机通信网，而且不存在路由选择问题，因此它不需要网络层，有最低的两个层次即可；但与此同时，LAN 的种类繁多，其介质访问控制方法也各不相同，因此有必要将 LAN 分解为更小且更容易管理的子层。此外，因为用户需求各异，不可能只使用单一的技术就能满足所有的需求，所以 LAN 技术中存在多种传输介质和多种网络拓扑，相应的介质访问控制方法就有多种，IEEE 802 委员会决定把几个建议都制定为 IEEE 802 标准系列，而不是仅形成一个标准。

IEEE 802 标准系列间的关系如图 5-5 所示。根据网络发展的需要，新的协议还在不断地被补充到 IEEE 802 标准中。

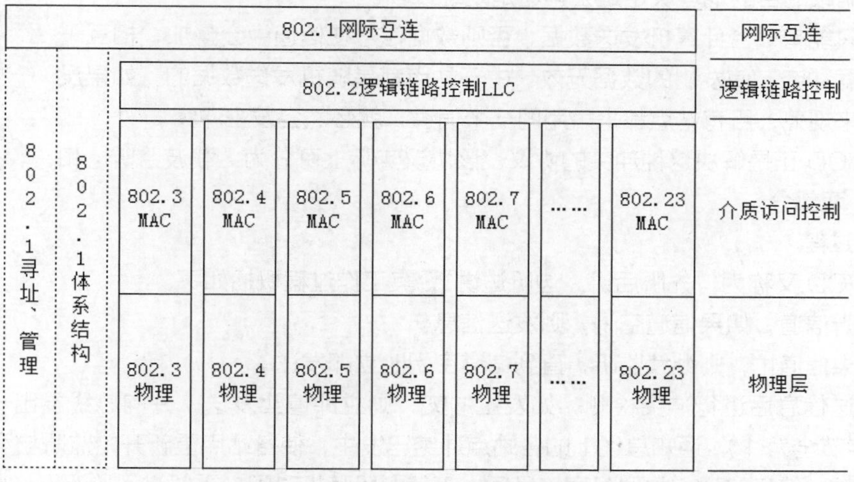

图 5-5　IEEE 802 标准系列间的关系

IEEE 802 LAN 标准包括以下内容。

（1）IEEE 802.1：IEEE 802 标准的综述和体系结构，除了定义 IEEE 802 标准和 OSI 参考模型高层的接口外，还解决寻址、网络互连和网络管理等方面的问题。

（2）IEEE 802.2：逻辑链路控制，定义 LLC 子层为网络层提供的服务；LLC 子层为上层提供了处理任何类型的 MAC 子层的方法。例如，以太网 IEEE 802.3 CSMA/CD 或者令牌环 IEEE 802.5 令牌传递（Token Passing）方式。

（3）IEEE 802.3：带冲突检测的载波监听多路访问（Carrier Sense Multiple Access with Collision Detection，CSMA/CD）控制方法和物理层规范。

（4）IEEE 802.4：令牌总线（Token Bus）访问控制方法和物理层规范。

（5）IEEE 802.4：令牌环访问控制方法和物理层规范。

（6）IEEE 802.6：MAN 访问控制方法和物理层规范。

（7）IEEE 802.7：时隙环（Slotted Ring）访问控制方法和物理层规范。

5.4 局域网介质访问控制方式

LAN 使用的是广播信道，即众多用户共享通信介质。保证每个用户不发生冲突，并且能正常通信，关键是解决对信道的争用问题。解决信道争用问题的协议称为 MAC 协议，是数据链路层协议的一部分。

LAN 常用的 MAC 协议有 CSMA/CD 和令牌环访问控制等。采用 CSMA/CD 的以太网已是 LAN 的主流，本书将重点介绍。

5.4.1 CSMA/CD

CSMA/CD 是一种适用于总线结构的具有信道检测功能的分布式介质访问控制方法。最初的以太网是基于总线型拓扑结构的，使用的是粗同轴电缆，所有站点共享总线，每个站点根据数据帧的目的地址决定是丢弃还是处理该帧。

总线上只能有一台计算机发送数据，否则数据信号在信道中会叠加，相互干扰，产生数据冲突，使发出的数据无效。由于站点都是随机发送数据的，如果没有一个协议来规范，所有站点都来争用同一个信道，就必然会发生冲突。

5-2 局域网介质访问控制方法及以太网技术

CSMA/CD 正是解决这种冲突的协议。该协议实际上可分为"载波监听"和"冲突检测"两部分。

1. 工作过程

CSMA/CD 又称为"先听后讲，边听边讲"，其工作过程概括如下。

（1）监听信道，如果信道空闲，则发送信息。

（2）如果信道忙，则继续监听，直到信道空闲时立即发送。

（3）发送信息后进行冲突检测，如发生冲突，则立即停止发送，并向总线发出一串阻塞信号（连续几个字节全为 1），通知总线上的各站点冲突已发生，使各站点重新开始监听与竞争。

（4）已发出信息的站点收到阻塞信号后，等待一段随机时间，重新进入监听发送阶段。

CSMA/CD 发送过程的流程图如图 5-6 所示。

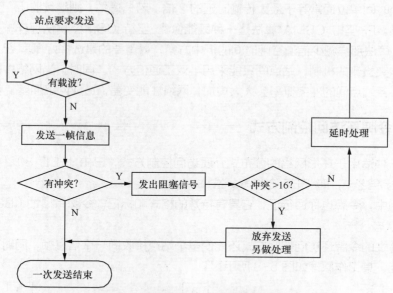

图 5-6　CSMA/CD 发送过程的流程图

2. 二进制指数后退算法

实际上，当一个站点开始发送信息时，检测到本次发送有无冲突的时间很短，它不超过该站点与距离该站点最远的站点信息传输时延的 2 倍。假设 A 站点与距离 A 站点最远的 B 站点的传输时延为 T，那么 $2T$ 就作为一个时间单位，如图 5-7 所示。若该站点在信息发送后 $2T$ 时间内无冲突，则该站点获得使用信道的权限。可见，要检测是否有冲突，每个站点发送的最小信息长度必须大于 $2T$。

在标准以太网中，$2T$ 取 51.2μs。在 51.2μs 的时间内，对于 10Mbit/s 的传输速率，$2T$ 内可以发送 512bit，即 64 字节的数据。因此，以太网发送数据时，如果发送 64 字节还没有发生冲突，那么后续的数据将不会发生冲突。为了保证每一个站点都能检测到冲突，以太网规定最短的数据帧为 64 字节。接收到的小于 64 字节的数据帧都是发生冲突后站点

图 5-7　传输时延示意图

停止发送的数据片，是无效的，应该丢弃。反过来说，如果以太网的数据帧小于 64 字节，那么有可能某个站点发送数据完毕后没有检测到冲突，但冲突实际上已经发生了。

为了检测冲突，每个站点的网络接口单元（Network Interface Unit，NIU）设置有相应的电路。当有冲突发生时，该站点延迟一个随机时间（$2T \times$ 随机数），再重新监听。与延迟相应的随机数一般取值为（$0,M$），$M=2^{\min(10,N)}$。其中 N 为已检测到的冲突次数。若冲突数大于 16，则放弃发送，另做处理。这种延迟算法称为二进制指数后退算法。该算法有下面 3 种存在方式。

（1）非-坚持 CSMA。若信道空闲，则立即发送；若信道忙，则继续监听，直至检测到信道空闲时立即发送。如果有冲突，则等待一个随机量的时间，重复前面的步骤。

（2）1-坚持 CSMA。若信道忙，则不监听，隔一段时间后再监听；若信道空闲，则立即发送。在信道忙时放弃监听，减少了再次发生冲突的机会，但会使网络的平均时延增加。

（3）P-坚持 CSMA。若信道空闲，则以 P 的概率发送，而以（1-P）的概率延迟一个时间单位再监听。一个时间单位通常等于最大传输时延的 2 倍。若信道忙，则继续监听，直至信道空闲并重复前面的步骤。P-坚持 CSMA 算法是一种既能像非-坚持 CSMA 算法那样减少冲突，又能像1-坚持 CSMA 算法那样减少信道空闲时间的折中方案，最重要的是选择好概率 P。

由于采用冲突检测的机制，站点间只能采用半双工通信方式。同时，当网络中的站点增多、网络流量增加时，各站点间的冲突概率会大大增加，网络性能变差，造成网络拥塞。

5.4.2　令牌环访问控制方式

令牌环是一种适用于环形网络的分布式介质访问控制方式，已由 IEEE 802 委员会建议成为 LAN 控制协议标准之一，即 IEEE 802.5 标准。

在令牌环网中，令牌也称通行证，它具有特殊的格式和标记。令牌有"忙（Busy）"和"空闲（Free）"两种状态。

具有广播特性的令牌环访问控制方式还能使多个站点接收同一个信息帧，同时具有对发送站点自动应答的功能。其工作原理如图 5-8 所示。

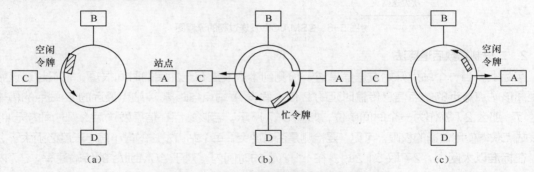

图 5-8　令牌环访问控制方式的工作原理

令牌环网络中有一个称为"令牌（Token）"的控制标志。令牌是一个二进制数的特殊帧，它有"忙"与"空闲"两种状态。当无信息在环上传递时，令牌处于"空闲"状态，它沿环从一个工作站到另一个工作站不停地传递，如图 5-8（a）所示，站点 A 等待空闲令牌到达。

当某个工作站准备发送信息时，其必须先等待，直到检测并捕获到经过该站点的"空闲"令牌为止。此后，将令牌的控制标志从"空闲"状态改为"忙"状态，并将信息帧附加在令牌帧后面一起发送，信息帧中含源地址、目的地址和要发送的数据，如图 5-8（b）所示，站点 A 发送信息帧。

其他的工作站随时检测经过此站的帧，当发送的帧的目的地址与此站地址相符时，接收该帧，待复制完毕再转发此帧。直到该帧沿环传递一周返回发送站，且发送站收到接收站指向发送站的肯定应答信息后，才能将发送的信息帧清除，并将令牌标志改为"空闲"状态，继续插入环。信息帧循环一周后又回到了站点 A，如图 5-8（c）所示。

当另一个新的工作站需要发送数据时，按前述过程，检测到令牌，修改状态，把信息装配成帧，进行新一轮的发送。

令牌环网实时性较强，适用于负载较重的网络；以太网实时性差，适用于负载较轻的网络。

5.5　以太网技术

LAN 发展到现在已占据主要地位。10 吉比特以太网（10Gbit/s）的出现，使以太网的工作范围扩展到 MAN，甚至 WAN，实现了端到端的以太网连接。

5.5.1　以太网的 MAC 帧格式

常用的以太网 MAC 帧格式有两种标准，一种是 IEEE 802.3 标准，另一种是 DIX Ethernet V2 标准（即以太网 V2 标准）。这里只介绍使用最多的以太网 V2 标准的 MAC 帧格式，如图 5-9 所示。图 5-9 中假定上层协议使用的是 IP，实际上使用其他的协议也可以。

5-3　数据链路层
数据抓包协议分析

以太网 V2 标准的 MAC 帧格式非常简单，其由 5 个字段组成。

（1）目的地址和源地址：分别表示目的主机的物理地址和本地主机的物理地址。

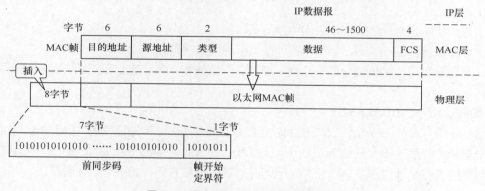

图 5-9　以太网 V2 标准的 MAC 帧格式

（2）类型：类型字段占 2 字节，用来标志上一层使用的协议，以便把收到的 MAC 帧的数据上交给上一层的协议。例如，类型字段值为 0x0800 时，表示上层使用的是 IP。

（3）数据：数据字段长度为 46~1500 字节（46 字节是这样得出的——以太网帧的最小长度 64 字节减去 18 字节的头部和尾部）。

（4）填充字段：填充字段保证帧长不少于 64 字节。当数据字段的长度小于 46 字节时，MAC 子层会在数据字段的后面加入一个整数字节的填充字段，以保证以太网的 MAC 帧长不小于 64 字节。

（5）帧校验序列：帧校验序列（Frame Check Sequence，FCS）是一个 32 位的循环冗余码（CRC-32）。

从图 5-9 可以看出，在传输介质上实际传送的要比 MAC 帧多 8 字节。这是因为当一个站点在刚开始接收 MAC 帧时，适配器的时钟尚未与到达的比特流达成同步，因此 MAC 帧最前面的若干位无法被接收，从而使整个 MAC 帧成为无用帧。为了使接收端迅速实现位同步，从 MAC 子层向下传到物理层时还要在帧的前面插入 8 字节（由硬件生成），它由两个字段构成。第一个字段是 7 字节的前同步码（1 和 0 交替码），它的作用是使接收端的适配器在接收 MAC 帧时能够迅速调整其时钟频率，使它和发送端时钟同步，也就是实现"位同步"，即比特同步。第二个字段是帧开始定界符，定义为 10101011，表示后面的信息就是 MAC 帧。MAC 帧的 FCS 字段的校验范围不包括前同步码和帧开始定界符。

5.5.2　以太网的组网技术

以太网是由美国 Xerox 公司和斯坦福大学联合开发并于 1975 年提出的，目的是把办公室工作站与昂贵的计算机资源连接起来，以便能从工作站上分享计算机资源和其他硬件设备。

1983 年，IEEE 802 委员会公布的 802.3 LAN 网络协议（CSMA/CD）基本上和以太网技术规范一致，于是，以太网技术规范成为世界上第一个 LAN 的工业标准。

以太网的主要技术规范如下。

（1）拓扑结构：总线型。

（2）介质访问控制方式：CSMA/CD。

（3）传输速率：10Mbit/s。

（4）传输介质：同轴电缆（50Ω）或双绞线。

（5）最大工作站数：1024。

（6）最大传输距离：2.5km（采用中继器）。

（7）报文长度：64～1518 字节（不计报文前的同步序列）。

以太网通常使用 4 种传输介质：粗缆、细缆、双绞线和光缆。这里只对细缆和双绞线两种介质做介绍。

1. 细缆以太网（10Base-2）

10Base-2 采用 5.08mm、50Ω 的同轴电缆作为传输介质，传输速率为 10Mbit/s。10Base-2 使用网卡自带的介质连接单元（Medium Attachment Unit，MAU）和 BNC 接口，采用 T 形接头即可将两端的工作站通过细缆连接起来，组网开销低，连接方便，如图 5-10 所示。

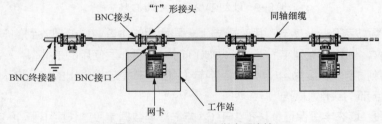

图 5-10　10Base-2 以太网连接

2. 双绞线以太网（10Base-T）

10Base-T 是使用非屏蔽双绞线连接的、传输速率为 10Mbit/s 的以太网，如图 5-11 所示。

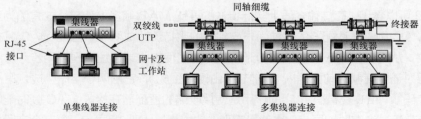

图 5-11　10Base-T 以太网连接

5.5.3 快速以太网

快速以太网是在传统以太网的基础上发展起来的，因此它不仅保持了相同的以太帧格式，还保留了用于以太网的 CSMA/CD 介质访问控制方式。

1. 快速以太网（100Base-T）的简介

快速以太网的速率是普通以太网的 10 倍，因此快速以太网中的桥接器、路由器和交换机都与普通以太网不同，它们具有更快的速率和更小的时延。

快速以太网具有以下特点。

（1）协议采用与 10Base-T 相似的层次结构，其中 LLC 子层完全相同，但在 MAC 子层与物理层之间采用了与介质无关的接口。

（2）数据帧格式与 10Base-T 相同，包括最小帧长为 64 字节，最大帧长为 1518 字节。

（3）介质访问控制方式仍然是 CSMA/CD。

（4）传输介质采用 UTP 和光缆，传输速率为 100Mbit/s。

（5）拓扑结构为星形拓扑结构，网络节点间最大距离为 205m。

2. 快速以太网标准

快速以太网标准分为 100Base-T4、100Base-TX 和 100Base-FX 这 3 个子类，如表 5-1 所示。

表 5-1 快速以太网标准

名　称	线　缆	最 大 距 离	优　点
100Base-T4	双绞线	100m	可以使用 3 类双绞线
100Base-TX	双绞线	100m	全双工、5 类双绞线
100Base-FX	光缆	200m	全双工、长距离

3. 快速以太网接线规则

快速以太网对 MAC 子层的接口有所拓展，它的接线规则有相应的变化，如图 5-12 所示。

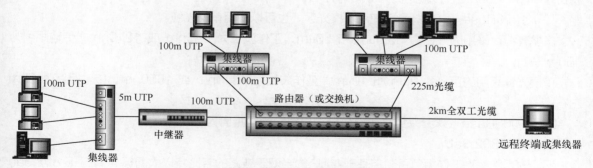

图 5-12 快速以太网接线规则

其中，要注意以下两点。

（1）站点（集线器或者中继器）距离中心节点（路线由器或者交换机）的最大长度依然是 100m，即双绞线传输距离为 100m。

（2）增加了 I 级和 II 级中继器规范。

在 10Mbit/s 标准以太网中只定义了一类中继器，而 100Mbit/s 以太网中定义了 I 级和 II 级两类中继器，两类中继器靠传输时延来划分，时延为 0.7μs 的为 I 级中继器，时延在 0.46μs 以下的为 II 级中继器。

如图 5-12 所示，在一条链路上只能使用一个 I 级中继器，中继器两端的链路各为 100m；在同一条链路上最多可以使用 2 个 II 级中继器；在同一条链路上还可以使用两段各 100m 的链路和 5m 的中继器间的链路，两个站点间或站点与交换机间的最大距离为 205m。

当采用光缆布线时，交换机与中继器（集线器）连接。如果采用半双工通信，则两者之间的光缆最大距离为 225m。如果采用全双工通信，则站点到交换机间的距离可以达到 2000m 或更长。

快速以太网仍然是基于 CSMA/CD 技术的，当网络负载较重时，会出现效率低下等问题。

5.5.4 吉比特以太网

吉比特以太网（Gigabit Ethernet，GbE、GigE 或 GE，也称千兆位以太网），由 IEEE 802.3-2005 标准定义。该标准允许通过集线器连接的半双工吉比特以太网连接，但是在市场上利用交换机的全双工连接才是标准。

吉比特以太网是 IEEE 802.3 以太网标准的扩展，传输速率为每秒 1000 兆位（即 1Gbit/s）。吉比特以太网最初应用于大型校园网，能把现有的 10Mbit/s 以太网和 100Mbit/s 快速以太网连接起来。吉比特以太网技术有两个标准：IEEE 802.3z 和 IEEE 802.3ab。IEEE 802.3z 制定了光缆和短程铜线连接方案的标准。IEEE 802.3ab 制定了 5 类双绞线上较长距离连接方案的标准。

1. IEEE 802.3z

IEEE 802.3z 标准分为 1000Base-SX、1000Base-LX 和 1000Base-CX 共 3 类。

（1）1000Base-SX：只支持多模光缆，可以采用直径为 62.5μm 和 50μm 的多模光缆，工作波长为 770～860nm，传输距离为 550m 左右。

（2）1000Base-LX：既可以使用多模光缆，也可以使用单模光缆。

多模光缆可采用的直径为 62.5μm 和 50μm，工作波长为 850nm 或 1310nm，传输距离为 550m 左右。

单模光缆采用的直径为 9μm 和 10μm，工作波长为 1310nm 或 1550nm，传输距离为 5km 左右。

（3）1000Base-CX：采用 150Ω 屏蔽双绞线，传输距离为 25m。

2. IEEE 802.3ab

IEEE 802.3ab 工作组负责制定基于 UTP 的半双工链路的吉比特以太网标准。IEEE 802.3ab 定义了基于 5 类 UTP 的 1000Base-T 标准，是 100Base-T 的自然扩展，与 10Base-T、100Base-T 完全兼容，其目的是在 5 类 UTP 上以 1000Mbit/s 的速率传输 100m，节约用户在 5 类 UTP 布线上的投入成本。

1000Base-T 的其他重要规范使其成为一种价格低廉、不易被破坏，并具有良好性能的技术。

（1）它支持以太网 MAC，且可以向后兼容 10Mbit/s、100Mbit/s 以太网技术。

（2）很多的 1000Base-T 产品都支持 100Mbit/s、1000Mbit/s 自动协商功能，因此 1000Base-T 可以直接在快速以太网中通过升级实现。

（3）1000Base-T 是一种高性能技术，它每传送 10Gbit，其中错误位不会超过 1 个（误码率低于 11^{-10}，与 100Base-T 的误码率相当）。

5.5.5　10 吉比特以太网

10 吉比特以太网（10 Gigabit Ethernet，10GbE、10 GigE 或 10GE）也称 10 吉位以太网。

2002 年 6 月，IEEE 802.3ae 10Gbit/s 标准正式发布，将 802.3 协议扩展到 10Gbit/s 的传输速率，并扩展了以太网的应用空间，使之能够包括 WAN 连接。

1. 10 吉比特以太网标准的目标

（1）保持 IEEE 802.3 帧格式不变。

（2）保持 IEEE 802.3 最小/最大帧长不变。

（3）只支持全双工运行模式。

（4）不需要进行冲突检测，不再使用 CSMA/CD 协议。

（5）仅使用光缆作为传输介质。

（6）可提供 10Gbit/s 的 MAN 或 LAN 数据传输速率，也可以支持 10.59 Gbit/s 的 WAN 数据传输速率［支持同步光缆网（Synchronous Optical Network，SONet）/（Sychronous Digital Hierarchy，SDH）］。

2. IEEE 802.3ae 标准的分类

（1）10GBase-SR Serial：850nm 短距离模块（其在现有多模光缆上的最长传输距离为 85 m，在新型 2000MHz/km 多模光缆上的最长传输距离为 300m）。

（2）10GBase-LR Serial：1310nm 长距离模块（其在单模光缆上的最长传输距离为 10km）。

（3）10GBase-ER Serial：1550nm 超长距离模块（其在单模光缆上的最长传输距离为 40km）。

5.6　习题

一、填空题

1. LAN 是一种在＿＿＿＿地理范围内以实现＿＿＿＿和信息交换为目的，由计算机和数据通信设备连接而成的计算机网络。

2. LAN 的拓扑结构一般比较规则，常用的有星形、＿＿＿＿、＿＿＿＿和＿＿＿＿。

3. 从 LAN 介质访问控制方法的角度来讲，可以把 LAN 划分为＿＿＿＿网和＿＿＿＿网两大类。

4. CSMA/CD 技术包含＿＿＿＿和冲突检测两个方面的内容。该技术只用于总线型网络拓扑结构。

5. CSMA/CD 技术用于减少＿＿＿＿＿。它会在源站点发送报文之前，先监听信道是否＿＿＿＿＿，如果监听到信道上有载波信号，则＿＿＿＿＿发送报文。

6. 吉比特以太网标准是现行＿＿＿＿＿标准的扩展，经过修改的 MAC 子层仍然使用＿＿＿＿＿协议。

二、选择题

1. 在共享式的网络环境中，由于公共传输介质为多个节点所共享，有可能出现（　　　）。

A. 拥塞　　　　　　B. 泄密　　　　　　C. 冲突　　　　　　D. 交换

2. 采用 CSMA/CD 通信协议的网络为（　　　）。

A. 令牌环网　　　　B. 以太网　　　　　C. Internet　　　　D. WAN

3. 以太网的拓扑结构是（　　　）。

A. 星形　　　　　　B. 总线型　　　　　C. 环形　　　　　　D. 树形

4. 与以太网相比，令牌环网的最大优点是（　　　）。

A. 价格低廉　　　　B. 易于维护　　　　C. 高效可靠　　　　D. 实时性好

5. IEEE 802 工程标准中的 802.3 协议是（　　　）。

A. LAN 的 CSMA 标准　　　　　　　　B. LAN 的令牌环网标准

C. LAN 的令牌总线标准　　　　　　　D. LAN 的互连标准

6. IEEE 802 为 LAN 规定的标准，只对应于 OSI 参考模型的（　　　）。

A. 第一层　　　　　　　　　　　　　B. 第二层

C. 第一层和第二层　　　　　　　　　D. 第二层和第三层

三、简答题

1. 什么是 LAN？它有哪些主要特点？LAN 的组成包括哪几个部分？

2. LAN 可以采用哪些通信介质？简述几种常见 LAN 拓扑结构的优缺点。

3. LAN 参考模型各层的功能是什么？其与 OSI 参考模型有哪些不同？

4. 以太网采用了何种介质访问控制技术？简述其原理。

5. 简述吉比特以太网与 10 吉比特以太网的应用领域。

6. 简述 CSMA/CD 的工作过程。

7. 简述以太网 V2 的 MAC 帧格式各字段的含义。

5.7　拓展训练　组建小型共享式对等网

一、实训目的

- 掌握用交换机组建小型共享式对等网的方法。
- 掌握 Windows 7 对等网建设过程中的相关配置方法。
- 了解判断 Windows 7 对等网是否导通的几种方法。
- 掌握 Windows 7 对等网中文件夹共享的设置方法和使用方法。
- 掌握 Windows 7 对等网中映射网络驱动器的设置方法。

二、实训步骤

组建小型共享式对等网（如果将集线器换成交换机，则组建的是交换式对等网）的步骤如下。

（1）硬件连接

① 将 3 条直通双绞线的两端分别插入每台计算机网卡的 RJ-45 接口和集线器的 RJ-45 接口，检查网卡和集线器的相应指示灯是否亮起，判断网络是否正常连通，如图 5-13 所示。

> **提示**　RJ-45 是一种只能沿固定方向插入并自动防止脱落的塑料接口，俗称"水晶头"，RJ 是 Registered Jack 的缩写，意思是"注册的插座"。

② 将打印机连接到 PC1。

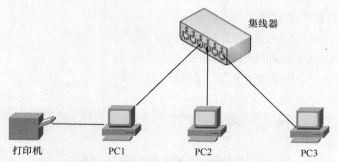

图 5-13　组建小型共享式对等网的拓扑结构

（2）TCP/IP 配置

① 配置 PC1 的 IP 地址为 192.168.1.10，子网掩码为 255.255.255.0；配置 PC2 的 IP 地址为 192.168.1.20，子网掩码为 255.255.255.0；配置 PC3 的 IP 地址为 192.168.1.30，子网掩码为 255.255.255.0。设置方法简单，此处略。

② 在 PC1、PC2 和 PC3 之间使用 ping 命令测试网络的连通性。

（3）设置计算机名和工作组名

① 选择"开始"→"控制面板"→"系统和安全"→"系统"→"高级系统设置"→"计算机名"命令，打开"系统属性"对话框，如图 5-14 所示。

② 单击"更改"按钮，打开"计算机名/域更改"对话框，如图 5-15 所示。

图 5-14　"系统属性"对话框

图 5-15　"计算机名/域更改"对话框

③ 在"计算机名"文本框中输入"PC1"作为本机名，选中"工作组"单选按钮，并设置工作组名为"SMILE"。

④ 单击"确定"按钮后，系统会提示重启计算机，重启计算机后，修改的计算机名和工作组名即可生效。

（4）安装共享服务

① 选择"开始"→"控制面板"→"网络和 Internet"→"网络和共享中心"→"更改适配器设置"命令，打开"网络连接"窗口。

② 右击"本地连接"图标，在快捷菜单中选择"属性"命令，打开"本地连接属性"对话框，如图 5-16 所示。

③ 如果"Microsoft 网络的文件和打印机共享"复选框被选中，如图 5-16 所示，则说明共享服务安装正确。否则，请选中"Microsoft 网络的文件和打印机共享"复选框。

④ 单击"确定"按钮，重启系统后设置生效。

（5）设置有权限共享的用户

① 单击"开始"按钮，右击"计算机"选项，在快捷菜单中选择"管理"命令，打开"计算机管理"窗口，如图 5-17 所示。

② 选择"本地用户和组"→"用户"选项，右击"用户"选项，在快捷菜单中选择"新用户..."命令，打开"新用户"对话框，如图 5-18 所示。

③ 依次输入用户名、密码等信息，单击"创建"按钮，创建新用户"shareuser"。

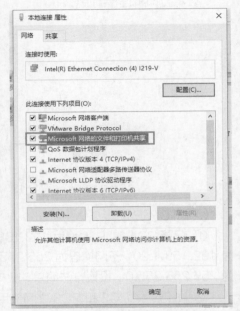

图 5-16　"本地连接属性"对话框

图 5-17　"计算机管理"窗口

图 5-18　"新用户"对话框

（6）设置文件夹共享

① 右击某一需要共享的文件夹，在快捷菜单中选择"共享"→"特定用户..."命令，如图 5-19 所示。

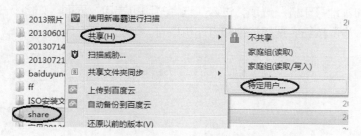

图 5-19 设置文件夹共享

② 在打开的"文件共享"窗口中单击下拉按钮,在下拉列表中设置能够访问共享文件夹"share"的用户(shareuser),如图 5-20 所示。

③ 单击"共享"按钮,完成文件夹共享的设置,如图 5-21 所示。

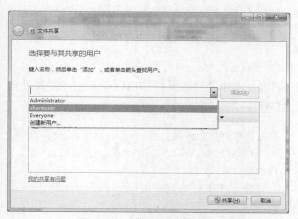

图 5-20 "文件共享"窗口

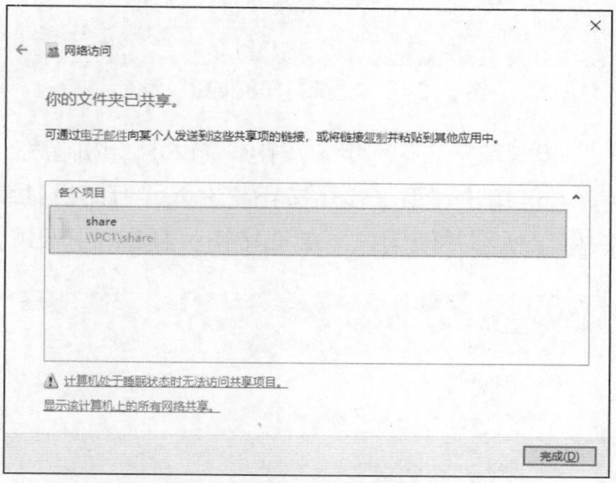

图 5-21 完成文件夹共享的设置

(7)设置打印机共享

① 选择"开始"→"设备和打印机"命令,打开"设备和打印机"窗口,如图 5-22 所示。

② 单击"添加打印机"按钮,打开"添加打印机"对话框,如图 5-23 所示。

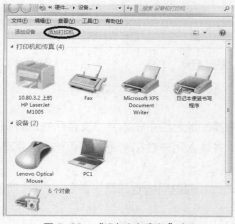

图 5-22 "设备和打印机"窗口

图 5-23 "添加打印机"对话框

③ 选择"添加本地打印机"选项，进入"选择打印机端口"界面，如图 5-24 所示。

④ 单击"下一步"按钮，选择厂商和打印机型号，如图 5-25 所示。

图 5-24 "选择打印机端口"界面

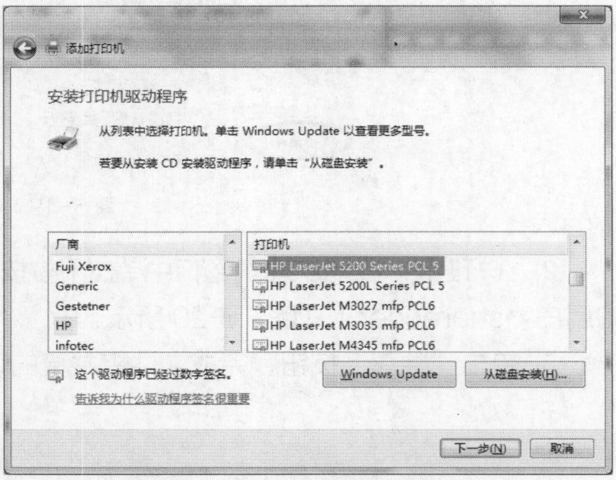

图 5-25 选择厂商和打印机型号

⑤ 单击"下一步"按钮，输入打印机名称，如图 5-26 所示。

⑥ 单击"下一步"按钮，进入"打印机共享"界面，选中"共享此打印机以便网络中的其他用户可以找到并使用它"单选按钮，共享该打印机，如图 5-27 所示。

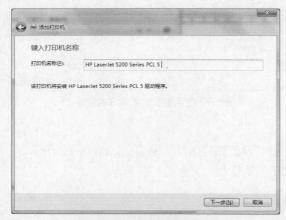
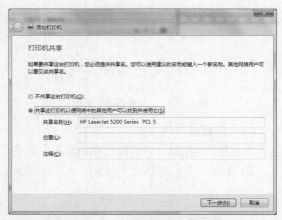

图 5-26 输入打印机名称

图 5-27 "打印机共享"界面

⑦ 单击"下一步"按钮，设置默认打印机，如图 5-28 所示。单击"完成"按钮，完成共享打印机的设置。

（8）使用共享文件夹

① 在其他计算机（如 PC2）的资源管理器或 IE 浏览器的地址栏中输入共享文件所在的计算机名或 IP 地址，如输入"\\192.168.1.10"或"\\PC1"，并输入用户名和密码，即可访问共享资源（如共享文件夹"share"），如图 5-29 所示。

② 右击共享文件夹"share"图标，在快捷菜单中选择"映射网络驱动器"命令，打开"映射网络驱动器"对话框，如图 5-30 所示。

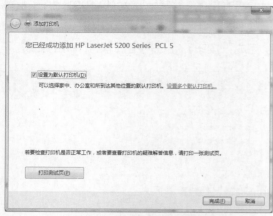

图 5-28　设置默认打印机

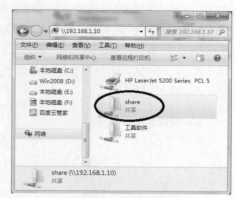

图 5-29　访问共享资源

③ 单击"完成"按钮，完成映射网络驱动器的操作。双击"计算机"图标，打开"计算机"窗口，可以看到共享文件夹已被映射为了"Z"驱动器，如图 5-31 所示。

图 5-30　"映射网络驱动器"对话框

图 5-31　映射网络驱动器的结果

（9）使用共享打印机

① 在 PC2 或 PC3 中选择"开始"→"设备和打印机"命令，打开"设备和打印机"窗口。

② 单击"添加打印机"按钮，打开"添加打印机"对话框，如图 5-32 所示。

③ 选择"添加网络、无线或 Bluetooth 打印机"选项，进入"正在搜索可用的打印机..."界面，如图 5-33 所示。

④ 一般网络中共享的打印机会被自动搜索到，如果没有搜索到，则可单击"我需要的打印机不在列表中"按钮，进入"按名称或 TCP/IP 地址查找打印机"界面，如图 5-34 所示，选中"按名

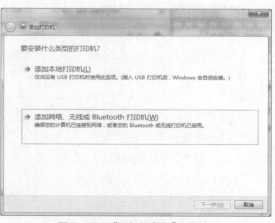

图 5-32　"添加打印机"对话框

称选择共享打印机"单选按钮，输入 UNC 方式的共享打印机，本例中输入"\\192.168.1.10\HP LaserJet 5200 Series PCL 5"，如图 5-34 所示。

⑤ 单击"下一步"按钮继续操作，最后单击"完成"按钮，完成网络共享打印机的安装。

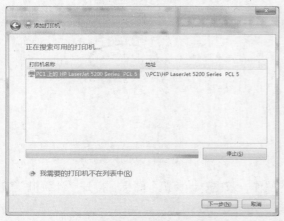

图 5-33　"正在搜索可用的打印机…"界面

图 5-34　"按名称或 TCP/IP 地址查找打印机"界面

> **提示** 也可以在 PC2 或 PC3 上使用 UNC 路径（\\192.168.1.10）列出 PC1 中的共享资源，包括共享打印机资源。右击共享打印机，在快捷菜单中选择"连接"命令进行网络共享打印机的安装。

三、实训思考题

（1）如何组建对等网？

（2）对等网有何特点？

（3）如何测试对等网是否组建成功？

（4）如果超过 3 台计算机组成对等网，则该增加何种设备？

（5）如何实现文件、打印机等资源的共享？

拓展阅读　图灵奖

你知道图灵奖吗？你知道哪位华人科学家获得过此殊荣吗？

图灵奖（Turing Award）全称 A.M. 图灵奖（A.M. Turing Award），是由美国计算机协会（Association for Computing Machinery，ACM）于 1966 年设立的计算机奖项，名称取自艾伦·马西森·图灵（Alan Mathison Turing），旨在奖励对计算机事业做出重要贡献的个人。图灵奖对获奖条件要求极高，评奖程序极严，一般每年仅授予一名计算机科学家。图灵奖是计算机领域的国际最高奖项，被誉为"计算机界的诺贝尔奖"。

2000 年，华人科学家姚期智获图灵奖。

第6章
交换式以太网与虚拟局域网

交换式以太网是以交换式集线器或交换机为中心构成的一种星形拓扑结构的网络。虚拟局域网是一组逻辑上的设备和用户，这些设备和用户并不受物理位置的限制，可以根据功能、部门及应用等因素将它们组织起来，其相互之间的通信就好像它们在同一个网段中一样，由此得名虚拟局域网（Virtual Local Area Network，VLAN）。

本章学习目标

- 了解交换式以太网的特点。
- 掌握以太网交换机的工作过程和数据交换与转发方式。

- 了解以太网交换机的地址学习、通信过滤和生成树协议。
- 掌握虚拟局域网的组网方法和优点。

6.1 交换式以太网的提出

由于共享式以太网存在一些问题，相关研究人员提出了交换式以太网。

1. 共享式以太网存在的主要问题

（1）覆盖的地理范围有限。按照 CSMA/CD 的有关规定，以太网覆盖的地理范围随网络速率的提高而减小。一旦网络速率固定下来，网络的覆盖范围也就固定了下来。因此，只要两个节点处于同一个以太网中，它们之间的最大距离就不能超过这一固定值，不管它们之间的连接跨越一个集线器还是多个集线器。如果超过这个值，网络通信就会出现问题。

6-1 交换式以
太网及以太网交
换机工作过程

（2）网络总带宽容量固定。共享式以太网的固定带宽容量被网络中的所有节点共同拥有、随机占用。网络中的节点越多，每个节点平均可以使用的带宽越窄，网络的响应速度也就越慢。随着网络中节点的增加，出现冲突和碰撞的概率必然加大，相应的带宽浪费也会增多。

（3）不能支持多种速率。以太网共享传输介质，因此网络中的设备必须保持相同的传输速率，否则一个设备发送的信息另一个设备不可能收到。单一的共享式以太网不可能提供多种速率的设备支持。

2. 交换式以太网的提出

通常，人们利用"分段"的方法解决共享式以太网存在的问题。分段就是将一个大型的以太网分割成两个或多个小型的以太网，每段（分割后的每个小以太网）使用 CSMA/CD 介质访问控制方法维持段内用户的通信。段与段之间通过一种"交换"设备进行沟通。这种交换设备可以将在某一段接收到的信息，经过简单的处理转发给另一段。

在实际应用中，如果使用 4 个集线器级联部门 1、部门 2 和部门 3 组成大型以太网，虽然部门 1、部门 2 和部门 3 都通过各自的集线器组网，但是使用了共享集线器连接 3 个部门的网络，因此所构成的网络仍然属于一个大型的以太网。这样，每台计算机发送的信息将在全网流动，即使计算机访问的是本部门的服务器也是如此。

通常，部门内部计算机之间的相互访问是最频繁的。为了限制部门内部信息在全网流动，可以使每个部门组成一个小的以太网，部门内部仍可使用集线器，但在部门之间通过交换设备相互连接，如图 6-1 所示。分段既可以保证部门内部信息不会流至其他部门，又可以保证部门之间的信息交互。以太网节点的减少使发生冲突和碰撞的概率减小了，并使网络传输的效率更高。不仅如此，分段之后，各段可按需要选择自己的网络速率，组成性能更好的网络。

交换设备有多种类型，LAN 交换机、路由器等都可以作为交换设备。交换机工作于数据链路层，用于连接较为相似的网络（如以太网—以太网）；而路由器工作于网络层，可以实现异型网络的互连（如以太网—帧中继）。

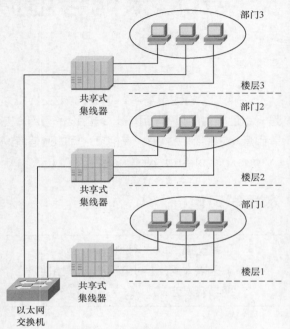

图 6-1　交换设备将共享式以太网分段

6.2　以太网交换机的工作原理

典型的 LAN 交换机是以太网交换机。以太网交换机可以通过交换机端口之间的多个并发连接，实现多节点之间数据的并发传输。这种并发数据传输方式与共享式以太网在某一时刻只允许一个节点占用共享信道的方式完全不同。

交换机在通信中是至关重要的，无论是 WAN 还是 LAN，在组网时都离不开交换机。与 WAN 分组交换机相比，LAN 交换机应该称为交换器，但习惯上都称为交换机。LAN 中的交换机又包括 ATM 交换机、以太网交换机、FDDI 交换机和令牌环交换机。

LAN 交换机又分为两层交换机和三层交换机，这里主要讨论两层交换机，对三层交换机只做一般介绍。

1. 交换机的功能

在用集线器组成的网络中，由于集线器是物理层设备，它只是使网络连接的范围得到了扩大，但是整个网络仍然在一个冲突域中，或者说形成了一个大的网段。当一个站点发送信息时，其他站点不能再发送信息，而只能接收信息。当站点增加到一定数量时，信息碰撞的概率较大，网络的性能将急剧下降。

交换机是一种智能设备，交换机工作在物理层和 MAC 子层。交换机遵循着网桥的工作原理。交换机可以把一个网段分为多个网段，把冲突限制在一些细分的网段之内，这就在无形中增大了网络的带宽，使得每个网段都可获得一个碰撞域，细分网段之后就可以得到多个碰撞域。同时，交换机可以在不同的网段之间进行 MAC 帧的转发，即连接了各个网段，使各个网段之间可以进行访问。由此看来：交换机通过细分网段，增大了网络的带宽；通过在网段间发送数据帧，扩大了以太网的范围。有时称交换机（或网桥）为数据链路层设备。所以说，交换机是一种真正意义上的以太网连接设备。使用交换机，可以把一些工作站连接起来，也可以把一些网段连接起来，还增大了整个网络的带宽。

交换机已经成为 LAN 组网技术中的关键设备，处于网络的核心地位，是任何人在考虑网络组建时必须首先考虑的问题。

2. 交换机的工作原理

（1）交换机的基本原理。交换机可以看作一个多端口网桥，有的端口连接着一个工作站，有的端口连接着多个工作站组成的网段。各端口之间需要通信时，可以形成一个临时的独立通道，同一时刻可以有多个端口同时通信，当通信结束时再断开形成的通道。端口上可以连接工作站，也可以连接一个网段。通道是通过查找 MAC 地址表在源端口和目的端口间形成的。地址表是在站点与交换机自学习的过程中逐渐形成的。

（2）交换机的组成原理。交换机的组成主要包括控制逻辑、交换机构和输入/输出端口。当一个 MAC 帧输入后，控制逻辑启动查表功能，在 MAC 地址表中，根据输入帧的目的地址找到相应的端口号，控制逻辑启动交换阵列的交叉连接，并在相应的端口使 MAC 帧输出。

（3）交换机构的实现。交换机构的实现方法有多种。最初采用由普通的 CPU 运行软件对存储在存储器中的帧进行处理的方式。此后改为由超大规模集成（Very Large Scale Integrated，VLSI）电路芯片构成交换矩阵，用专用集成电路（Application Specific Integrated Circuit，ASIC）芯片进行控制的方式，ASIC 芯片对交换机结构的形式起到的作用是非常大的。还有的交换机构采用时分复用的总线方式，这种方式比较适用于交换机堆叠。共享型存储器结构适用于制作箱体模块型交换机的交换模块。

（4）交换机的结构。交换机的结构一般类似于 PC，各功能模块以插件的方式插入作为母板的总线扩展槽中，形成整体的交换机设备。而箱体模块型交换机把控制逻辑、阵列等部件合成"交换引擎"，再把交换引擎、端口模块和电源模块组合成箱体模块式交换机。为了提高可靠性，在箱体中还配置了冗余的交换引擎和电源模块等。

（5）交换机的交换方式。交换机对进入端口的帧进行转发有 3 种方式。第一种是存储转发交换方式，先将进入的帧全部存入缓存，进行链路差错检验，再根据目的地址进行转发。这种交换方式可以有效提高链路质量，但存储转发增加了转发时延。第二种是直通交换方式，输入端口接收到"该帧起始的 6 字节的目的地址"后，立即将帧转发出去。这种方式适用于链路质量高的场合，优点是时延小。第三种是碎片丢弃交换方式，帧输入后，先按照规则检查是否为碎片，若不是，则根据目的地址进行转发。有些交换机采用了两种方式相结合的方式。例如，默认为第二种交换方式，当检测到传输错误超过某一个上限时改为第一种交换方式。

3. 交换机的分类

（1）按照交换机的速率分类，基本上可以将交换机分为 10Mbit/s、10/100Mbit/s 自适应和

1Gbit/s 交换机。低档次的交换机一般只提供单一速率端口，高档次的交换机一般提供多种速率端口。另外，大多数交换机除基本端口以外，还提供 1~2 个上连端口。

（2）按照可扩性分类，可以将交换机分为单体交换机和可堆叠交换机。单体交换机可以通过级联方式扩大联网范围。可堆叠交换机通过堆叠接口使用专用堆叠线，可以把最多 5 台这样的交换机堆叠在一起，形成一个具有较多端口的交换机。

（3）按照端口的可扩展性分类，可以将交换机分为固定端口交换机、可扩展端口交换机和箱体模块式交换机。固定端口交换机的端口数和端口类型都是固定不变的，这类交换机一般是工作组级交换机，还提供了一个 100Mbit/s 的上连端口。而 Cisco Catalyst 2924M-XL 交换机除了具备上述端口外，还增加了一个 100Mbit/s 的多模光缆接口。

可扩展端口交换机的配置比较灵活，除了基本端口外，还提供了一些扩展槽。如果未插入扩展卡，扩展槽装着空面板挡板，如果需要，可以插入扩展卡。例如，Cisco Catalyst 2924M-XL 交换机的主要部分是 24 个 10/100 Mbit/s 自适应的 RJ-45 接口，上部有两个扩展槽，其中一个可以插入 100Mbit/s 的扩展卡，带有 100Mbit/s 多模光缆 SC 接口。还可以插入 1Gbit/s 的扩展卡，且光缆接口在单模和多模之间可选，灵活性非常高。

箱体模块式交换机又称机架式交换机，主体结构是一个内置电源和多个插槽主板的机箱。除基本交换模块以外，在插槽中可以插入扩展的交换模块，还可以插入冗余电源模块、网管模块和多层交换模块等。箱体模块式交换机的优点是功能强大、可靠性高、配置灵活，可以提供一系列的扩展模块，包括吉比特以太网、FDDI、ATM、快速以太网、令牌环等模块，一般作为大型 LAN、园区网的核心交换机。

（4）按照交换机所处的地位，可以将交换机分为企业级交换机、部门级交换机和工作组级交换机。这种分类方法没有严格的依据，一般从应用规模来看，支持 500 个信息点以上的网络使用的交换机为企业级交换机；支持 100 个信息点以上、300 个信息点以下的网络使用的交换机为部门级交换机；支持 100 个信息点以下的网络使用的交换机为工作组级交换机。企业级交换机一般是采用三层交换的箱体模块式交换机。按照地位，有时又把交换机分为核心层交换机、汇聚层交换机和接入层交换机，具有同一含义的另一种说法是主干交换机、楼宇交换机和边缘交换机。

> **说明** 如果网络规模包含300～500 个信息点，则可以根据交换机在网络中的功能采用企业级交换机或部门级交换机。

交换机之间的连接不允许形成环路，否则会产生数据帧的循环传输，并造成无谓的带宽浪费，人们称这种环形连接为拓扑环。但拓扑环往往又是解决冗余连接问题的好方法。为了解决冗余连接的拓扑环问题，有些交换机采用了生成树算法，既解决了冗余连接问题，又不会形成拓扑环。生成树算法可以保证各台交换机能够形成完全可靠的冗余连接，但又不会形成数据帧的循环，只有支持生成树算法的交换机才具备这样的功能。

4. 三层交换机

交换机分割了以太网的冲突域，增大了网络带宽，但整个网络仍然处于同一个广播域，还将消耗大量的带宽。使用 VLAN 技术，可以分割以太网的广播域，限制广播信息在网络中的传播，但是 VLAN 之间的通信也不能进行。实际上，每一个 VLAN 都可以看作一个网段，也可以看作不同的 LAN。如果不同的 LAN 之间要通信，则必须通过路由器设备。路由器是一种网络互连设备，在网络的第三层对不同的网络，包括 LAN、WAN、VLAN 进行互连，形成了一个互联网。

人们自然想到利用路由器实现 VLAN 之间的通信。但是如果使用路由器设备，则势必要在 LAN 中添加路由器端口，这样带来了两个问题。一个问题是使用路由器端口的费用都是非常高的，这将增加 LAN 的成本。另一个问题是路由器对 IP 分组的转发是通过软件方式来实现的，这会降低 LAN 的传输速率。为了解决 LAN 与 VLAN 之间的通信问题，一些网络设备公司对交换机设备重新进行了考虑，提出了三层交换的技术。

三层交换的基本思想是使交换机具有路由功能，这样的交换机称为路由交换机。从另一个角度考虑，也可以使路由器具有交换功能，这样的路由器称为交换路由器，又称为标记交换路由器。标记交换路由器对进入的 IP 分组（第三层）进行分析，并将其分为两类。一类是短信息流，可以通过路由器转发到下一个路由器。另一类是长信息流，长信息流都是到同一目的地的分组，对这样的分组打上一个标记，并根据帧的物理地址形成转发表，按照标记在第二层进行交换。由于交换是通过硬件进行的，所以帧的转发速率快，也提高了交换路由器的转发速率。

实现三层交换有多种方式，包括标记交换、IP 交换、IP 导航等，但基本思想都是相似的，人们把用三层交换技术实现交换功能的交换机称为三层交换机。三层交换机把路由模块与交换模块放在同一个交换总线上，使之结合得更加紧密，同时对实现路由功能的软件进行优化，通过第二层交换实现了第三层的路由功能。

交换式以太网建立在以太网的基础之上。利用以太网交换机组网，既可以将计算机直接连接到交换机的端口上，又可以将它们接入一个网段，并将这个网段连接到交换机的端口上。如果将计算机直接连接到交换机的端口上，那么它将独享该端口提供的带宽；如果计算机通过以太网接入交换机，那么该以太网中的所有计算机共享交换机端口提供的带宽。

6.3 以太网交换机的工作过程

典型的交换机的结构与工作过程如图 6-2 所示。图中的交换机有 6 个端口，其中端口 1、5、6 分别连接了节点 A、节点 D 和节点 E。节点 B 和节点 C 通过共享式以太网接入交换机的端口 4。于是，交换机的"地址映射表"就可以根据以上端口建立与节点物理地址的对应关系。

当节点 A 需要向节点 D 发送信息时，节点 A 首先将目的物理地址指向节点 D 的帧，并发往交换机端口 1。交换机接收该帧，并在检测到其目的物理地址后，在交换机的地址映射表中查找节点 D 连接的端口号。一旦查到节点 D 连接的端口 5，交换机就在端口 1 与端口 5 之间建立连接，将信息转发到端口 5。与此同时，节点 E 需要向节点 B 发送信息。于是，交换机的端口 6 与端口 4 之间也建立了一个连接，并将端口 6 接收到的信息转发至端口 4。

这样，交换机在端口 1—端口 5 和端口 6—端口 4 间建立了两个并发的连接。节点 A 和节点 E 可以同时发送消息，节点 D 和接入交换机端口 4 的以太网可以同时接收信息。根据需要，交换机的各端口之间可以建立多个并发连接。交换机利用这些并发连接，对通过交换机的数据信息进行转发和交换。

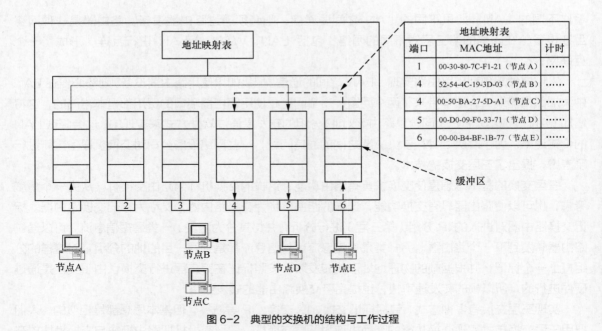

图 6-2　典型的交换机的结构与工作过程

6.3.1　数据交换与转发方式

以太网交换机的数据交换与转发方式可以分为直接交换、存储转发交换和改进的直接交换 3 类。

1. 直接交换

在直接交换方式中,交换机边接收边检测。一旦检测到目的地址字段,就立即将该数据转发出去,而不管数据是否出错,差错检测任务由节点主机完成。这种交换方式的优点是交换时延短;缺点是缺乏差错检测能力,不支持不同输入输出速率的端口之间的数据转发。

2. 存储转发交换

在存储转发交换方式中,交换机先要完整地接收站点发送的数据,并对数据进行差错检测。如果接收到的数据是正确的,则再根据目的地址确定输出端口号,将数据转发出去。这种交换方式的优点是具有差错检测能力,并支持不同输入输出速率端口之间的数据转发;缺点是交换时延相对较长。

3. 改进的直接交换

改进的直接交换方式将直接交换与存储转发交换结合起来,在接收到数据的前 64 字节之后,判断数据的头部字段是否正确,如果正确,则转发出去。对于短数据来说,这种方式的交换时延与直接交换方式比较接近;而对于长数据来说,由于这种方式只对数据前部的主要字段进行差错检测,因此交换时延将明显减少。

6.3.2　地址学习

以太网交换机利用地址映射表进行信息交换,因此地址映射表的建立和维护相当重要。一旦地址映射表出现问题,就可能造成信息转发错误。那么,交换机中的地址映射表是怎样建立和维护的呢?

这里有两个问题需要解决，一是交换机如何知道哪台计算机连接到哪个端口，二是当计算机在交换机的端口之间移动时，交换机如何维护地址映射表。显然，人工建立交换机的地址映射表是不切实际的，交换机应该自动建立地址映射表。通常，以太网交换机利用"地址学习"法来动态建立和更新地址映射表。以太网交换机的地址学习是通过读取帧的源地址并记录帧进入交换机的端口进行的。当得到物理地址与端口的对应关系后，交换机就将该对应关系添加到地址映射表中，如果已经存在，则交换机将更新该表项。因此，在以太网交换机中，地址是动态学习的。只要这个节点发送信息，交换机就能捕获到它的物理地址与其所在端口的对应关系。

在每次加入或更新地址映射表的表项时，加入或更改的表项被赋予一个计时器，这使该端口与物理地址的对应关系能存储一段时间。如果在计时器溢出前没有再次捕获到该端口与物理地址的对应关系，则该表项将被交换机删除。通过删除过时、已经不使用的表项，交换机能即时更新出一个精确、有用的地址映射表。

6.3.3　通信过滤

交换机建立起地址映射表之后，即可对通过的信息进行过滤。以太网交换机在地址学习的同时会检查每个帧，并基于帧中的目的地址做出是否转发及转发到何处的决定。

图 6-3 所示为两个以太网和两台计算机通过以太网交换机相互连接的示意图，以及交换机通过一段时间的地址学习而形成的地址映射表。

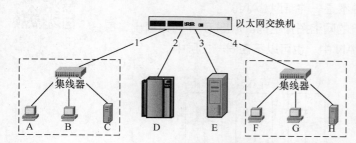

地址映射表		
端口	MAC 地址	计时
1	00-30-80-7C-F1-21(A)	……
1	52-54-4C-19-3D-03(B)	……
1	00-50-BA-27-5D-A1(C)	……
2	00-D0-09-F0-33-71(D)	……
4	00-00-B4-BF-1B-77(F)	……
4	00-E0-4C-49-21-25(H)	……

图 6-3　通过交换机连接以太网和计算机

假设站点 A 需要向站点 F 发送数据，因为站点 A 通过集线器连接到交换机的端口 1，所以交换机从端口 1 读入数据，并通过地址映射表决定将该数据转发到哪个端口。通过搜索地址映射表，交换机发现站点 C 与端口 1 相连，与发送的源站点处于同一端口。遇到这种情况时，交换机不再转发，而是简单地将数据抛弃，数据信息被限制在本地流动。

以太网交换机隔离了本地信息，从而避免了网络中不必要的数据流动。这是交换机通信过滤的主要优点，也是它与集线器截然不同的地方。集线器需要在所有端口上重复所有的信号，每个集线器相连的网段都将听到 LAN 中的所有信息流。而交换机所连接的网段只能听到发送给它们的信息流，减少了 LAN 中总的通信负载，因此提供了更多的带宽。

但是，如果站点 A 需要向站点 G 发送信息，交换机在端口 1 读取信息后检索地址映射表，结果发现站点 G 在地址映射表中并不存在。在这种情况下，为了保证信息到达正确的目的地，交换机将向除端口 1 之外的所有端口转发信息。当然，一旦站点 G 发送信息，交换机就会捕获到它与端口的连接关系，并将得到的结果存储到地址映射表中。

6.3.4 生成树协议

集线器可以按照水平或树形结构进行级联，但是集线器的级联绝不能出现环路，否则发送的数据将在网络中无休止地循环，造成整个网络瘫痪。那么具有环路的交换机级联网络是否可以正常工作呢？答案是肯定的。

实际上，以太网交换机除了按照上面描述的转发机制对信息进行转发外，还将执行生成树协议（Spanning Tree Protocol，STP）。STP 会计算无环路的最佳路径，当发现环路时，可以相互交换信息，并利用这些信息将网络中的某些环路断开，从而维护一个无环路的网络，以保证整个 LAN 在逻辑上形成一种树形结构，产生一棵生成树。交换机按照这种逻辑结构转发信息，保证网络中发送的信息不会绕环旋转。

6.4 VLAN

IEEE 802.1Q 标准对 VLAN 是这样定义的：VLAN 是由一些 LAN 网段构成的与物理位置无关的逻辑组，而这些网段具有某些共同的需求。每个 VLAN 的帧都有一个明确的标识符，指明了发送这个帧的工作站属于哪一个 VLAN。

利用以太网交换机可以很方便地实现 VLAN。这里需要指出，VLAN 其实只是 LAN 给用户提供的一种服务，而并不是一种新型 LAN。

图 6-4 所示为使用了 3 台交换机的网络拓扑结构。从图 6-4 可以看出，每个 VLAN 的工作站可以处在不同的 LAN 中，也可以不在同一楼层中。

6-2　虚拟局域网及组建

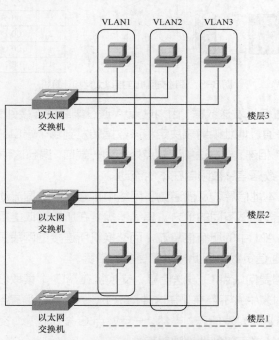

图 6-4　使用了 3 台交换机的网络拓扑结构

利用交换机可以很方便地将这 9 个工作站划分为 3 个 VLAN：VLAN1、VLAN2 和 VLAN3。VLAN 中的每个工作站都可以接收到同一 VLAN 中其他成员发出的广播信息，而接收不到不同 VLAN 中其他成员的广播信息。这样，VLAN 限制了接收广播信息的工作站数，使得网络不会因传播过多的广播信息（即所谓的"广播风暴"）而降低性能。在共享传输介质的 LAN 中，网络总带宽的绝大部分是由广播帧消耗的。

6.4.1　共享式以太网与 VLAN

在传统的 LAN 中，通常一个工作组是在同一个网段中的，每个网段可以是一个逻辑工作组。多个逻辑工作组之间通过交换机（或路由器）等互连设备交换数据，如图 6-5（a）所示。如果一个逻辑工作组的站点需要转移到另一个逻辑工作组（如从 LAN1 移动到 LAN3），则需要将对应站点从一个集线器（如 1 楼的集线器）撤出，连接到另一个集线器（如 3 楼的集线器 LAN3 中的站点）。如果仅需要物理位置上的移动（如从 1 楼移动到 3 楼），则为了保证该站点仍然隶属于原来的逻辑工作组 LAN1，必须连接至 1 楼的集线器，即使它接入 3 楼的集线器更加方便。在某些情况下，移动站点的物理位置或逻辑工作组甚至需要重新布线。因此，逻辑工作组的组成受到站点所在网段物理位置的限制。

VLAN 建立在 LAN 交换机之上，它以软件方式实现逻辑工作组的划分与管理。因此，VLAN 逻辑工作组的站点组成不受物理位置的限制，如图 6-5（b）所示。同一逻辑工作组的成员可以不必连接在同一个物理网段上。只要以太网交换机是互连的，它们就既可以连接在同一个 LAN 交换机上，也可以连接在不同 LAN 交换机上。当一个站点从一个逻辑工作组转移到另一个逻辑工作组时，只需要通过软件设定，而不需要改变它在网络中的物理位置。当一个站点需要从一个物理位置移动到另一个物理位置（如 3 楼的计算机需要移动到 1 楼）时，只需要将该计算机接入另一台交换机（如 1 楼的交换机）即可，通过交换机软件设置，这台计算机还可以成为原工作组的一员。同一个逻辑工作组的站点可以分布在不同的物理网段上，但它们之间的通信就像在同一个物理网段上一样。

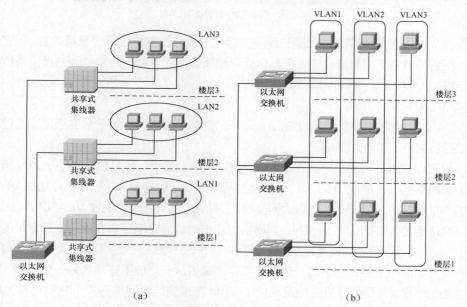

图 6-5　共享式以太网与 VLAN

6.4.2　VLAN 的组网方法

VLAN 的种类可以根据功能、部门或应用进行划分，而无需考虑用户的物理位置。以太网交换机的每个端口都可以分配给一个 VLAN。分配给同一个 VLAN 的端口共享广播域（一个站点发送希望所有站点接收的广播信息时，同一 VLAN 中的所有站点都可以接收到），分配给不同 VLAN 的端口不共享广播域，这将全面提升网络的性能。

VLAN 的组网方法包括静态 VLAN 和动态 VLAN 两种。

1. 静态 VLAN

静态 VLAN 就是静态地将以太网交换机上的一些端口划分给一个 VLAN。这些端口一直保持这种配置关系，直到人为改变它们。

在图 6-6 所示的静态 VLAN 中，以太网交换机的端口 1、2、6、7 组成 VLAN1，端口 3、4、5 组成 VLAN2。

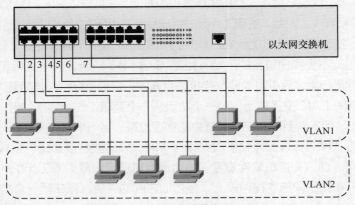

图 6-6　按端口划分静态 VLAN

尽管静态 VLAN 需要网络管理员通过配置交换机软件来改变其成员的隶属关系，但它们有良好的安全性，配置简单并可以直接监控，因此很受网络管理员的欢迎。特别是当站点设备位置相对稳定时，应用静态 VLAN 是一种非常好的选择。

2. 动态 VLAN

动态 VLAN 是指交换机的 VLAN 端口是动态分配的。通常，动态分配的原则以物理地址、逻辑地址或数据包的协议类型为基础。

VLAN 既可以在单台交换机中实现，也可以跨越多台交换机。在图 6-7 中，VLAN 跨越了两台交换机：以太网交换机 1 的端口 2、4、6 和以太网交换机 2 的端口 1、2、4、6 组成 VLAN1，以太网交换机 1 的端口 1、3、5、7 和以太网交换机 2 的端口 3、5、7 组成 VLAN2。

如果以物理地址为基础分配 VLAN，则网络管理员可以通过指定具有哪些物理地址的计算机属于哪一个 VLAN 进行配置（如物理地址为 00-03-0D-60-1B-5E 的计算机属于 VLAN1），不管这些计算机连接到哪台交换机的端口。这样，如果计算机从一个位置移动到另一个位置，连接的端口从一个换到另一个，只要计算机的物理地址不变（计算机使用的网卡不变），它就仍将为原 VLAN 的成员，无需重新配置。

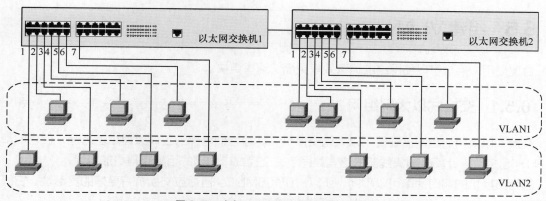

图 6-7　动态 VLAN 可以跨越多台交换机

6.4.3　VLAN 的优点

VLAN 有以下优点。

1. 减少网络管理开销

在某些情况下，部门重组和人员流动不但需要重新布线，而且需要重新配置网络设备。

VLAN 为控制这些改变和减少网络设备的重新配置提供了一种有效的方法。当 VLAN 的站点从一个位置移到另一个位置时，只要它们还在同一个 VLAN 中，并且仍可以连接到交换机端口，这些站点本身就不用改变。改变位置只需要简单地将站点插到另一个交换机端口中，并对该端口进行配置即可。

2. 控制广播活动

广播在每个网络中都存在。广播的频率取决于网络应用类型、服务器类型、逻辑段数目及网络资源的使用方法。

大量的广播可以形成广播风暴，致使整个网络瘫痪，因此必须采取一些措施来预防广播带来的问题。尽管以太网交换机可以利用地址映射表来降低网络流量，但不能控制广播数据包在所有端口的传播。VLAN 的使用在保持交换机良好性能的同时，还可以保护网络免受潜在广播风暴的危害。

一个 VLAN 中的广播流量不会传输到该 VLAN 之外，邻近的端口和 VLAN 也不会收到其他 VLAN 产生的任何广播信息。VLAN 越小，VLAN 中受广播活动影响的用户就越少。这种配置方式大大降低了广播流量，在一定程度上解决了 LAN 受广播风暴影响的问题。

3. 提供较好的网络安全性

传统的共享式以太网有一个非常严重的安全问题，即它很容易被穿透。因为网络中任一节点都需要监听共享信道上的所有信息，所以通过插接到集线器的活动端口，用户就可以获得该段内所有流动的信息。网络规模越大，其安全性就越差。

提高安全性的一种经济实惠和易于管理的技术就是利用 VLAN 将 LAN 分成多个广播域，因为一个 VLAN 中的信息流（不论是单播信息流还是广播信息流）不会流入另一个 VLAN，从而可以提高网络的安全性。

6.5 组建 VLAN

合理使用交换机可以使网络的运营效率更高、速率更快。

6.5.1 交换式以太网组网

交换式以太网的组网需要使用以太网交换机,尽管它们内部的工作原理相差甚远,但它们都具有 RJ-45 接口。计算机与集线器的这些共同点使交换式以太网的组建变得更加容易。

因为交换机的端口速率可以不同,所以 10/100Mbit/s 自适应交换机有更好的灵活性。它既可以连接装有 10Mbit/s 网卡的计算机,也可以连接装有 100Mbit/s 网卡的计算机。

因为计算机通过 UTP 直接接入以太网交换机的端口,所以将前面组装的共享式以太网中的集线器都换成交换机,UTP、计算机、网卡等的组建方式不变,就可以简单地组成一个实验性的交换式网络。又因为交换机的一个端口可以连接一个网段,所以可以将以前组装的共享式以太网作为一个整体接入交换机的一个端口,组成交换式以太网。与集线器的级联相同,在集线器与交换机的级联中,同样需要考虑使用什么样的端口级联,是使用直通 UTP 还是交叉 UTP 等问题。

6.5.2 在 Cisco Catalyst 2950 交换机上划分 VLAN

在 Cisco Catalyst 2950 交换机上划分 VLAN,VLAN1 的 IP 地址为 192.16.1.1 和 192.168.1.2,VLAN2 的 IP 地址为 192.168.1.3,如图 6-8 所示。其划分步骤如下。

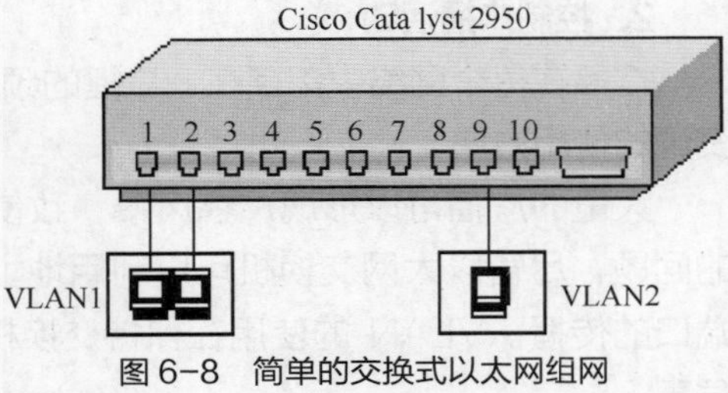

1. 线缆连接及属性设置

使用终端控制台查看和修改交换机的配置时需要一台 PC 或一台简易的终端,并且该 PC 或简易终端应该能够仿真 VT100 终端。实际上,在 Windows 7 操作系统中使用"超级终端"软件就可以对 VT100 终端进行仿真。

PC 或终端需要使用一条电缆连接,通常该电缆与交换机配套发售。它一端与以太网交换机的控制台端口相连,另一端与 PC 或终端的串行口(DB9 口或 DB25 口)相连。

交换机
Cisco Cata lyst 2950

图 6-8　简单的交换式以太网组网

将 PC 作为控制终端使用,连接完毕就可以通过以下步骤进行设置。

(1)Windows XP 后的版本不再提供"超级终端"软件,读者需从网上下载"超级终端"软件:Hyper_Terminal.exe。

(2)启动"超级终端"软件。

6-3　单交换机的 VLAN 划分

(3)选择连接以太网交换机所用的串行口,并将该串行口设置为 9600 波特、8 个数据位、1 个停止位、无奇偶校验和硬件流量控制。

(4)按"Enter"键,系统将收到以太网交换机的回送信息。

2. 查看地址映射表

一旦超级终端与以太网交换机连通,即可查看和配置交换机。Cisco 交换机的配置命令是分级的,不同级别的管理员可以使用不同的命令集。首先介绍以太网交换机的地址映射表。

（1）输入"enable"命令和相应的口令，以太网交换机将送回另一种命令提示符。

（2）输入"show mac-address-table"命令，交换机送回当前存储的地址映射表。

观察地址映射表，看一看计算机连接的端口与该表给出的结果是否一致。如果某台计算机没有在该表中列出，则可以先在该计算机上使用 ping 命令检测网络中其他的计算机，再使用"show mac-address-table"命令显示交换机的地址映射表。如果没有差错，则地址映射表中应该出现这台计算机使用的物理地址。

查看地址映射表是最简单、最基本的一种操作。

3. 查看交换机的 VLAN 配置

查看交换机的 VLAN 配置可以使用"show vlan"命令。交换机返回的信息显示了当前交换机配置的 VLAN 数、VLAN 编号、VLAN 名称、VLAN 状态，以及每个 VLAN 包含的端口号。

4. 添加 VLAN

（1）使用"vlan database"命令进入交换机的 VLAN 数据库管理模式。

（2）使用"vlan 1 name VLAN1"命令通知交换机需要建立一个编号为 1，名称为 VLAN1 的虚拟网络。

（3）使用"exit"命令退出 VLAN 数据库管理模式。

以同样的方式添加 VLAN2。

添加 VLAN 之后，可以使用"show vlan"命令再次查看交换机的 VLAN 配置，确认新的 VLAN 已经添加成功。

5. 为 VLAN 分配端口

以太网交换机通过把某些端口分配给一个特定的 VLAN 来建立静态虚拟网。将某一端口（如端口 1）分配给某个 VLAN 的过程如下。

（1）使用"configure terminal"命令进入配置终端模式。

（2）使用"interface Fa0/1"命令通知交换机配置的端口号为 1。

（3）使用"switchport mode access"和"switchport access vlan 1"命令把交换机的端口 1 分配给 VLAN1。

（4）使用"exit"命令退出配置终端模式。

使用同样的方式，将端口 2 分配给 VLAN1，将端口 9 分配给 VLAN2。

6. 检测 VLAN 的通信性能

使用"show vlan"命令显示交换机的 VLAN 配置信息，端口 1、端口 2 和端口 9 将分别出现在 VLAN1 和 VLAN2 中。

确认端口 1 和端口 2 已分配给 VLAN1 后，可以先使用 ping 命令测试与端口 1 和端口 2 分别相连的两台计算机的通信是否通畅，并观察结果；再使用 ping 命令测试与端口 1 和端口 9 分别相连的两台计算机的通信是否通畅，并观察结果。试着分析一下出现这些结果的原因。

7. 删除 VLAN

当一个 VLAN 的存在没有任何意义时，可以将它删除，删除 VLAN 的步骤如下。

（1）使用"vlan database"命令进入 VLAN 数据库管理模式。

（2）使用"no vlan2"命令，将 VLAN2 从数据库中删除。

（3）使用"exit"命令退出 VLAN 数据库管理模式。

> **注意** 在一个 VLAN 被删除后，原来分配给这个 VLAN 的端口将处于非激活状态，它不会自动分配给其他 VLAN。只有手动把它分配给另一个 VLAN 后，才能激活它。

6.6 习题

一、填空题

1. 以太网交换机的数据交换与转发方式可以分为_____、_____和_____ 3 类。

2. 交换式以太网有_____、_____、_____和_____ 4 项功能。

3. 交换式 LAN 的核心设备是_____。

4. 动态 VLAN 分配原则以_____、_____或_____为基础。

二、选择题

1. 以太网交换机中的地址映射表（　　　）。

A. 是由交换机的生产商建立的

B. 是交换机在数据转发过程中通过地址学习动态建立的

C. 是由网络管理员建立的

D. 是由网络用户利用特殊的命令建立的

2. 以下说法中错误的是（　　　）。

A. 以太网交换机可以对通过的信息进行过滤

B. 在交换式以太网中可以划分 VLAN

C. 以太网交换机中端口的速率可能不同

D. 利用多个以太网交换机组成的 LAN 不能出现环路

3. 具有 24 个 10Mbit/s 端口的交换机的总带宽可以达到（　　　）。

A. 10Mbit/s　　　　B. 100Mbit/s　　C. 240Mbit/s　　　　D. 10/24（Mbit/s）

4. 具有 5 个 10Mbit/s 端口的集线器的总带宽可以达到（　　　）。

A. 50Mbit/s　　　　B. 10Mbit/s　　　C. 2Mbit/s　　　　D. 5Mbit/s

5. 在交换式以太网中，下列描述正确的是（　　　）。

A. 连接于两个端口的两台计算机同时发送时，仍会发生冲突

B. 计算机的发送和接收仍采用 CSMA/CD 方式

C. 当交换机的端口数增多时，交换机的系统总吞吐率下降

D. 交换式以太网可以消除信息传输的回路

6. 能完成 VLAN 之间数据传递的设备是（　　　）。

A. 中继器　　　　　B. 交换器　　　　C. 集线器　　　　　D. 路由器

7. 对于用交换机互连的没有划分 VLAN 的交换式以太网，下列描述错误的是（　　　）。

A. 交换机将信息帧只发送给目的端口　　B. 交换机中的所有端口属于一个冲突域

C. 交换机中的所有端口属于一个广播域　　D. 交换机各端口可以并发工作

8. 对于已经划分了 VLAN 的交换式以太网，下列说法错误的是（　　　）。

A. 交换机的每个端口都是一个冲突域

B. 位于一个 VLAN 的各端口属于一个冲突域

C. 位于一个 VLAN 的各端口属于一个广播域

D. 属于不同 VLAN 的各端口的计算机之间，不使用路由器不能连通

三、填表

根据要求完成表 6-1。

表 6-1　网络设备的位置

网络设备	工作于 OSI 参考模型的哪一层
中继器	
集线器	
二层交换机	
三层交换机	
路由器	
网关	
调制解调器	

四、问答题

1. 简述共享式以太网和交换式以太网的区别。

2. 简述以太网交换机的工作过程。

3. 什么是 VLAN？VLAN 的组网方法有哪两种？

6.7　拓展训练

拓展训练 1　了解交换机与交换机的基本配置方法

一、实训目的

• 熟悉 Cisco Catalyst 2950 交换机（以下简称 2950 交换机）的开机界面和软、硬件情况。

• 掌握 2950 交换机的基本配置方法。

• 了解 2950 交换机的端口及其编号。

二、实训内容

（1）通过配置线将交换机的 Console 口与计算机连接起来，观察交换机的启动过程和默认配置。

6-4　交换机基本配置命令

（2）了解交换机启动过程提供的软、硬件信息。

（3）对交换机进行一些简单的配置。

三、实训拓扑图

实训拓扑图如图 6-9 所示。

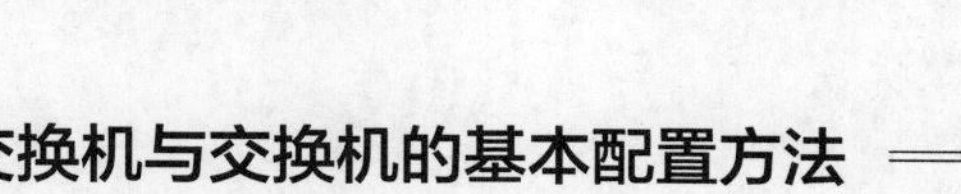

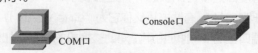

Console口

COM口

图 6-9　实训拓扑图

四、实训步骤

在开始实验之前，建议先删除各交换机的初始配置并重新启动交换机，这样可以防止出现残留的配置带来的问题。

将交换机与计算机通过配置线连接好后，确认 PC 已安装并设置好"超级终端"软件。接通 2950 交换机的电源，实验开始。

（1）启动 2950 交换机。

① 查看 2950 交换机的启动信息。

```
C2950 Boot Loader （CALHOUN-HBOOT-M）Version 12.1（0.0.34）EA2, CISCO DEVELOPMENT TEST
VERSION                                                    ——Boot 程序版本
Compiled Wed 07-Nov-01 20:59 by antonino
WS-C2950G-24 starting...                                   ——硬件平台
以下内容略，请读者仔细查看
......
Press RETURN to get started!
```

其中较为重要的内容已经在前面进行了注释。启动过程提供了非常丰富的信息，这些信息能帮助用户对 2950 交换机的硬件结构和软件加载过程有直观的认识。在进行产品验货时，有关部件号、序列号、版本号等信息也非常有用。

② 2950 交换机的默认配置。

```
switch>enable
switch#
switch#show running-config
Building configuration...
以下内容略，请读者仔细查看
......
```

（2）2950 交换机的基本配置。

在默认配置下，2950 交换机可以进行工作了。但为了方便管理和使用，应该先对它进行基本配置。

① 首先配置 enable 口令和主机名。应该指出的是，通常情况下，在进行配置时，"enable password"和"enable secret"两者只配置一个即可。

```
switch#conf t
Enter configuration commands, one per line. End with CNTL/Z.
switch（config）#hostname C2950
C2950（config）#enable password cisco1
C2950（config）#enable secret cisco
```

② 在默认配置下，所有接口处于可用状态，并且都属于 VLAN1。对 VLAN1 端口的配置是基本配置的重点。VLAN1 是管理 VLAN（有些书籍又称它为 native VLAN）。"vlan 1"端口属于 VLAN1，是交换机上的管理端口，此端口上的 IP 地址将用于对此交换机的管理，如对 Telnet、HTTP、SNMP 等协议的管理。

```
C2950(config)#interface vlan  1
C2950(config-if)#ip address 192.168.1.1 255.255.255.0
C2950(config-if)#no shutdown
```

有时，为便于通信和管理，还需要配置默认网关、域名、域名服务器等。

③ 使用"show version"命令可以显示此交换机的硬件、软件、接口、部件号、序列号等信息，这些信息与开机启动时显示的信息基本相同。但应注意最后的"设置寄存器"的值。

```
Configuration register is 0xF
```

问题：设置寄存器有何作用？此处的值 0xF 表示什么？

④ 使用"show interface vlan 1"命令可以列出此端口的配置和统计信息。

```
C2950#show  interface  vlan 1
```

（3）配置 2950 交换机的端口属性。

2950 交换机的端口属性默认支持一般网络环境下的正常工作，在某些情况下需要对其端口属性进行配置，主要配置对象有速率、双工和端口描述等。

① 设置端口速率为 100Mbit/s，双工方式为全双工，端口描述为"to_PC"。

```
C2950#conf t
Enter configuration command, one per line. End with Ctrl/Z.
C2950(config)#interface fa0/1
C2950(config-if)#speed ?
10     Force 10Mbps operation
100    Force 100Mbps operation
auto  Enable AUTO speed operation
C2950(config-if)#speed 100
C2950(config-if·)#duplex ?
auto   Enable AUTO duplex operation
full    Enable full-duplex operation
half   Enable half-duplex operation
C2950(config-if)#duplex full
C2950(config-if)#description to_PC
C2950(config-if)#^Z
```

② 使用"show interface"命令可以查看配置的结果。使用"show inteface fa0/1 status"命令会以简捷的方式显示用户通常较为关心的项目，如端口名称、端口状态、所属 VLAN、全双工属性和速率等。其中，端口名称处显示的即为端口描述语句设定的字段。使用"show inteface fa0/1 description"命令会专门显示端口描述，同时会显示相应的端口和协议状态信息。

```
C2950#show  interface  fa0/1 status
```

五、实训问题参考答案

设置寄存器的作用是可以指定交换机从何处获得启动配置文件。0xF 表明启动配置文件是从非易失性随机存储器中获得的。

拓展训练 2　配置 VLAN Trunking 和 VLAN

一、实训目的

- 进一步了解和掌握 VLAN 的基本概念，掌握按端口划分 VLAN 的方法。
- 掌握通过 VLAN Trunking 配置跨交换机的 VLAN 的方法。
- 掌握配置虚拟局域网干道协议（VLAN Trunking Protocol，VTP）的方法。

6-5　跨交换机
VLAN 通信

二、实训内容

（1）将交换机 A 的 VTP 配置成 Server 模式，将交换机 B 的 VTP 配置成 Client 模式，两者为同一 VTP，域名为 test。

（2）在交换机 A 上配置 VLAN。

（3）通过实验验证当在两台交换机之间配置 Trunk 后，交换机 B 自动获得了与交换机 A 同样的 VLAN 配置。

三、实训拓扑图

用交叉线把 C2950A 交换机的 Fa0/24 端口和 C2950B 交换机的 Fa0/24 端口连接起来，如图 6-10 所示。

图 6-10　实训拓扑图

四、实训步骤

（1）配置 C2950A 交换机的 VTP 和 VLAN。

① 电缆连接完成后，在超级终端正常开启的情况下，接通 2950 交换机的电源，实验开始。

在 2950 系列交换机上配置 VTP 和 VLAN 的方法有两种，这里使用 "vlan database" 命令配置 VTP 和 VLAN。

② 使用 "vlan database" 命令进入 VLAN 数据库管理模式。在 VLAN 数据库管理模式下，设置 VTP 的一系列属性，把 C2950A 交换机设置为 VTP Server 模式（默认配置），将 VTP 域名设置为 test。

```
C2950A#vlan database
C2950A（vlan）#vtp server
Setting device to VTP SERVER mode.
C2950A（vlan）#vtp domain test
Changing VTP domain name from exp to test .
```

③ 定义 V10、V20、V30 和 V40 这 4 个 VLAN。

```
C2950A（vlan）#vlan 10 name V10
C2950A（vlan）#vlan 20 name V20
C2950A（vlan）#vlan 30 name V30
C2950A（vlan）#vlan 40 name V40
```

每增加一个 VLAN，交换机便显示增加的 VLAN 信息。

④ 使用"show vtp status"命令显示 VTP 的相关配置和状态信息，主要关注 VTP 模式、域名、VLAN 数量等信息。

```
C2950A#show vtp status
```

⑤ 使用"show vtp counters"命令可以列出 VTP 的统计信息。各种 VTP 相关包的收发情况表明：因为 C2950A 交换机与 C2950B 交换机暂时还没有进行 VTP 信息的传输，所以其各项数值均为 0。

```
C2950A#show vtp counters
```

⑥ 把端口分配给相应的 VLAN，并将端口设置为静态 VLAN 访问模式。

在端口配置模式下使用"switchport access vlan"和"switchport mode access"命令（只使用后一条命令也可以）。

```
C2950A(config)#interface fa0/1
C2950A(config-if)#switchport mode access
C2950A(config-if)#switchport access vlan 10
C2950A(config-if)#int fa0/2
C2950A(config-if)#switchport mode access
C2950A(config-if)#switchport access vlan 20
C2950A(config-if)#int fa0/3
C2950A(config-if)#switchport mode access
C2950A(config-if)#switchport access vlan 30
C2950A(config-if)#int fa0/4
C2950A(config-if)#switchport mode access
C2950A(config-if)#switchport access vlan 40
```

（2）配置 C2950B 交换机的 VTP。

配置 C2950B 交换机的 VTP 属性，域名设为 test，模式设为 Client。

```
C2950B#vlan database
C2950B(vlan)#vtp domain test
Changing VTP domain name from exp to test .
C2950B(vlan)#vtp client
Setting device to VTP CLIENT mode.
```

（3）配置和监测两台交换机之间的 VLAN Trunking。

① 将交换机 C2950A 的 24 口配置为 Trunk 模式。

```
C2950A(config)#interface fa0/24
C2950A(config-if)#switchport mode trunk
```

② 将交换机 C2950B 的 24 口配置为 Trunk 模式。

```
C2950B(config)#interface fa0/24
C2950B(config-if)#switchport mode trunk
```

③ 使用"show interface fa0/24 switchport"命令查看 Fa0/24 端口的属性，这里关注的是

几个与 Trunk 相关的信息：运行方式为 Trunk，封装格式为 802.1Q，Trunk 中允许所有 VLAN 传输等。

```
C2950B#show interface fa0/24 switchport
Name: Fa0/24
Switchport: Enabled
Administrative Mode: trunk
Operational Mode: trunk
Administrative Trunking Encapsulation: dot1q
Operational Trunking Encapsulation: dot1q
Negotiation of Trunking: On
Access Mode VLAN: 1（default）
Trunking Native Mode VLAN: 1（default）
Trunking VLANs Enabled: ALL
Pruning VLANs Enabled: 2-1001
    Protected: false
    Voice VLAN: none（Inactive）
Appliance trust: none
```

（4）查看 C2950B 交换机的 VTP 和 VLAN 信息。

完成两台交换机之间的 Trunk 配置后，在 C2950B 交换机上使用命令查看其 VTP 和 VLAN 信息。

```
C2950B#show vtp status
VTP Version                     : 2
Configuration Revision          : 2
Maximum VLANs supported locally : 250
Number of existing VLANs        : 9
VTP Operating Mode              : Client
VTP Domain Name                 : Test
VTP Pruning Mode                : Disabled
VTP V2 Mode                     : Disabled
VTP Traps Generation            : Disabled
MD5 digest                      : 0x74 0x33 0x77 0x65 0xB1 0x89 0xD3 0xE9
Configuration last modified by 0.0.0.0 at 3-1-93 00:20:23
Local updater ID is 0.0.0.0（no valid interface found）
C2950B#sh vlan brief

VLAN Name                             Status    Ports
---- -------------------------------- --------- --------------------------------
1    default                          active    Fa0/1, Fa0/2, Fa0/3, Fa0/4
                                                Fa0/5, Fa0/6, Fa0/7, Fa0/8
```

```
                                        Fa0/9, Fa0/10, Fa0/11, Fa0/12
                                        Fa0/13, Fa0/14, Fa0/15, Fa0/16
                                        Fa0/17, Fa0/18, Fa0/19, Fa0/20
                                        Fa0/21, Fa0/22, Fa0/23, Fa0/24
                                        Gi0/1, Gi0/2
10   V10                                active
20   V20                                active
30   V30                                active
40   V40                                active
1002 fddi-default                       active
1003 token-ring-default                 active
1004 fddinet-default                    active
1005 trnet-default                      active
```

可以看到 C2950B 交换机已经自动获得了 C2950A 交换机上的 VLAN 配置。

注意 虽然交换机可以通过 VTP 学习到 VLAN 配置信息，但交换机端口的划分是学习不到的，而且每台交换机上端口的划分方式各不相同，需要分别进行配置。

若为交换机 C2950A 的 VLAN1 配置好地址，然后在交换机 C2950B 上对交换机 C2950A 的 VLAN1 端口使用 ping 命令验证两台交换机的连通情况，则输出结果将表明 C2950A 和 C2950B 之间在网际层是连通的，同时再次验证了 Trunking 的工作是正常的。

五、实训思考题

在配置 VLAN Trunking 前，交换机 B 能否从交换机 A 学习到 VLAN 配置？

提示 不可以。VLAN 信息的传播必须通过 Trunk 链路，所以只有在配置好 Trunk 链路后，VLAN 信息才能从交换机 A 传播到交换机 B。

拓展阅读　国家最高科学技术奖

国家最高科学技术奖于 2000 年由中华人民共和国国务院设立，由国家科学技术奖励工作办公室负责，是中国 5 个国家科学技术奖中最高等级的奖项，授予在当代科学技术前沿取得重大突破、在科学技术发展中卓有建树，或者在科学技术创新、科学技术成果转化和高技术产业化中创造巨大社会效益或经济效益的科学技术工作者。

根据国家科学技术奖励工作办公室官网显示，国家最高科学技术奖每年评选一次，授予人每次不超过两名，由国家主席亲自签署、颁发荣誉证书、奖章和奖金。截至 2020 年 1 月，共有 33 位杰出科学工作者获得该奖。其中，计算机科学家王选院士获此殊荣。

第 7 章

无线局域网

07

　　无线局域网（Wireless Local Area Network，WLAN）是指应用无线通信技术将计算机设备互连起来，构成可以互相通信和实现资源共享的一种网络体系。无线局域网是计算机网络与无线通信技术相结合的产物。

本章学习目标

- 熟练掌握无线局域网的基本概念。
- 掌握无线局域网的标准。
- 熟练掌握无线局域网的接入设备的应用。
- 掌握无线局域网的配置方式。

- 掌握组建 Ad-Hoc 模式无线对等网的方法。
- 掌握组建 Infrastructure 模式无线局域网的方法。

7.1 无线局域网基础

　　WLAN 利用电磁波在自由空间中发送和接收信号，而无需线缆介质。一般情况下，WLAN 是指利用微波扩频通信技术进行联网，在各主机和设备之间采用无线连接和通信的 LAN。它不受有线介质的束缚，可移动，能解决因布线困难、电缆接插件松动、短路等带来的问题，省去了一般 LAN 中布线和变更线路费时、费力的麻烦，大幅降低了组建网络的开销。WLAN 能够满足各类便携机的入网要求，实现了计算机局域联网和远端接入、图文传真、电子邮件、即时通信等多种功能，为用户提供了方便。

　　作为传统有线网络的一种补充和延伸，WLAN 把员工从办公桌边解放了出来，使他们可以随时随地获取信息，提高了员工的办公效率。

7-1　无线局域网的组建

　　WLAN 具有以下特点。

　　（1）安装便捷。WLAN 最大的优势就是免去或减少了网络布线的工作量。

　　（2）使用灵活。一旦 WLAN 建成，无线网络信号覆盖区域内的任何一个位置都可以接入网络。

　　（3）成本降低。一旦某个单位的局域网的发展超出了设计规划，就要花费较多费用进行网络改造，WLAN 可以避免或减少这种情况发生。

　　（4）扩展方便。WLAN 能胜任从只有几个用户的小型 LAN 到上千用户的大型网络，并且能够提供诸如漫游（Roaming）等有线网络无法提供的功能。

7.2 WLAN 标准

目前支持无线网络的技术与标准主要有 IEEE 802.11x 系列标准、家庭射频（Home Radio Frequency，Home RF）技术、蓝牙（Bluetwth）技术等。

1. IEEE 802.11x 系列标准

IEEE 802.11 标准是第一代 WLAN 标准之一。该标准定义了物理层和 MAC 子层的规范，物理层定义了数据传输的信号特征和调制方法，还定义了两种射频（Radio Frequency，RF）传输方法和一种红外线传输方法。IEEE 802.11 标准速率最高只能达到 2Mbit/s。此后这一标准逐渐完善，形成了 IEEE 8.2.11x 系列标准。

IEEE 802.11 标准规定了在物理层上允许使用的 3 种传输技术：红外线、跳频扩频（Frequency Hopping Spread Spectrum，FHSS）和直接序列扩频（Direct-Sequence Spread Spectrum，DSSS）。红外线无线数据传输技术主要有 3 种：定向光束红外传输、全方位红外传输和漫反射红外传输。

目前，最普遍的 WLAN 技术是扩展频谱（简称"扩频"）技术。扩频技术将数据基带信号频谱扩展了几倍到几十倍，以牺牲通信带宽为代价来提高无线通信系统的抗干扰能力和安全性。扩频的第一种方法是跳频扩频，第二种方法是直接序列扩频。这两种方法都被 WLAN 所采用。

（1）跳频扩频

跳频扩频利用整个带宽（频谱）并将其分割为更小的子通道。发送方和接收方在每个通道上工作一段时间，再转移到另一个通道。

在跳频扩频方案中，发送信号频率按固定的间隔从一个频谱跳到另一个频谱。接收器与发送器同步跳动，从而正确地接收信息。而那些可能的入侵者只能得到一些无法理解的标记。发送器以固定的间隔变换一次发送频率。IEEE 802.11 标准规定以每 300 ms 的间隔变换一次发送频率。发送频率变换的顺序由一个伪随机码决定，发送器和接收器使用相同变换的顺序序列。数据传输可以选用频移键控（Frequency Shift Keying，FSK）方法或二进制相位键控（Phase Shift Keying，PSK）方法。

（2）直接序列扩频

直接序列扩频技术，是将一位数据编码为多位序列，称为一个"码片"。例如，数据"0"用码片"00100111000"编码，数据"1"用码片"11011000111"编码，数据串"010"则编码为"00100111000""11011000111""00100111000"。

合理地选择码片，有助于提高处理增益，增强信道的抗干扰能力，以便应对嘈杂的无线网络环境。如果选择正交的码片组，就可以使用同一频率同时发送多路数据。在 DSSS 系统中，采用差分二进制相移键控（Differential Binary Phase Shift Keying，DBPSK）和差分正交相移键控（Differential Quadrature Phase Shift Keying，DQPSK）调制技术，分别支持 1Mbit/s 和 2Mbit/s 数据传输速率，可以提供 14 个信道，但是能够同时使用的非重叠信道只有 3 个，所以，当存在多个基础服务集合（Basic Service Set，BSS）重叠区域时，每一个 BSS 应尽量选择互不干扰的工作频段。

IEEE 802.11b 标准即无线相容认证（Wireless Fidelity，Wi-Fi），它利用了 2.4GHz 的频段。2.4GHz 的工业科学医学（Industrial Scientific Medical，ISM）频段被世界上绝大多数国家采用，因此 IEEE 802.11b 标准得到了最为广泛的应用。IEEE 802.11b 标准的最大数据传输速率为 11Mbit/s，无需直线传播。在动态速率转换时，如果无线信号变差，则可将数据传输速率降低为 5.5Mbit/s、2Mbit/s

或 1Mbit/s。其支持的范围在室外最长为 300m，在办公环境中最长为 100m。IEEE 802.11b 标准是所有 WLAN 标准演进的基石，未来许多系统大都需要与 IEEE 802.11b 标准向后兼容。

802.11a（Wi-Fi 5）标准是 802.11b 标准的后续标准。它工作在 5GHz 频段，传输速率可达 54Mbit/s。802.11a 标准工作在 5GHz 频段，因此它与 802.11、802.11b 标准不兼容。

IEEE 802.11g 标准是为了提高传输速率制定的标准，它采用了 2.4GHz 频段，使用补码键控（Complementary Code Keying，CCK）技术与 802.11b 标准向后兼容，同时，它通过采用 OFDM 技术支持速率高达 54Mbit/s 的数据流。

IEEE 802.11n 标准可以将 WLAN 的传输速率由 802.11a 标准及 802.11g 标准提供的 54Mbit/s 提高到 300Mbit/s，甚至提高到 600Mbit/s。这得益于将多入多出（Multiple Input Multiple Output，MIMO）技术与 OFDM 技术相结合而应用的 MIMO OFDM 技术。IEEE 802.11n 标准提高了无线传输质量，也使传输速率得到了极大的提升。和以往的 IEEE 802.11 标准不同，IEEE 802.11n 标准为双频工作模式（包含 2.4GHz 和 5GHz 两个工作频段），这样 IEEE 802.11n 标准保证了与以往的 IEEE 802.11b、IEEE 802.11a、IEEE 802.11g 标准兼容。

2. Home RF 技术

Home RF 技术是一种专门为家庭用户设计的小型 WLAN 技术。它是 IEEE 802.11 标准与数字增强无绳通信（Digital Enhanced Cordless Telecommunications，DECT）系统标准相结合的产物，旨在降低语音数据的成本。使用 Home RF 技术进行数据通信时，采用了 IEEE 802.11 标准中的 TCP/IP；进行语音通信时，采用了数字增强无绳通信标准。

Home RF 技术的工作频率为 2.4GHz。其原来的最大数据传输速率为 2Mbit/s，2000 年 8 月，美国联邦通信委员会（Federal Communications Commission，FCC）批准了 Home RF 技术的传输速率可以提高到 8~11Mbit/s。Home RF 技术可以实现最多 5 个设备之间的互连。

3. 蓝牙技术

蓝牙技术实际上是一种短距离无线数字通信的技术，工作在 2.4GHz 频段，最高数据传输速率为 1Mbit/s（有效传输速率为 721kbit/s），传输距离为 10cm~10m，通过增加发射功率可达到 100m。

蓝牙技术主要应用于手机、笔记本电脑等移动数字终端设备之间的通信和这些设备与 Internet 的连接。

7.3 无线网络接入设备

常用的无线网络接入设备有无线网卡、无线接入点（Wireless Access Point，WAP）、无线路由器（Wireless Router）和天线（Antenna）。

1. 无线网卡

无线网卡提供与有线网卡一样丰富的系统接口，如 PCI、PCMCIA、USB、MINI-PCI 等，如图 7-1~图 7-4 所示。在有线 LAN 中，网卡是 NOS 与网线之间的接口。在 WLAN 中，网卡是操作系统与天线之间的接口，用来创建透明的网络连接。

2. 无线接入点

无线接入点是一个无线网络的接入点，俗称"热点"。无线接入点的作用相当于 LAN 集线器。

它在 WLAN 和有线网络之间接收、缓冲、存储和传输数据，以支持一组无线用户设备。无线接入点通常是通过标准以太网线连接到有线网络的，并通过天线与无线设备进行通信。在有多个无线接入点时，用户可以在无线接入点之间漫游切换。无线接入点的覆盖范围是 20～500m。根据技术、配置和使用情况，一个无线接入点可以支持 15～250 个用户，通过添加更多的无线接入点，可以比较轻松地扩充 WLAN，从而减少网络拥塞并扩大网络的覆盖范围。

图 7-1　PCI 接口无线网卡（台式计算机）

图 7-2　PCMCIA 接口无线网卡（笔记本电脑）

图 7-3　USB 接口无线网卡（台式计算机和笔记本电脑）

图 7-4　MINI-PCI 无线网卡（笔记本电脑）

室内 WAP 如图 7-5 所示，室外 WAP 如图 7-6 所示。

图 7-5　室内 WAP

图 7-6　室外 WAP

3. 无线路由器

无线路由器集成了 WAP 和宽带路由器的功能。它不仅具备接入点（Access Point，AP）的无线接入功能，通常还支持 DHCP、防火墙、有线等效保密（Wired Equivalent Privacy，WEP）等功能，并具有网络地址转换（Network Address Translation，NAT）功能，可支持 LAN 用户的网络连接共享。

绝大多数的无线宽带路由器拥有 1 个 WAN 口和 4 个 LAN 口，可作为有线宽带路由器使用，如图 7-7 所示。

4. 天线

天线是一种变换器。它把传输线上传播的导行波（导行波是全部或绝大部分电磁能量被约束在有限横截面内，沿确定方向传输的电磁波）变换成在无界介质（通常是自由空间）中传播的电磁波，或者进行相反的变换，是在无线电设备中用来发射或接收电磁波的部件。无线电通信、广播、电视、雷达、导航、电子对抗、遥感、射电天文等工程系统，凡是利用电磁波来传递信息的，都依靠天线来进行工作。此外，在用电磁波传送能量方面，非信号的能量辐射也需要天线。一般而言，天线具有可逆性，即同一副天线既可用作发射天线，又可用作接收天线。同一天线作为发射或接收天线的基本特性参数是相同的。这就是天线的互易定理。

在无线网络中，天线可以起到增强无线信号的作用，可以把它理解为无线信号的放大器。天线对空间的不同方向具有不同的辐射或接收能力。根据方向性的不同，可将天线分为全向天线（Omnidirectional Antenna）和定向天线（Directional Antenna）两种。

（1）全向天线

全向天线是一种在水平方向图上表现为 360° 均匀辐射的无方向性的天线。一般情况下，其波瓣宽度越小，增益越大。全向天线在通信系统中一般应用于近距离传输，覆盖范围广，价格便宜，增益一般在 9dB 以下。图 7-8 所示为全向天线。

（2）定向天线

定向天线是指在某一个或某几个特定方向上发射及接收电磁波特别强，而在其他方向上发射及接收电磁波极小或为零的一种天线。图 7-9 所示为定向天线。采用定向发射天线的目的是提高辐射功率的有效利用率，增强保密性；采用定向接收天线的主要目的是提高抗干扰能力。

图 7-7　无线宽带路由器

图 7-8　全向天线

图 7-9　定向天线

（3）天线的选购与安装

天线的选购：如果需要满足多个站点，并且这些站点分布在 WAP 的不同方向，则需要采用全向天线；如果这些站点集中在一个方向，则建议采用定向天线；另外，需要考虑天线的接头形式是否和 WAP 匹配、天线的增益大小等是否符合需求。

天线的安装：定向天线安装要让天线的正面朝向远端站点的方向；天线应该安装在尽可能高的位置，天线和站点之间尽可能满足视距（肉眼可见，中间避开障碍）要求。另外，对于室外天线，天线与 WAP 之间需要增加防雷设备。

7.4　WLAN 的配置方式

WLAN 的配置方式分为无线对等模式（Ad-Hoc 模式）和基础结构模式（Infrastructure 模式）。

1. Ad-Hoc 模式

因为 Ad-Hoc 模式和直连双绞线的概念一样，是 P2P 的连接，所以无法与其他网络通信。一般无线终端设备（如 PMP、PSP、DMA 等）使用的就是 Ad-Hoc 模式。

Ad-Hoc 模式包含多个无线终端和一个服务器，均配有无线网卡，但不连接到 WAP 和有线网络，而是通过无线网卡进行相互通信。它主要用来在没有基础设施的地方快速轻松地建立 WLAN，如图 7-10 所示。

2. Infrastructure 模式

Infrastructure 模式是目前最常见的一种配置 WLAN 架构。这种架构包含一个 WAP 和多个无线终端，WAP 通过电缆连线与有线网络连接，通过无线电波与无线终端连接，可以实现无线终端之间的通信，以及无线终端与有线网络之间的通信。对这种模式进行复制，可以实现多个 WAP 相连接的更大的无线网络，如图 7-11 所示。

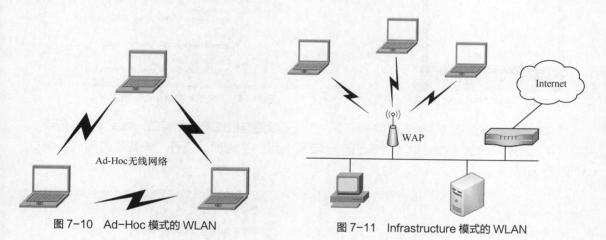

图 7-10　Ad-Hoc 模式的 WLAN　　　　　图 7-11　Infrastructure 模式的 WLAN

7.5　组建 Ad-Hoc 模式的 WLAN

Ad-Hoc 模式的 WLAN 拓扑结构如图 7-12 所示。

组建 Ad-Hoc 模式的 WLAN 的操作步骤如下。

1. 安装无线网卡及其驱动程序

（1）安装无线网卡硬件。把 USB 接口的无线网卡插入 PC1 的 USB 接口。

（2）安装无线网卡驱动程序。安装好无线网卡硬件后，Windows 7 操作系统会自动识别到新硬件，提示开始安装驱动程序。

图 7-12　Ad-Hoc 模式的 WLAN 拓扑结构

（3）无线网卡安装成功后，桌面任务栏中会出现无线网络连接图标 。

（4）使用同样的方式，在 PC2 上安装无线网卡及其驱动程序。

2. 配置 PC1 的无线网络

（1）在 PC1 上将原来的无线网络连接"TP-LINK"断开。单击桌面右下角的无线网络连接图标，在进入的界面中选择"TP-LINK"选项，展开该连接，单击该连接下的"断开"按钮，如图 7-13 所示。

（2）选择"开始"→"控制面板"→"网络和 Internet" →"网络和共享中心"命令，打开"网络和共享中心"窗口，如图 7-14 所示。

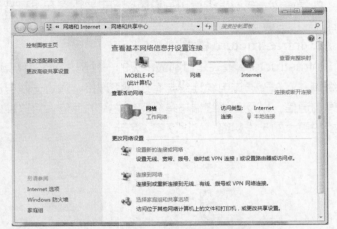

图 7-13　断开 TP-LINK 连接　　　　　　　　　　　图 7-14　"网络和共享中心"窗口

（3）选择"设置新的连接或网络"选项，打开"设置连接或网络"窗口，如图 7-15 所示。

（4）选择"设置无线临时（计算机到计算机）网络"选项，打开"设置临时网络"窗口，如图 7-16 所示。

图 7-15　"设置连接或网络"窗口　　　　　　　　　图 7-16　"设置临时网络"窗口

（5）设置完成后单击"下一步"按钮，打开临时网络设置完成的窗口，其中列出了设置的无线网络名称和密码（不显示），如图 7-17 所示。

（6）单击"关闭"按钮，完成 PC1 的无线临时网络的设置。单击右下角刚刚设置完成的无线连接"Temp"，会发现该连接处于"断开"状态，如图 7-18 所示。

3. 配置 PC2 的无线网络

（1）在 PC2 上单击右下角的无线网络连接图标，在进入的界面中选择"Temp"选项，展开该连接，单击该连接下的"连接"按钮，等待连接 Temp 网络，如图 7-19 所示。

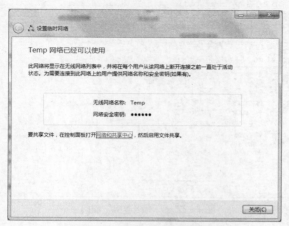

图 7-17　临时网络设置完成

图 7-18　"Temp"连接处于"断开"状态

（2）打开"连接到网络"对话框，在该对话框中输入在 PC1 上设置的 Temp 无线连接的密码，如图 7-20 所示。

图 7-19　等待连接 Temp 网络

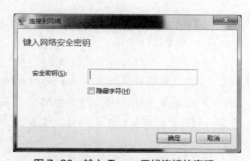

图 7-20　输入 Temp 无线连接的密码

（3）单击"确定"按钮，完成 PC1 和 PC2 的 WLAN 连接。

（4）此时，查看 PC2 的无线连接，发现前面的"等待用户"已经变成了"已连接"，如图 7-21 所示。

4．配置 PC1 和 PC2 的无线网络的 TCP/IP

（1）在 PC1 的"网络和共享中心"窗口中选择"更改适配器设置"选项，打开"网络连接"窗口。在"Wireless Network Connection"上右击，在快捷菜单中选择"属性"命令，如图 7-22 所示。

（2）在打开的"Wireless Network Connection"的属性对话框中配置无线网卡的 IP 地址为 192.168.0.1，子网掩码为 255.255.255.0。

图 7-21　"等待用户"已经变成了"已连接"

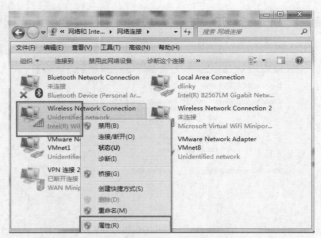

图 7-22　"网络连接"窗口

（3）使用同样的方式配置 PC2 上的无线网卡的 IP 地址为 192.168.0.2，子网掩码为 255.255.255.0。

5. 连通性测试

（1）测试 PC1 与 PC2 的连通性。在 PC1 上执行"ping 192.168.0.2"命令，结果如图 7-23 所示，表明 PC1 与 PC2 连通性良好。

（2）测试 PC2 与 PC1 的连通性。在 PC2 上执行"ping 192.168.0.1"命令测试 PC2 与 PC1 的连通性。

至此，WLAN 配置完成。

图 7-23　在 PC1 上测试与 PC2 的连通性

说明　① PC2 中的服务集标识（Service Set Identifier，SSID）和网络密钥必须与 PC1 一样。

② 如果无线网络连接不通，则可尝试关闭防火墙。

③ 如果 PC1 通过有线网卡接入互联网，PC2 想通过 PC1 的无线共享上网，则需设置 PC2 的无线网卡的"默认网关"和"首选 DNS 服务器"为 PC1 的无线网卡的 IP 地址（192.168.0.1），并在 PC1 的有线网络连接属性的"共享"选项卡中设置已接入互联网的有线网卡为"允许其他网络用户通过此计算机的 Internet 连接来连接"。

///7.6/// 组建 Infrastructure 模式的 WLAN

Infrastructure 模式的 WLAN 的拓扑结构如图 7-24 所示。组建 Infrastructure 模式的 WLAN 的操作步骤如下。

1. 配置无线路由器

（1）把连接外网（如 Internet）的直通网线接入无线路由器的 WAN 口，把另一直通网线的一端接入无线路由器的 LAN 口，另一端口接入 PC1 的有线网卡端口，如图 7-24 所示。

（2）设置 PC1 的有线网卡的 IP 地址为 192.168.
1.10，子网掩码为 255.255.255.0，默认网关为 192.
168.1.1。在 IE 浏览器的地址栏中输入"192.168.1.1"，
进入无线路由器登录界面，输入用户名"admin"、密码
"admin"，单击"确定"按钮，如图 7-25 所示。

（3）进入"设置向导"界面，如图 7-26 所示。有
一定经验的用户，可选中"下次登录不再自动弹出向导"
复选框，以便进行各项参数的细致设置，并单击"退出
向导"按钮。

（4）在设置界面中，选择左侧向导菜单中的"网
络参数"→"LAN 口设置"命令，在右侧对话框中可
设置 LAN 口的 IP 地址，一般默认为 192.168.1.1，
如图 7-27 所示。

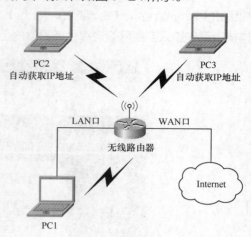

图 7-24　Infrastructure 模式的 WLAN 的拓扑结构

图 7-25　无线路由器登录界面

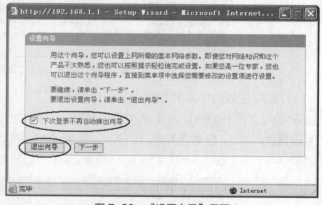

图 7-26　"设置向导"界面

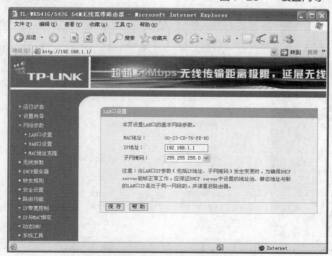

图 7-27　LAN 口设置

（5）设置 WAN 口的连接类型，如图 7-28 所示。对家庭用户而言，一般是通过非对称数字用户线路（Asymmetric Digital Subscriber Line，ADSL）拨号接入互联网的，需选择"PPPoE"连接类型。输入互联网服务提供商提供的上网账号和上网口令（密码），单击"保存"按钮。

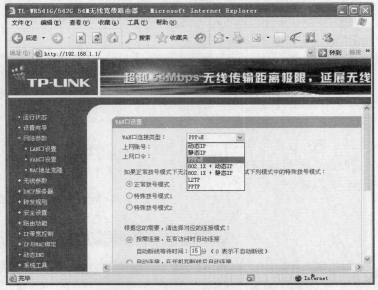

图 7-28　设置 WAN 口的连接类型

（6）选择左侧向导菜单中的"DHCP 服务器"→"DHCP 服务"命令，选中"启用"单选按钮，设置 IP 地址池的开始地址为 192.168.1.100，结束地址为 192.168.1.199，网关为 192.168.1.1。还可设置主 DNS 服务器和备用 DNS 服务器的 IP 地址。例如，假如已知的 DNS 服务器为60.191.134.196 或 60.191.134.206（请以实际 DNS 地址为准），则相关设置如图 7-29 所示。

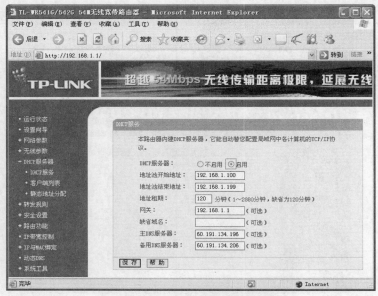

图 7-29　DHCP 服务相关设置

特别注意 是否设置 DNS 服务器请向 ISP 咨询，有时 DNS 服务器不需要自行设置。

（7）选择左侧向导菜单中的"无线参数"→"基本设置"命令，设置无线网络的 SSID 号为 Tp_Link，频段为 13，模式为 54Mbit/s（802.11g）。选中"开启无线功能""允许 SSID 广播"和"开启安全设置"复选框，设置安全类型为"WEP"，安全选项为"自动选择"，密码格式选择为"16 进制"，密钥 1 的密钥类型为"64 位"，密钥 1 的密钥内容为"2013102911"，单击"保存"按钮，如图 7-30 所示。

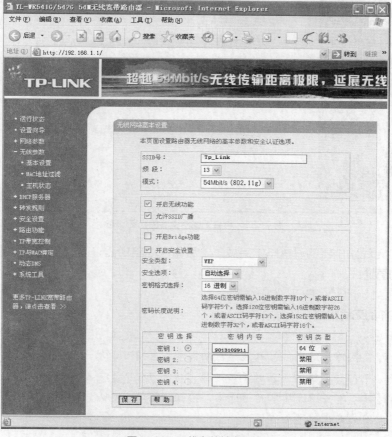

图 7-30　无线参数基本设置

说明 选择密钥类型时，若选择 64 位密钥，则需输入十六进制数字 10 个，或者 ASCII 字符 5 个；若选择 128 位密钥，则需输入十六进制数字 26 个，或者 ASCII 字符 13 个；若选择 152 位密钥，则需输入十六进制数字 32 个，或者 ASCII 字符 16 个。

（8）选择左侧向导菜单中的"运行状态"命令，可查看无线路由器的当前状态（包括版本信息、LAN 口状态、无线状态、WAN 口状态、WAN 口流量统计等信息），如图 7-31 所示。

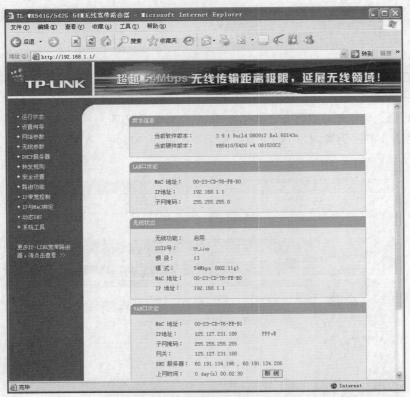

图 7-31　查看无线路由器的当前状态

（9）至此，无线路由器的设置基本完成了，重新启动路由器，使以上设置生效，并拔掉 PC1 到无线路由器的直通线。

下面配置 PC1、PC2、PC3 的无线网络。

2. 配置 PC1 的无线网络

> **说明**　Windows 7 操作系统的计算机能够自动搜索到当前可用的无线网络。通常情况下，单击 Windows 7 操作系统右下角的无线连接图标，在进入的界面中选择"TP-LINK"选项，展开该连接，单击该连接下的"连接"按钮，按要求输入密钥即可。对于隐藏的无线连接，可采用如下步骤进行连接。

（1）在 PC1 上安装无线网卡和相应的驱动程序后，设置该无线网卡自动获得 IP 地址。

（2）选择"开始"→"控制面板"→"网络和 Internet"→"网络和共享中心"命令，打开"网络和共享中心"窗口，如图 7-32 所示。

（3）选择"设置新的连接或网络"选项，打开"设置连接或网络"窗口，如图 7-33 所示。

（4）选择"手动连接到无线网络"选项，打开"手动连接到无线网络"窗口，如图 7-34 所示。设置网络名为"TP_Link"，并选中"即使网络未进行广播也连接"复选框。选择数据加密类型为"WEP"，在"安全密钥"文本框中输入密钥，这里设置为"2013102911"。

> **说明** 网络名和安全密钥必须与无线路由器中的设置一致。

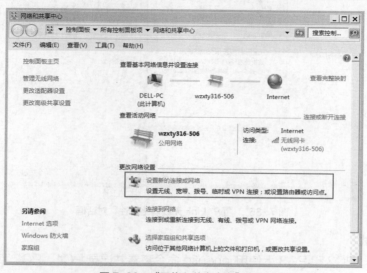

图 7-32 "网络和共享中心"窗口

图 7-33 "设置连接或网络"窗口

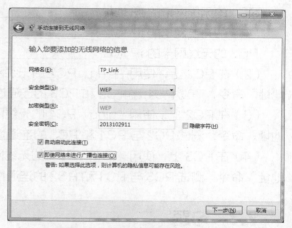

图 7-34 "手动连接到无线网络"窗口

（5）设置完成后，单击"下一步"按钮，打开临时网络设置完成的窗口，显示成功添加了
TP_Link。选择"更改连接设置"选项，打开"TP_Link 无线网络属性"对话框，选择"连接"或
"安全"选项卡，可以查看设置的详细信息，如图 7-35 所示。

（6）单击"确定"按钮。等待一会儿，发现桌面任务栏中的无线网络连接图标由 变为 ，
表示该计算机已接入无线网络。

3. 配置 PC2、PC3 的无线网络

（1）在 PC2 上，重复"配置 PC1 的无线网络"的步骤（1）～步骤（6），完成 PC2 无线网
络的配置。

（2）在 PC3 上，重复"配置 PC1 的无线网络"的步骤（1）～步骤（6），完成 PC3 无线网

络的配置。

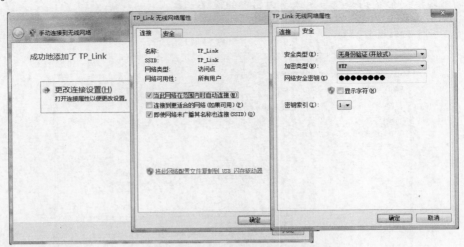

图 7-35　"TP_Link 无线网络属性"对话框

4．连通性测试

（1）在 PC1、PC2 和 PC3 上使用 ipconfig 命令查看并记录 PC1、PC2 和 PC3 的无线网卡的 IP 地址。

PC1 的无线网卡的 IP 地址：＿＿＿＿＿＿＿＿＿＿＿＿＿＿＿＿＿。

PC2 的无线网卡的 IP 地址：＿＿＿＿＿＿＿＿＿＿＿＿＿＿＿＿＿。

PC3 的无线网卡的 IP 地址：＿＿＿＿＿＿＿＿＿＿＿＿＿＿＿＿＿。

（2）在 PC1 上，使用"ping　PC2 的无线网卡的 IP 地址"和"ping　PC3 的无线网卡的 IP 地址"命令，测试 PC1 与 PC2 和 PC3 的连通性。

（3）在 PC2 上，使用"ping　PC1 的无线网卡的 IP 地址"和"ping　PC3 的无线网卡的 IP 地址"命令，测试 PC2 与 PC1 和 PC3 的连通性。

（4）在 PC3 上，使用"ping　PC1 的无线网卡的 IP 地址"和"ping　PC2 的无线网卡的 IP 地址"命令，测试 PC3 与 PC1 和 PC2 的连通性。

7.7　习题

一、填空题

1．在 WLAN 中，＿＿＿＿＿＿是最早发布的基本标准，＿＿＿＿＿和＿＿＿＿＿标准的传输速率都达到了 54Mbit/s，＿＿＿＿＿和＿＿＿＿＿标准是工作在免费频段上的。

2．在无线网络中，除了 WLAN 外，还有＿＿＿＿＿和＿＿＿＿＿等无线网络技术。

3．WLAN 是计算机网络与＿＿＿＿＿相结合的产物。

4．WLAN 的全称是＿＿＿＿＿。

5．WLAN 的配置方式有两种：＿＿＿＿＿和＿＿＿＿＿。

二、选择题

1．IEEE 802.11 标准定义了（　　）。

A. WLAN 技术规范   B. 电缆调制解调器技术规范

C. 光缆 LAN 技术规范   D. 宽带网络技术规范

2. IEEE 802.11 标准使用的传输技术为（   ）。

A. 红外、跳频扩频与蓝牙   B. 跳频扩频、直接序列扩频与蓝牙

C. 红外、直接序列扩频与蓝牙   D. 红外、跳频扩频与直接序列扩频

3. IEEE 802.11b 标准定义了使用跳频扩频技术的 WLAN 标准，传输速率可以为 1Mbit/s、2Mbit/s、5.5Mbit/s 或（   ）。

A. 10Mbit/s   B. 11Mbit/s   C. 20Mbit/s   D. 54Mbit/s

4. 红外 LAN 的数据传输有 3 种基本技术：定向光束传输、全反射传输与（   ）。

A. 直接序列扩频传输   B. 跳频传输

C. 漫反射传输   D. CDM 传输

5. WLAN 需要实现移动节点的（   ）功能。

A. 物理层和数据链路层   B. 物理层、数据链路层和网络层

C. 物理层和网络层   D. 数据链路层和网络层

6. 下列关于 Ad-Hoc 模式的描述中，错误的是（   ）。

A. 没有固定的路由器   B. 需要基站

C. 具有动态搜索能力   D. 适用于紧急救援等场合

7. IEEE 802.11 技术和蓝牙技术可以共同使用的无线通信频点是（   ）。

A. 800Hz   B. 2.4GHz   C. 5GHz   D. 10GHz

8. 下列关于 WLAN 的描述中，错误的是（   ）。

A. 采用无线电波作为传输介质   B. 可以作为传统 LAN 的补充

C. 支持 1Gbit/s 的传输速率   D. 协议标准是 IEEE 802.11 标准

9. WLAN 中使用的 SSID 是（   ）。

A. WLAN 的设备名称   B. WLAN 的标识符号

C. WLAN 的入网口令   D. WLAN 的加密符号

三、简答题

1. 简述 WLAN 的物理层的标准。

2. WLAN 的网络结构有哪些？

3. 常用的 WLAN 有哪些？它们分别有什么功能？

4. 在 WLAN 和有线 LAN 的连接中，WAP 提供了什么功能？

7.8 拓展训练

拓展训练 1   组建 Ad-Hoc 模式的 WLAN

一、实训目的

- 熟悉无线网卡的安装。

- 组建 Ad-Hoc 模式的 WLAN，熟悉无线网络的配置过程。

二、实训环境要求

网络拓扑图参考图 7-12。

（1）装有 Windows 7 操作系统的 PC 两台。

（2）无线网卡两块（USB 接口，TP-LINK TL-WN322G+）。

三、实训内容

（1）安装无线网卡及其驱动程序。

（2）配置 PC1 的无线网络。

（3）配置 PC2 的无线网络。

（4）配置 PC1 和 PC2 的 TCP/IP。

（5）测试连通性。

拓展训练 2　组建 Infrastructure 模式的 WLAN

一、实训目的

- 熟悉无线路由器的配置方法，组建以无线路由器为中心的 WLAN。
- 熟悉以无线路由器为中心的无线网络客户端的设置方法。

二、实训环境要求

网络拓扑图参考图 7-24。

（1）装有 Windows 7 操作系统的 PC 三台。

（2）无线网卡 3 块（USB 接口，TP-LINK TL-WN322G+）。

（3）无线路由器 1 台（TP-LINK TL-WR541G+）。

（4）直通网线 2 根。

三、实训内容

（1）配置无线路由器。

（2）配置 PC1 的无线网络。

（3）配置 PC2、PC3 的无线网络。

（4）测试连通性。

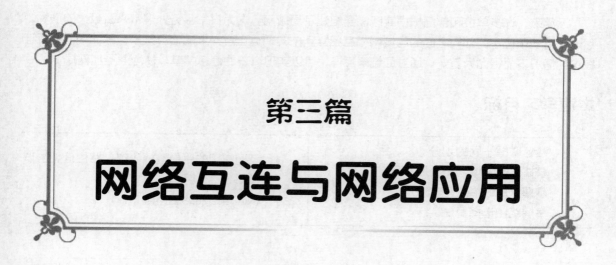

第三篇
网络互连与网络应用

第 8 章　局域网互连
第 9 章　广域网技术
第 10 章　网络应用

运筹帷幄之中，决胜千里之外。
——司马迁《史记·高祖本纪》

第 8 章
局域网互连

近年来，许多单位和部门根据实际需要组建了局域网，这为日常事务处理带来了极大的便利。然而，有些单位不同部门之间的局域网相互独立，未实现真正意义上的信息共享。因此，网络互连在这种情况下显得尤为重要。通过局域网互连，可以实现真正的信息共享，使沟通更加便捷。

本章学习目标

- 熟练掌握子网的划分。
- 掌握无类别域间路由的应用。
- 掌握路由选择的基本原理。
- 掌握路由选择算法。

- 掌握常用的路由选择协议：路由信息协议和 OSPF 协议。
- 掌握路由器的基本配置。

8.1 划分子网

划分子网前先要了解子网掩码。

1. 子网掩码

在 A 类地址中，每个网络可以容纳 16 777 214 台主机；在 B 类地址中，每个网络可以容纳 65 534 台主机。一方面，在网络设计中，一个网络内部不可能有这么多台主机；另一方面，IPv4 面临 IP 资源短缺的问题。在这种情况下，可以采取划分子网的办法来有效利用 IP 资源。划分子网是指从主机位借出一部分来作为网络位，借以增加网络数目，但每个网络中的主机数目会有所减少。

8-1　子网划分

引入子网机制以后，需要用到子网掩码。RFC 950 定义了子网掩码，子网掩码是一个 32 位的二进制数，其对应网络地址的所有位置都为 1，对应于主机地址的所有位置都为 0。子网掩码告知路由器地址的哪一部分是网络地址，哪一部分是主机地址，使路由器能够正确判断任意 IP 地址是否为某网段的，从而正确地进行路由。网络中的数据从一个地方传到另外一个地方是依靠 IP 寻址进行的。从逻辑上来讲需要两步。第一步，从 IP 地址中找到所属的网络，好比去找这个人是哪个小区的；第二步，从 IP 地址中找到主机在这个网络中的位置，好比在小区中找到这个人。

由此可知，A 类网络的默认子网掩码是 255.0.0.0，B 类网络的默认子网掩码是 255.255.0.0，C 类网络的默认子网掩码是 255.255.255.0。将子网掩码和 IP 地址按位进行逻辑"与"运算，得到 IP 地址中的网络号，除了网络号，IP 地址中剩下的部分就是主机号。逻辑"与"运算的规则如下。

x and 1 = x   x and 0 = 0

例如，IP 地址 172.10.33.2/20（表明子网掩码中 1 的个数为 20）转换为二进制是 10101100.00001010.00100001.00000010，子网掩码 255.255.240.0 转换成二进制是 11111111.11111111.11110000.00000000，IP 地址与子网掩码进行"与"运算，得到 10101100.00001010.00100000.00000000，转换为十进制是 172.10.32.0，即该 IP 地址所在的网络号为 172.10.32.0。

2．划分子网的原因

出于对管理、性能和安全方面的考虑，许多单位把单一网络划分为多个物理网络，并使用路由器将它们连接起来。子网划分技术能够使单个网络地址横跨几个物理网络，这些物理网络统称为子网。

另外，路由器的隔离作用还可以将网络分为内外两个子网，并限制外部网络用户对内部网络的访问，提高内部子网的安全性。

划分子网的原因有很多，主要包括充分利用 IP 地址、划分管理职责和提高网络性能 3 方面。

充分利用 IP 地址很重要。A 类网络和 B 类网络的地址空间太大，这造成在不使用路由设备的单一网络中无法使用全部地址。例如，对于一个 B 类网络"172.17.0.0"，可以有 $2^{16}-2$ 台主机，这么多的主机在单一的网络中是不能工作的。因此，为了能更有效地使用地址空间，有必要把可用地址分配给更多较小的网络。

3．划分的方法

要创建子网，必须扩展地址的路由选择部分。Internet 把子网当作完整的网络来"了解"，将其识别为拥有 8、16、24 个路由选择位（网络号）的 A、B、C 类地址。因为子网字段表示附加的路由选择位，所以在组织内的路由器可在整个网络的内部辨认出不同的区域或子网。

子网掩码与 IP 地址使用一样的地址结构，即每个子网掩码是 32 位长，并且被分成了 4 个 8 比特字节。子网掩码的网络和子网络部分全为 1，主机部分全为 0。默认情况下，B 类网络的子网掩码是 255.255.0.0。如果为建立子网须借用 8 位，则子网掩码会因为包括 8 个额外的 1 位而变成 255.255.255.0。结合 B 类地址 130.5.2.144（子网划分借走 8 位），路由器知道要把分组发送到网络 130.5.2.0 而不是网络 130.5.0.0。

因为一个 B 类网络地址的主机字段中含有 2 字节（即 16 位），所以总共有 14 位可以被借来创建子网（除去主机字段全 0 或全 1 的两种情况，即 16-2=14）。一个 C 类地址的主机字段只含有 1 字节（即 8 位），所以在 C 类网络中，只有 6 位可以被借来创建子网。图 8-1 所示为 B 类网络划分子网的情况（借 8 位的情况）。

子网字段总是直接跟在网络号后面的。也就是说，被借的位必须是默认主机字段的前 N 位，N 的值不大于主机字段位数减 2。这个 N 是新的子网字段的长度。

4．子网掩码与子网的关系

（1）计算子网掩码和 IP 地址。

在借位时不能只借 1 位，至少要借 2 位。借 2 位可以创建 2（即 2^2-2）个子网。当每次从主机字段借位时，所创建的子网数量就增加 2 的乘方个。所以，每从主机字段借 1 位，子网数量（未除去全 0 和全 1）就为原来的 2 倍。

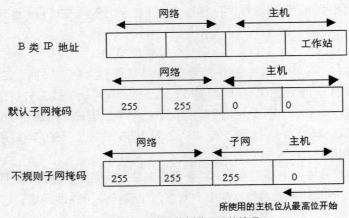

图 8-1　B 类网络划分子网的情况

（2）计算每个子网中的主机数。

当每次从主机字段借走一位时，用于主机数量的位就少一位。相应的，当每次从主机字段借一位时，可用主机的数量就减少 2 的乘方个（减少一半）。

这里设想把一个 C 类网络划分成子网。如果从 8 位的主机字段借 2 位，主机字段就减少到 6 位。如果把剩下 6 位中 0 和 1 的所有可能的排列组合写出来，就会发现每个子网中的主机总数减少到了 64（即 2^6）台，可用主机数减少到了 62（即 2^6-2）台。

计算子网掩码和网络数量的公式如下。

可用子网数（N）等于 2 的借用子网位数（n）次幂减去 2，公式如下。

$$2^n-2=N$$

可用主机数（M）等于 2 的剩余部分位数（m）次幂减去 2，公式如下。

$$2^m-2=M$$

5. 例题

实例 5-1：某企业网络号为 10.0.0.0，其下有 3 个部门，希望划分 3 个子网，请问如何划分？

根据公式 $2^n-2 \geq 3$ 得出 n 的值为 3，即要从主机位中借用 3 位作为网络位才可以至少划分出 3 个子网，其具体划分如下。

10.0.0.0 中的 10 本身就是网络位，不用改变，将紧跟在后面的主机位中的前 3 位划分为网络位（十进制数 10 的二进制表示为 00001010）。

因为默认子网掩码的二进制表示为 11111111.00000000.00000000.00000000，所以按要求划分子网后，该网络的子网掩码的二进制表示变为 11111111.11100000.00000000.00000000，即新的子网掩码为 255.224.0.0。在新的子网掩码中，网络位对应的原网络位不动，新加的 3 个网络位的改变就是新划分的子网，可划分的子网的网络号可以是以下几个。

00001010.**001**00000.00000000.00000000　　00001010.**010**00000.00000000.00000000
00001010.**011**00000.00000000.00000000　　00001010.**100**00000.00000000.00000000
00001010.**101**00000.00000000.00000000　　00001010.**110**00000.00000000.00000000

其中，因为 10.0.0.0 与 10.224.0.0 不能用来作为子网，所以新划分的网络最多有 6 个子网。10.0.0.0 与 10.255.255.255 是所有子网的网络号与广播地址，即新形成的逻辑子网都属于原来的网络。划分子网前后的情况如表 8-1 所示。

表 8-1 划分子网前后的情况

	划 分 前	划 分 后
可用网络数	1	6
子网掩码	11111111.00000000.00000000.00000000 255.0.0.0	11111111.11100000.00000000.00000000 255.224.0.0
网络号	10.0.0.0	（10.0.0.0 是整个网络的网络号） 10.32.0.0　　　　10.64.0.0　　　　10.96.0.0 10.128.0.0　　　　10.160.0.0　　　　10.192.0.0
广播地址	10.255.255.255	（10.255.255.255 是整个网络的广播地址） 10.63.255.255　　　　10.95.255.255 10.127.255.255　　　　10.159.255.255 10.191.255.255　　　　10.223.255.255
网络主机范围	10.0.0.1～10.255.255.254	10.32.0.1～10.63.255.254 10.64.0.1～10.95.255.254 10.96.0.1～10.127.255.254 10.128.0.1～10.159.255.254 10.160.0.1～10.191.255.254 10.192.0.1～10.223.255.254

8.2 无类别域间路由

如今网络界很少采用传统 IP 寻址方法，更为常见的是采用无类别域间路由（Classless Inter-Domain Routing，CIDR）技术。

1. 无类别域间路由的概念

CIDR 是用来充分利用 IP 地址和缩小路由表的一种技术。CIDR 的基本思想是取消 IP 地址的分类结构，将多个地址块聚合在一起生成一个更大的网络，以包含更多的主机。CIDR 支持路由聚合，能够将路由表中的许多路由条目合并成更少的路由条目，因此可以限制路由器中路由表的增大，减少路由通告。同时，CIDR 有助于充分利用 IPv4 地址。CIDR 技术有时也称为超网。它对划分子网的概念向相反的方向做了扩展：借用前 3 字节的几位可以把多个连续的 C 类地址集聚在一起。换句话说，就像所有到达某个 B 类地址的数据都将被发送给某个路由器一样，所有到达某个 C 类地址的数据都将被发送至某个路由器上。

被称作无类别域间路由的原因在于，它使得路由器可以忽略网络类别（C 类）地址，并可以在决定如何转发数据报时向前多看几位。与子网划分的不同之处在于，对外部网络而言，子网掩码是不可见的；而超网路径的使用主要是为了减少路由器中的路由表项数。例如，一个 ISP 可以获得一块包含 256 个 C 类地址的地址块。一个包含 256 个 C 类地址的地址块与 B 类地址相同。有了超网后，路由器可设定为包含地址块的前 16 位，并把地址块作为有 8 位超网的一个路由来处理，而不再是为其中包含的每个 C 类地址处理最多可能的 256 个路由。由于 ISP 经常负责为它们客户的网络提供路由，ISP 获得的通常就是这种地址块，从而所有发往其客户网络的数据都可以由 ISP 的路由器以任何一种方式选路。

2. 地址分类法带来的问题

地址分类法带来的一个最大问题就是这些类别无法体现用户的需求。

A 类网络实在太大，以至于浪费了大部分空间。而 C 类网络对大多数组织来说实在太小，这意味着大多数组织会请求 B 类地址，但又没有足够的 B 类地址来满足需求。

划分子网无法解决上述问题。假设把一个 C 类网络当作 64 个拥有两个节点的网络，则前 24 位表示 C 类网络地址，随后 6 位表示子网，最后 2 位表示某主机的号码。Internet 中的其余设备只会注意 C 类网络，让内部网络跟踪子网及该站的地址。

这种办法相当巧妙，但存在一个问题：划分子网也会导致 IP 地址减少。在每个子网内，两个地址用于广播流量。视结构配置而定，地址数量最多有可能会减少一半。例如，一个 C 类网络通常支持 254 台末端主机，然而，把 C 类网络分成 62 个子网会把可能的有效 IP 地址减少到 124 个——大约只有划分子网前的 IP 地址总数的 50%。

解决这些寻址问题的办法就是丢弃分类地址概念。CIDR 利用用来识别网络的比特数量的"网络前缀"取代了 A 类、B 类和 C 类地址的分类。前缀长度不一，从 13 位到 27 位不等，而不是分类地址的 8 位、16 位或 24 位。这意味着地址块可以成群分配，主机既可以少到 32 个，也可以在 50 万个以上，如表 8-2 所示。

表 8-2　CIDR 表示的 IP 地址范围

CIDR 标记	子网掩码分类	网　络　数	可容纳主机数+2
/8	255.0.0.0	256 个 B 类	16 777 216
/9	255.128.0.0	128 个 B 类	8 388 608
/10	255.192.0.0	64 个 B 类	4 194 304
/11	255.224.0.0	32 个 B 类	2 097 152
/12	255.240.0.0	16 个 B 类	1 048 576
/13	255.248.0.0	8 个 B 类	524 288
/14	255.252.0.0	4 个 B 类	262 144
/15	255.254.0.0	2 个 B 类	131 072
/16	255.255.0.0	1 个 B 类或 256 个 C 类	65 536
/17	255.255.128.0	128 个 C 类	32 768
/18	255.255.192.0	64 个 C 类	16 384
/19	255.255.224.0	32 个 C 类	8 192
/20	255.255.240.0	16 个 C 类	4 096
/21	255.255.248.0	8 个 C 类	2 048
/22	255.255.252.0	4 个 C 类	1 024
/23	255.255.254.0	2 个 C 类	512

CIDR 标记	子网掩码分类	网 络 数	可容纳主机数+2
/24	255.255.255.0	1 个 C 类	256
/25	255.255.255.128	1/2 个 C 类	128
/26	255.255.255.192	1/4 个 C 类	64
/27	255.255.255.224	1/8 个 C 类	32
/28	255.255.255.240	1/16 个 C 类	16

3. CIDR 的工作原理

CIDR 地址包括标准的 32 位 IP 地址和用正斜线标记的前缀。因而，地址 66.77.24.3/24 表示前 24 位用于识别网络地址（这里是 66.77.24），剩余的 8 位用于识别某个站的地址。

因为各类地址在 CIDR 中有类似的地址群，所以地址类别与标记前缀的转换相当简单。A 类网络可以转换成"/8"，B 类网络可以转换成"/16"，C 类网络可以转换成"/24"。

CIDR 的优点是解决了困扰传统 IP 寻址方法的两个问题。其以较小增量单位分配地址，减少了地址空间的浪费，还具有可伸缩的优点。路由器能够有效聚合 CIDR 地址。所以，路由器不用再单独处理 8 个 C 类网络的地址，改为只处理带有"/21"网络前缀的地址——这相当于对于这 8 个 C 类网络，路由器的路由表项由 8 个减少到 1 个，大大缩减了路由器的路由表大小。

这个方法可行的唯一前提是地址必须是连续的，否则不可能设计出包含所需地址，但排除不需要地址的前缀。为了达到这个目的，可以将超网块（Supernet Block）分配给 ISP，然后 ISP 负责在用户当中划分这些地址，从而减轻了 ISP 自有路由器的负担。

对于企业的网络管理人员来说，采用分类地址方法，公司要向 Internet 注册机构购买地址。有了 CIDR，公司只需向 ISP 租用地址即可。

超网完成的工作就是从默认子网掩码中删除位，从最右边的位开始，一直处理到左边。为了了解这一过程是如何进行的，下面来看一个例子。

假设已经指定了下列的 C 类网络地址。

200.200.192.0   200.200.193.0   200.200.194.0   200.200.195.0

如果利用默认的子网掩码 255.255.255.0，则这些都是独立的网络。如果使用子网掩码 255.255.192.0，则这些网络似乎都是网络 200.200.192.0 的一部分，因为所有的标记位都是一样的。第 3 个 8 位组中的低位变成了主机地址空间的一部分。

和子网划分类似，这种技术涉及违反标准 IP 地址类的规范。在初学网络时，读者要将重点放在对标准的、基于类的 IP 寻址的理解上。

8.3 路由

路由选择是网络层实现分组传递的重要功能。网络层需要选择一条路径将分组从发送方主机传送到目的主机，而进行这种路由选择的设备就是路由器。路由器本质上是一台计算机，是在网络层提供多个独立的子网间连接服务的一种存储转发设备。实际上，互联网就是利用具有路由选择功能的路由器将多个网络组合到一起形成的。

路由器实现了两项基本功能：一是根据路由表将收到的数据报转发到正确的输出端口；二是维护实现路由选择的路由表，将其作为数据报转发的依据。可以把网络想象成纵横交错的公路（信息高速公路），在网络中传输的信息相当于在公路上行驶的汽车。路由器就相当于交警，站在交叉路口，负责指挥信息高速公路上的各种信息正确到达目的地。路由器功能的实现依赖于网络层使用的协议。

8-2 路由技术
概述

8.3.1 路由概述

路由是把信息从源地址穿过网络传递到目的地址的行为。在路由过程中，至少会遇到一个有路由功能的中间节点。其实早在 20 世纪 80 年代前就已经出现了对路由技术的讨论，但是直到 20 世纪 80 年代，路由技术才逐渐进入商业化的应用。路由技术之所以在问世之初没有被广泛使用，主要是因为 20 世纪 80 年代之前的网络结构都非常简单，路由技术没有用武之地。直到后来大规模的互联网络逐渐流行起来，为路由技术的发展提供了良好的基础和平台。

路由动作包括如下两项基本内容。

1. 寻径

寻径即判定到达目的地址的最佳路径，由路由选择算法来实现。因为涉及不同的路由选择协议和路由选择算法，所以其会相对复杂一些。为了判定最佳路径，路由选择算法必须启动并维护包含路由信息的路由表。路由表中的路由信息依赖于所用的路由选择算法。路由选择算法将收集到的不同信息填入路由表，形成目的网络和下一站的匹配信息，这样，路由器拿到 IP 数据报并解析出 IP 头部中的目的 IP 地址后，便可以根据路由表进行路由选择了。不同的路由器可以互通信息来更新路由表，使路由表总是能够正确反映网络的拓扑变化。这就是路由选择协议（Routing Protocol），如路由信息协议（Routing Information Protocol，RIP）、开放式最短路径优先（Open Shortest Path First，OSPF）协议和边界网关协议（Border Gateway Protocol，BGP）等。

2. 转发

转发即沿判定好的最佳路径传送信息分组。路由器先在路由表中查找，判断其是否知道如何将分组发送到下一个站点（路由器或主机）。如果路由器不知道如何发送分组，则通常将该分组丢弃；否则会根据路由表的相应表项将分组发送到下一个站点，如果目的网络直接与路由器相连，则路由器会把分组直接发送给目的主机。这就是路由转发协议（Routed Protocol）。路由转发协议和路由选择协议是相互配合又相互独立的概念，前者使用后者维护的路由表，同时后者利用前者提供的功能来发布路由协议数据分组。除非特别说明，否则通常所讲的路由协议都指的是路由选择协议。

8.3.2 路由表

路由器的主要工作就是为经过路由器的每个数据寻找一条最佳传输路径，并将该数据有效地传送到目的站点。由此可见，选择最佳路径的策略（即路由算法）是路由器的关键工作。

为了完成这项工作，路由器中保存着各种传输路径的相关数据——路由表（Routing Table），供路由选择时使用。例如，路由表就像人们平时使用的地图一样，标识着各种路线，路由表中保存着子网的标志信息、网络中路由器的数量和下一个路由器的名称等内容。路由表可以由系统管理员固定设置好，或可以由系统动态修改、由路由器自动调整或由主机控制。

根据其生成方式，路由表可以分为静态路由表和动态路由表两种。

（1）静态路由表。由系统管理员事先设置好的固定的路由表称为静态路由表。它一般在系统安装时，根据网络的配置情况预先设定好，不会随未来网络结构的改变而改变。

（2）动态路由表。动态路由表是指路由器根据网络系统的运行情况自动调整的路由表。路由器根据路由选择协议提供的功能，自动学习和记忆网络运行情况，在需要时，自动计算数据传输的最佳路径。

路由器通常依靠所建立及维护的路由表来决定如何转发。路由表的能力是指路由表内所容纳的路由表项的数量的极限。由于 Internet 中执行 BGP 的路由器通常拥有数十万条路由表项，所以该项目也是路由器能力的重要体现。其实不仅是路由器，Internet 中的每一台主机都有路由表。

下面通过表 8-3 所示的直连网络的路由表表项来介绍如何读懂路由表。

表 8-3　直连网络的路由表表项

目 的 网 络	子 网 掩 码	网　　关	标　　志	接　　口
201.66.37.0	255.255.255.0	201.66.37.74	U	eth0
201.66.39.0	255.255.255.0	201.66.39.21	U	eth1

如果一个主机有多个网络接口，则当向一个特定的 IP 地址发送分组时，它如何决定使用哪个接口呢？答案就在路由表中。

主机将所有目的网络为 201.66.37.0 的主机（IP 地址为 201.66.37.1～201.66. 37.254）的数据通过接口 eth0（IP 地址为 201.66.37.74）发送，所有目的网络为 201.66.39.0 的主机（IP 地址为 201.66.39.1～201.66.39.254）的数据通过接口 eth1（IP 地址为 201.66.39.21）发送。标志 U 表示该路由状态为"up"（即激活状态）。

表 8-3 中的主机有两个网络接口：eth0 和 eth1。其 IP 地址分别为 201.66.37.74 和 201.66. 39.21。

这两个网络接口分别处在不同的 LAN 内，而它们所在网络的地址恰恰就是表中第一列中显示的地址（把 201.66.37.74 和 255.255.255.0 进行"与"运算可得到 201.66.37.0，把 201.66.39.21 和 255.255.255.0 进行"与"运算可得到 201.66.39.0），因此表 8-3 中涉及了直接连接主机的路由项目，那么远程网络的路由项目如何表示呢？假如通过 IP 地址为 201.66.37.254 的网关连接到网络 73.0.0.0，那么可以在路由表中增加表 8-4 所示的一项。

表 8-4　远程网络的路由表表项

目 的 网 络	子 网 掩 码	网　　关	标　　志	接　　口
73.0.0.0	255.0.0.0	201.66.37.254	UG	eth0

此项告诉主机，所有目的网络为 73.0.0.0 的分组通过 IP 地址 201.66.37.254 进行路由。IP 地址为 201.66.37.74 的网络接口 eth0 与例中的网关 201.66.37.254 处于同一个 LAN，所以路由的本机出口是 eth0（而非 eth1）。标志 G（Gateway）表示此项把分组导向外部网关。类似的，也可以定义通过网关到达某特定主机（而非某网络）的路由，增加标志 H（Host），如表 8-5 所示。

表 8-5　远程主机的路由表表项

目 的 网 络	子 网 掩 码	网　关	标　志	接　口
91.32.74.21	255.255.255.0	201.66.37.254	UGH	eth0

表 8-6 所示为默认路由和环回路由的路由表表项。

表 8-6　默认路由和环回路由的路由表表项

目 的 网 络	子 网 掩 码	网　关	标　志	接　口
127.0.0.0	255.0.0.0	127.0.0.1	U	lo0
Default	0.0.0.0	201.66.39.254	UG	eth1

其中，第一项是环回（Loopback）接口，用于主机给自己发送数据，通常用于测试和运行于 IP 之上但需要本地通信的应用，这是到环回地址 127.*.*.*的主机路由，接口 lo0 是 IP 栈内部的"假"网卡；第二项是一个默认路由，如果在路由表中没有找到与目的地址相匹配的项，则该分组被送到默认网关。多数主机只有一个网络接口（本机仅安装了一块网卡）连接到网络，路由表中一般只有 3 项：loopback 项、本地子网项和默认项（指向默认路由器）。

有时路由表中可能会有重叠项，如表 8-7 所示。

表 8-7　路由表中出现重叠项

目 的 网 络	子 网 掩 码	网　关	标　志	接　口
1.2.3.4	255.255.255.255	201.66.37.253	UGH	eth0
1.2.3.0	255.255.255.0	201.66.37.254	UG	eth0
1.2.0.0	255.255.0.0	201.66.39.253	UG	eth1
Default	0.0.0.0	201.66.39.254	UG	eth1

之所以说这些路由重叠，是因为这 4 条路由记录都含有地址 1.2.3.4。如果向 IP 地址为 1.2.3.4 的主机发送数据，路由器会选择哪条路由记录呢？在这种情况下，路由器会选择第一条路由记录，通过网关 201.66.37.253 发送数据。因为原则上是选择具有最长（最精确）网络前缀的一项。类似的，对于发往 1.2.3.5 的数据，路由器会选择第二条路由记录。

再来看看 CIDR 的例子。ISP1 被赋予 256 个 C 类网络，从 213.79.0.0 到 213.79.255.0。该 ISP 外部的路由表只用一个表项就描述了所有的路由：网络号为 213.79.0.0，子网掩码为 255.255.0.0。一个用户从 ISP1 处申请到一个网络地址 213.79.61.0，假设现在想从 ISP1 移到 ISP2，那么是否必须从新的 ISP 处取得新的网络地址呢？如果是，则意味着必须重新配置每台主机的 IP 地址，改变 DNS 设置，等等。幸运的是，解决办法很简单，原来的 ISP1 保持路由 213.79.0.0（子网掩码为 255.255.0.0），新的 ISP 则把路由 213.79.61.0（子网掩码为 255.255.255.0）广播给外部路由器。

假设现在讨论的主机也收到了这样的广播，那么路由表中会出现表 8-8 所示的重叠路由。

把同一主机的两个接口定义在同一子网中在很多路由协议中是不允许的。例如，表 8-9 所示的设置通常是非法的（但有些路由协议使用这种设置来实现两个接口上的负载均衡）。

表 8-8　重叠路由

目 的 网 络	子 网 掩 码	网　关	标　志	接　口
213.79.0.0	255.255.0.0	201.66.39.254	UG	eth1
213.79.61.0	255.255.255.0	201.66.37.254	UG	eth0

表 8-9　接口配置特例

接　口	IP 地址	子 网 掩 码
eth0	201.66.37.1	255.255.255.0
eth1	201.66.37.2	255.255.255.0

此时，主机的路由表包含表 8-10 所示的 11 个表项（重叠路由的表项未包含进去）。

表 8-10　总的路由表

目 的 网 络	子 网 掩 码	网　关	标　志	接　口
127.0.0.0	255.0.0.0	127.0.0.1	U	lo0
201.66.37.0	255.255.255.0	201.66.37.74	U	eth0
201.66.39.0	255.255.255.0	201.66.39.21	U	eth1
Default	0.0.0.0	201.66.39.254	UG	eth1
73.0.0.0	255.0.0.0	201.66.37.254	UG	eth0
91.32.74.21	255.255.255.0	201.66.37.254	UGH	eth0
1.2.3.4	255.255.255.255	201.66.37.253	UGH	eth0
1.2.3.0	255.255.255.0	201.66.37.254	UG	eth0
1.2.0.0	255.255.0.0	201.66.39.253	UG	eth1
213.79.0.0	255.255.0.0	201.66.39.254	UG	eth1
213.79.61.0	255.255.255.0	201.66.37.254	UG	eth0

路由表部分示例（仅涵盖前 5 项表项内容的网络）的网络拓扑如图 8-2 所示。

这些表项分别是怎么得到的呢？第一个表项是路由表初始化时由路由软件加入的；第二个、第三个表项是当网卡绑定 IP 地址时自动创建的；其余的表项可以手动加入（在 UNIX 操作系统中，是通过 route 命令来完成的，可以由用户手动执行，也可以通过 rc 脚本在启动时执行），也可以由路由器使用其支持的路由协议提供的功能，根据网络拓扑结构的变化自动生成。前一种方法生成的是静态路由，后一种方法生成的是动态路由。

不同的路由器使用的路由表可能也有一些差异，例如，路由表的接口表项会关联接口的 IP 地址，而不像上面那样使用接口标识 eth0、eth1。有时，各表项的排列顺序也不尽相同，请参阅表 8-11 所示的路由表示例。

现在简单解释表 8-11 中的内容。

第一行：Active Routes 表示当前路由。

第二行：Network Destination 为网络目的地址；Netmask 为子网掩码；Gateway 为下一跳路由器的入口 IP 地址；Interface 为到达该目的地的本地路由器的出口 IP 地址，路由器通过 Interface

和 Gateway 定义了到达下一个路由器的链路，通常情况下，Interface 和 Gateway 是同一网段的；Metric 为跳数，一般情况下，如果有多条到达相同目的地址的路由记录，则路由器会采用 Metric 值最小的那个路由。

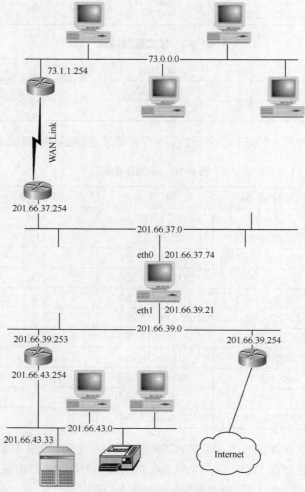

图 8-2　路由表示例的网络拓扑

表 8-11　路由表示例

Active Routes				
Network Destination	Netmask	Gateway	Interface	Metric
0.0.0.0	0.0.0.0	192.168.123.254	192.168.123.88	1
0.0.0.0	0.0.0.0	192.168.123.254	192.168.123.68	1
127.0.0.0	255.0.0.0	127.0.0.1	127.0.0.1	1
192.168.123.0	255.255.255.0	192.168.123.68	192.168.123.68	1
192.168.123.0	255.255.255.0	192.168.123.88	192.168.123.88	1
192.168.123.68	255.255.255.255	127.0.0.1	127.0.0.1	1

续表

Active Routes				
Network Destination	Netmask	Gateway	Interface	Metric
192.168.123.88	255.255.255.255	127.0.0.1	127.0.0.1	1
192.168.123.255	255.255.255.255	192.168.123.68	192.168.123.68	1
192.168.123.255	255.255.255.255	192.168.123.88	192.168.123.88	1
227.0.0.0	227.0.0.0	192.168.123.68	192.168.123.68	1
227.0.0.0	227.0.0.0	192.168.123.88	192.168.123.88	1
255.255.255.255	255.255.255.255	192.168.123.68	192.168.123.68	1

Default Gateway: 192.168.123.254

其中，这里的 Interface 表项和表 8-10 中的接口表项是一样的，只是表 8-11 中写的是接口的 IP 地址；Gateway 表项和表 8-10 中的网关表项是对应的。

另外，大家可能已经发现，表 8-11 中的主机有两个接口，其 IP 地址分别为 192.168.123.88 和 192.168.123.68，且处在同一个网段 192.168.123.0 中。这就是在前面曾经提过的接口配置特例，把两个接口配置在同一个网络中，用于实现网卡的负载均衡，但必须有路由协议的支持。

剩下的大部分表项的内容可以参考表 8-10 来理解。这里需要另外指出的是包含网络地址 227.0.0.0 的两项。这两项表示对组播的处理路由。组播的内容本书没有涉及，感兴趣的读者可以查阅相关的资料自学。

上面讲述的是各个表项都很完善的路由表，在介绍路由选择协议 RIP 时，大家可能会看到略去很多表项的路由表，例如，仅有"目的网段""跳数"和"下一跳"等几项内容，但它们的功能都是一样的，即都用于指导路由器进行路由选择。

8.3.3　route 命令

route 命令主要用于手动配置和显示静态路由表。下面给大家展示一些常见的带特定参数的 route 命令的使用范例。

（1）显示路由表信息：route print。在 MS-DOS 下输入"route print"命令并按"Enter"键可以显示本机的路由表信息，如图 8-3 所示。

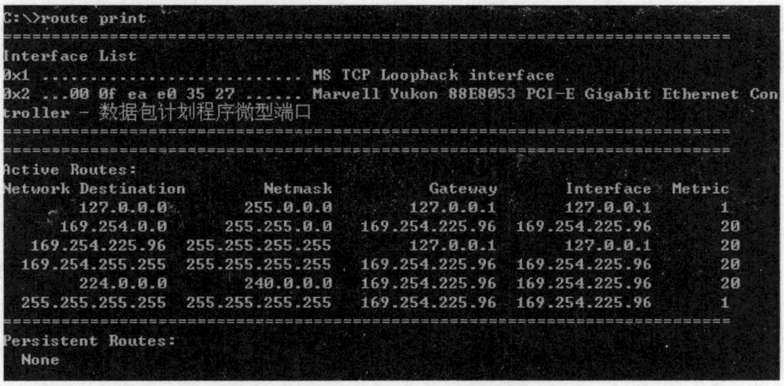

图 8-3　显示路由表信息

而路由表中各表项的信息字段的含义如下。

① 网络目的地址（Network Destination）。网络目的地址是指主路由的网络 ID 或网际网络地址。

② 子网掩码（Netmask）。子网掩码由 4 字节 32 位的二进制数组成，此例中用十进制数表示。它与 IP 地址相对应，用于表示 IP 地址哪些位是网络号，哪些位是主机号。子网掩码相应位为 1，对应 IP 地址相应位为网络地址；子网掩码相应位为 0，对应 IP 地址相应位为主机地址。

③ 网关（Gateway）。网关又名转发地址，是数据包转发的地址。转发地址是硬件地址或网际网络地址。对于主机或路由器直接连接的网络，转发地址可能是连接到网络的接口地址。

④ 接口（Interface）。接口是将数据包转发到网络 ID 时所使用的网络接口地址。

⑤ 跳数（Metric）。跳数也称跃点数，是路由首选项的度量值。通常，跳数最小的路由是首选路由。如果多个路由存在于给定的目的网络中，则使用跳数值最小的路由。即使存在多个路由，某些路由选择算法仍只将到任意网络 ID 的单个路由存储在路由表中。在这种情况下，路由器根据跳数来决定存储在路由表中的路由表项。

（2）显示 IP 路由表中以 192 开始的路由：route print 192.*.*.*。

（3）添加默认网关地址为 192.168.12.1 的默认路由：route add 0.0.0.0 mask 0.0.0.0 192.168.12.1。

（4）添加目的网络地址为 10.41.0.0，子网掩码为 255.255.0.0，下一跳路由地址为 10.27.0.1 的路由：route add 10.41.0.0 mask 255.255.0.0 10.27.0.1。

（5）添加目的网络地址为 192.168.1.0，子网掩码为 255.255.255.0，下一跳路由地址为 192.168.1.1 的永久路由：route –p add 192.168.1.0 mask 255.255.255.0 192.168.1.1。

（6）在路由表中删除目的网络地址为 127.0.0.0 的路由：route delete 127.0.0.0。

8.4 路由选择协议

在互联网中，为了同一层次的路由器[同一自治系统（Autonomous System，AS）]能够使用动态路由，它们必须执行相同的路由选择算法，运行相同的路由选择协议。根据路由选择协议的工作范围，可将路由选择协议分为内部网关协议（Interior Gateway Protocol，IGP）和外部网关协议（Exterior Gateway Protocol，EGP）。目前，在 TCP/IP 的 IGP 中使用的动态路由主要有两种类型：一种是使用距离向量（Distance Vector，DV）路由选择算法的 RIP；另一种是使用链路状态（Link State，LS）路由算法的 OSPF 协议。不管采用哪种路由选择算法和协议，路由表信息都应以精确、一致的观点反映新的互联网拓扑结构。当一个互联网中的所有路由器都运行着相同、精确、足以反映当前互联网拓扑结构的路由表信息时，称路由已经收敛（Convergence）。"收敛"描述的是这样一种情形：无论何时，网络的拓扑或形状发生变化，网络中的所有路由器都必须产生对网络拓扑结构的一个新的认识。在这个过程中，它们相互合作，但它们自身是独立的。虽然路由器之间共享信息，但它们必须独立地计算拓扑变化对自己的路由所造成的影响，因此它们必须独立地从不同的视角形成对新的拓扑结构的认识。路由选择算法的收敛速率是路由选择优劣的一个重要指标。

8.4.1　路由算法

路由选择协议的核心就是路由算法，即使用某种算法来获得路由表中的各项目。一个理想的路由算法应具有如下特点：算法必须是正确和完整的；算法的计算过程简单；算法能适应通信量和网络拓扑的变化；算法具有稳定性；算法是公平的；算法是最佳的。

一个实际的路由选择算法应尽可能接近理想的算法，并在不同的应用条件下，对以上提出的 6 个方面进行侧重性的协调和取舍。

首先，应当指出，路由选择是一个非常复杂的问题，因为它是网络中所有节点共同协调工作的结果。其次，路由选择的环境往往是不断变化的，而这种变化有时无法事先知道，例如，网络中出现了某些故障。最后，当网络发生拥塞时，特别需要能缓解这种拥塞的路由选择算法，但在这种条件下，很难从网络中的各节点处获得所需的路由选择信息。

倘若从路由算法能否随网络的通信量或拓扑自适应地进行调整变化来划分，则路由算法只有两大类，即静态路由选择算法与动态路由选择算法。静态路由选择也叫作非自适应路由选择，其特点是简单和开销较小，但不能及时适应网络状态的变化。动态路由选择也叫作自适应路由选择，其特点是能较好地适应网络状态的变化，但实现起来较为复杂，开销也比较大。

路由选择算法可分为静态和动态、内部和外部、距离向量和链路状态算法。不同类型的算法对路由选择协议的使用侧重面不同。每种类型的算法都有自己的优点，根据互联网络的大小或复杂程度，不同的优点使对应类型的算法适用于特定类型的互联网络。

8.4.2　分层次的路由选择协议

Internet 采用的路由选择协议主要是自适应的（即动态的）分布式路由选择协议。由于以下两个原因，Internet 采用了分层次的路由选择协议。

（1）Internet 的规模非常大，现在已经有几百万个路由器互连在一起。如果让所有的路由器都知道所有的网络应怎样到达，则这种路由表将非常大，路由器在处理数据传输时也会花费很多时间。而所有的路由器之间交换路由信息所需的带宽会使 Internet 的通信链路饱和。

（2）许多单位不愿意外界了解自己单位网络的布局细节和部门采用的路由选择协议（这属于部门内部的事情），但同时希望接入 Internet。

为此，Internet 将整个互联网划分成许多较小的 AS。一个 AS 就是一个互联网，其最重要的特点就是 AS 有权自主决定在本系统内采用何种路由选择协议。一个 AS 内的所有网络都由一个行政单位（如一个公司、一所大学、政府的一个部门等）来管辖。但一个 AS 内的所有路由器在本 AS 内都必须是连通的。如果一个部门管辖两个网络，但这两个网络要通过其他的主干网才能互连起来，那么这两个网络并不能构成一个 AS，而仍是两个 AS。这样，Internet 会把路由选择协议划分为如下两大类。

（1）IGP。IGP 即在一个 AS 内使用的路由选择协议，这与在互联网中的其他 AS 选用什么路由选择协议无关。目前，这类路由选择协议使用得最多，如 RIP 和 OSPF 协议。

（2）EGP。若源站和目的站处在不同的 AS 中（这两个 AS 可能使用不同的 IGP），当数据报传输到一个 AS 的边界时，就需要使用一种协议将路由选择信息传输到另一个 AS 中。这样的协议就是 EGP。在 EGP 中，目前使用最多的是 BGP-4。

AS 之间的路由选择叫作域间路由选择（Inter Domain Routing），在 AS 内部的路由选择叫作域内路由选择（Intra Domain Routing）。

图 8-4 所示为 3 个 AS 互连在一起的网络，省略了 AS 内各路由器之间的网络，而用一条链路表示路由器之间的网络。每个 AS 运行本 AS 的内部路由选择协议 IGP，但每个 AS 都有一个或多个路由器除运行本系统的内部路由选择协议外，还运行 AS 间的路由选择协议 EGP。在图 8-4 中，能运行 AS 间的路由选择协议的有 R1、R2 和 R3 这 3 个路由器。图 8-4 中的这类路由器比一般的路由器要大一些（以示区别）。假定图 8-4 中 AS A 的主机 H1 要向 AS B 的主机 H2 发送数据报，那么在各 AS 内使用的是各自的 IGP（例如，分别使用 RIP 和 OSPF 协议），而在路由器 R1和 R2 之间必须使用 EGP（例如，使用 BGP-4）。

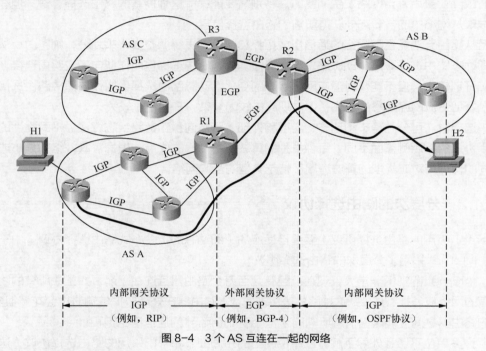

图 8-4　3 个 AS 互连在一起的网络

总之，使用分层次的路由选择协议时，可将 Internet 的路由选择协议进行如下划分。

IGP：具体的协议有多种，如 RIP 和 OSPF 协议等。

EGP：目前使用的协议是 BGP。

对于比较大的 AS，还可对所有网络再进行一次划分。例如，可以构筑一个链路速率较高的主干网和许多速率较低的区域网。每个区域网通过路由器连接到主干网。在一个区域内找不到目的站时，可通过路由器经过主干网到达另一个区域网，或者通过外部路由器到其他 AS 中查找。下面介绍这两类协议。

8.4.3　DV 路由选择算法与 RIP

RIP 是基于 DV 路由选择算法的路由选择协议。

1. DV 路由选择算法

DV 路由选择算法又称为 Bellman-Ford 算法。其基本思想是同一 AS 中的路由器定期向直接相邻的路由器传送它们的路由选择表副本，每个接收者将一个 DV 加到本地路由选择表中（即修改和刷新自己的路由表），并将刷新后的路由表转发给它的相邻路由器。这个过程在直接相邻的路由器之间以广播的方式进行，这些过程可使每个路由器都能了解其他路由器的情况，并形成关于网络"距离"（通常用"跳数"表示）的累积透视图。利用累积透视图更新每个路由器的路由选择表。完成之后，每个路由器都大概了解了关于到某个网络资源的"距离"，但它们并没有了解其他路由器任何专门的信息或网络的真正拓扑。

图 8-5 所示为 DV 路由选择算法的基本思想。图中 R1 向相邻的路由器（如 R3）广播自己的路由信息，通知 R3 自己可以到达 e1、e2、e3 和 e4。由于 R1 发送的路由信息中包含了 3 条 R3 不知道的路由（即到达 e1、e2 和 e4），因此 R3 将 e1、e2 和 e4 加入自己的路由表中，并将下一路由器指向 R1。也就是说，如果 R3 收到的 IP 数据报是到达网络 e1、e2、e4 的，则它将转发数据报给 R1，由 R1 进行再次传送。由于 R1 到达网络 e1、e2 和 e4 的距离分别为 0、0 和 1，因此 R3 通过 R1 到达这 3 个网络的距离分别为 1、1 和 2（即分别加 1）。

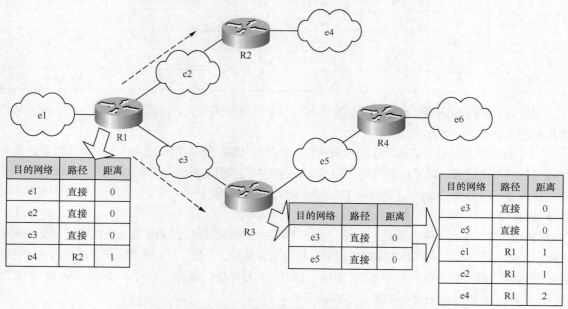

图 8-5　DV 路由选择算法的基本思想

下面介绍 DV 算法的具体步骤。

（1）路由器启动时对路由表进行初始化，该初始路由表中包含所有去往与本路由器直接相连的网络路径。因为去往直接相连的网络不需要经过中间路由器，所以初始路由表中各路径的距离均为 0。图 8-6 所示为 R1 的局部网络拓扑结构及其初始路由表。

（2）各路由器周期性地向其相邻的路由器广播自己的路由表信息，与该路由器直接相连（位于同一物理网络）的路由器接收到该路由表信息通知报文后，本地路由表进行刷新。假设路由器 Ra 收到路由器 Rb 的路由信息通知报文，表 8-12 所示为相邻路由器 Ra 和 Rb 实现 DV 路由选择算法的直观说明。

171

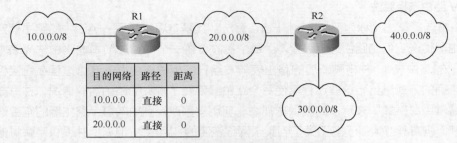

图 8-6　R1 的局部网络拓扑结构及其初始路由表

表 8-12　相邻路由器 Ra 和 Rb 实现 DV 路由选择算法的直观说明

Ra 初始路由表			Rb 广播的路由信息			Ra 刷新后的路由表		
目的网络	路径	距离	目的网络	距离		目的网络	路径	距离
10.0.0.0	直接	0	10.0.0.0	4		10.0.0.0	直接	0
20.0.0.0	Rx	7	20.0.0.0	4		20.0.0.0	Rb	5
30.0.0.0	Rb	4	30.0.0.0	2		30.0.0.0	Rb	3
40.0.0.0	Ry	4	80.0.0.0	3		80.0.0.0	Rb	4
50.0.0.0	Rb	5	50.0.0.0	5		40.0.0.0	Ry	4
60.0.0.0	Rz	10				50.0.0.0	Rb	6
70.0.0.0	Rb	6				60.0.0.0	Rz	10

　　刷新时，路由器逐项检查来自相邻路由器的路由信息通知报文，当遇到以下情况时，需要修改本地的路由表。

　　（1）增加路由记录。如果 Rb 路由表中列出的某条记录在 Ra 路由表中没有，则 Ra 路由表中需要增加相应的记录，其"目的网络"为 Rb 路由表中的"目的网络"，其"距离"为 Rb 路由表中的"距离"加 1，而"路径"（即下一路由器）则为 Rb，如表 8-12 中 Ra 刷新后的路由表中的第 4 条路由记录。

　　（2）修改（优化）路由记录。如果 Rb 去往某目的网络的距离比 Ra 去往该目的网络的距离减 1 还小，则说明 Ra 去往该目的网络经过 Rb 时距离会更短。于是，Ra 需要修改本地路由表中的此条记录内容，其"目的网络"不变，"距离"修改为 Rb 中的"距离"加 1，"路径"则为 Rb，如表 8-12 中 Ra 初始路由表中的第 2 条路由记录。

　　（3）更新路由记录。如果 Ra 路由表中有一条路由记录是经过 Rb 到达某目的网络的，而 Rb 去往该目的网络的路径发生了变化，则需要更新路由记录。一种情况是，如果 Rb 不再包含去往该目的网络的路径（例如，可能是由于故障导致的），则 Ra 路由表中应将此路径删除，如表 8-12 中 Ra 初始路由表中的第 7 条路由记录；另一种情况是，如果 Rb 去往该目的网络的距离发生了变化，则 Ra 路由表中相应"距离"应更新为 Rb 中新的"距离"加 1，如表 8-12 中 Ra 初始路由表中的第 3 条路由记录。

　　DV 路由选择算法的最大优点是算法简单、易于实现。但路由器的路径变化从相邻路由器传播出去的过程是缓慢的，有可能造成慢收敛（关于慢收敛请参考相关资料或课程网站）等问题，因此它不适用于路由剧烈变化或大型的互联网环境。另外，DV 路由选择算法要求网络中的每个路由器都参与路由信息的交换和计算，且要交换的路由信息通知报文与自己的路由表大小几乎一样，这使得需要交换的信息量庞大。

2. RIP

RIP 是 DV 路由选择算法在 LAN 中的直接实现，用于小型 AS 中。RIP 规定了路由器之间交换路由信息的时间、交换信息的格式、错误的处理等内容。RIP 规定了两种报文类型，即请求报文和响应报文，所有运行 RIP 的设备都可以发送这些报文。

（1）请求报文。发送请求报文可以查询相邻的 RIP 设备，以获得它们相邻的路由器的 DV 表。这个请求表明，相邻设备要么返回整个路由表，要么返回路由表的一个特定子集。

（2）响应报文。响应报文是由一个设备发出的，用以通知在它的本地路由表中维护的信息。在下述几种情况中，响应报文被发送：一是 RIP 规定的每隔 30s 相邻路由器间交换一次路由信息；二是当前路由器对另一路由器产生的请求报文的响应；三是在支持触发更新的情况下，发送发生变化的本地路由表。

RIP 除严格遵守 DV 路由选择算法进行路由广播与刷新外，在具体实现过程中还做了某些改进，具体如下。

（1）对距离相等的路由的处理。在具体应用中，到达某一目的网络可能会出现若干条距离相等的路径。对于这种情况，通常按照"先来后到"的原则解决，即先收到哪个路由器的路由信息通知报文，就将路径定为哪个路由器，直到该路径失效或被新的更短路径代替为止。

（2）对过时路由的处理。根据 DV 路由选择算法的基本思想，路由表中的一条路径被修改刷新是因为出现了一条距离更短的路径，否则该路径会在路由表中保持下去。按照这种思想，一旦某条路径发生了故障，过时的路由表记录会在互联网中长期存在下去。为了解决这个问题，RIP 规定，参与 RIP 选路的所有设备都要为其路由表的每条路由记录增加一个定时器，在收到相邻路由器发送的路由刷新报文中，如果包含关于此路径的记录，则将定时器清零，重新开始计时。如果在设定的定时器时间内一直没有再收到关于该路径的刷新信息，则定时器溢出，说明该路径已经崩溃，需要将该路径记录从路由表中删除。RIP 规定路径的定时器时间为 6 个 RIP 刷新周期，即 180s。

8.4.4　OSPF 协议与 LS 路由选择算法

在互联网中，OSPF 协议是另一种经常使用的路由选择协议。OSPF 协议采用了 LS 路由选择算法，可以在大规模的互联网环境下使用。与 RIP 相比，OSPF 协议要复杂得多，这里仅做简单介绍。

LS 路由选择算法又称为最短路径优先（Shortest Path First，SPF）算法。其基本思想是互联网中的每个路由器周期性地向其他路由器广播自己与相邻路由器的连接关系，以使各个路由器都可以"画"出一张互联网拓扑结构图。利用这张图和 SPF 算法，路由器可以计算出自己到达各个网络的最短路径。

图 8-7 所示的路由器 R1、R2 和 R3 先向互联网中的其他路由器（即 R1 向 R2 和 R3、R2 向 R1 和 R3、R3 向 R1 和 R2）广播报文，通知其他路由器自己与相邻路由器的关系（例如，R2 向 R1 和 R3 广播自己与 e4 相连，且通过 e2 与 R1 相连），再利用其他路由器广播的信息，互联

网中的每个路由器都可以形成一张由点和线相互连接而成的抽象拓扑结构图，图 8-8 所示为路由器 R1 形成的抽象拓扑结构图。一旦得到了这张拓扑结构图，路由器就可以按照 SPF 算法计算出以此路由器为根的 SPF 树（图 8-8 显示了以 R1 为根的 SPF 树）。这棵树描述了该路由器（如 R1）到达每个网络（如 e1、e2、e3 和 e4）的路径和距离。通过这棵 SPF 树，路由器就可以生成自己的路由表（图 8-8 显示了路由器 R1 按照 SPF 树生成的路由表）。

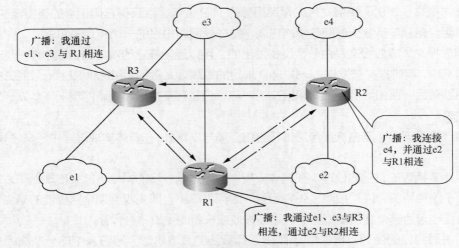

图 8-7　建立路由器的邻接关系

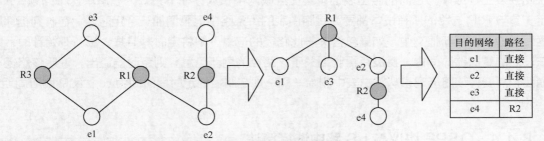

图 8-8　路由器 R1 形成的抽象拓扑结构图

从以上介绍可以看出，LS 路由选择算法不同于 DV 路由选择算法。DV 路由选择算法并不需要路由器了解整个互联网的拓扑结构（是一个局部拓扑结构），它通过相邻的路由器了解到达每个网络的可能路径；LS 路由选择算法则依赖于整个互联网的拓扑结构图（是一张全局拓扑结构图），利用该拓扑结构图得到 SPF 树，并由 SPF 树生成路由表。

以 LS 路由选择算法为基础的 OSPF 协议具有收敛速度快、支持服务类型选路、提供负载均衡和身份认证等特点，适用于大规模的、环境复杂的互联网环境。出于 OSPF 协议的复杂性，在整个路由选择上对互联网环境提出了更高的要求，主要包括以下内容。

（1）要求具有较高的路由器处理能力。在一般情况下，运行 OSPF 协议、路由选择协议时，要求路由器具有更大的存储器和更快的 CPU 处理能力。与 RIP 不同，OSPF 协议要求路由器保存相邻路由器的状态（邻接数据库）、整个互联网的拓扑结构图（LS 数据库）和路由表（转发数据库）

等众多的路由信息，并且路由表的生成采用了比较复杂的迭代算法（Dijkstra 算法）。互联网的规模越大，对内存和 CPU 的要求就越高。

（2）要求具有一定的网络带宽。为了得到与相邻路由器的连接关系，互联网中的每一个路由器都需要不断地发送和应答查询信息。与此同时，每个路由器还需要将这些信息广播到整个互联网。因此，OSPF 协议对互联网的带宽有一定的要求。

为了适应更大规模的互联网环境，OSPF 协议通过一系列的办法来解决运行环境的问题，其中包括分层和指派路由器。所谓分层，是指将一个大型的互联网分成几个不同的区域，如域 0（Area 0），一个区域中的路由器只需要保存和处理本区域的网络拓扑和路由即可，区域之间的路由信息交换由几个特定的路由器完成。所谓指派路由器，是指在互连的 LAN 中，路由器将自己与相邻路由器的关系发送给一个或多个指定路由器 [如区域中的指定路由器（Designated Router，DR）和备份指定路由器（Backup Designated Router，BDR）]，由指定路由器生成整个互联网的拓扑结构图，以便其他路由器查询。

8.4.5　部署和选择路由协议

静态路由、动态路由（RIP 和 OSPF 协议）都有其各自的特点，适用于不同的互联网环境。

1. 静态路由

静态路由比较适合在小型的、单路径的、静态的 IP 互联网环境中使用。其中的含义说明如下。

（1）小型互联网络可以包含 2～10 个网络。

（2）单路径是指互联网中的任意两个节点之间的数据传输只能通过一条路径进行。

（3）静态是指互联网的拓扑结构不随时间而变化。

一般来说，小公司、家庭办公室等小型机构建设的互联网具有这些特征，可以选择静态路由方式。

2. RIP

RIP 比较适合在小型或中型的、多路径的、动态的 IP 互联网环境中使用。其中的含义说明如下。

（1）小型或中型互联网络可以包含 10～50 个网络。

（2）多路径是指互联网中的任意两个节点之间有多条路径可以传输数据。

（3）动态是指互联网的拓扑结构随时会更改（通常是网络和路由器的改变造成的）。

一般来说，中型企业、具有多个网络的大型分支办公室等互联网环境可以考虑选择 RIP。

3. OSPF 协议

OSPF 协议比较适合在大型或特大型的、多路径的、动态的 IP 互联网环境中使用。其中的含义说明如下。

（1）大型或特大型互联网络可以包含 50 个以上的网络。

（2）多路径是指互联网中的任意两个节点之间有多条路径可以传输数据。

（3）动态是指互联网的拓扑结构会随时更改（通常是网络和路由器的改变造成的）。

OSPF 协议通常在校园、企业、部队、机关等大型机构的互联网中使用。

8.5　路由器

路由通常与桥接（或称交换）进行对比，在第 5 章中已对交换机（网桥）和路由器进行了简单介绍。路由器和交换机工作在不同的层次（路由器是网络层设备，而交换机是数据链路层设备），工作在网络层的路由器可以识别 IP 地址，而交换机则不可以，因此路由器的功能更强大，可以在 WAN 内发挥路由的功能。

8.5.1　路由器概述

路由器有下面几个主要的性能指标。

1. 路由器类型

该指标主要表现为路由器是否为模块化结构的。模块化结构的路由器一般可扩展性较好，可以支持多种端口类型，如以太网接口、快速以太网接口、高速串行接口等。各种类型接口的数量一般可选，但价格通常比较昂贵。固定配置路由器可扩展性较差，只支持固定类型和数量的接口，一般价格比较便宜。

2. 路由器配置

路由器配置包括接口种类、用户可用槽数、CPU、内存和接口密度 5 个方面。

（1）接口种类。接口种类是指路由器能支持的接口种类，体现了路由器的通用性。常见的接口种类有通用串行接口（通过电缆转换成 RS-232 DTE/DCE 接口、V.35 DTE/DCE 接口、X.21 DTE/DCE 接口、RS-449 DTE/DCE 接口和 EIA 530 DTE 接口等）、快速以太网接口、10Mbit/s 以太网接口、10/100Mbit/s 自适应以太网接口、吉比特以太网接口、ATM 接口（2Mbit/s、25Mbit/s、155Mbit/s、633Mbit/s 等）、POS 接口（155Mbit/s、622Mbit/s 等）、令牌环接口、FDDI、E1/T1 接口、E3/T3 接口、综合业务数字网（Integrated Services Digital Network，ISDN）接口等。

（2）用户可用槽数。该指标是指模块化路由器中除 CPU 板、时钟板等必要系统板，以及系统板专用槽位外，用户可以使用的插槽数。根据该指标以及用户板接口密度可以计算该路由器支持的最大接口数。

（3）CPU。无论是在中低端路由器还是在高端路由器中，CPU 都是路由器的"心脏"。通常，在中低端路由器中，CPU 负责交换路由信息、查找路由表以及转发数据报。所以对中低端路由器来说，CPU 的能力直接影响了路由器的吞吐量（路由表查找时间）和路由计算能力（影响网络路由收敛时间）。在高端路由器中，通常包转发和查表由 ASIC 芯片完成，CPU 只实现选择路由协议、计算路由以及分发路由表等功能。由于技术的发展，路由器中的许多工作可以由硬件完成（专用芯片）。CPU 性能并不能完全反映路由器性能。路由器性能由路由器吞吐量、时延和路由计算能力等指标体现。

（4）内存。路由器中可能有多种内存，如 Flash、DRAM 等。内存用于存储配置、路由器操作系统、路由协议软件等内容。在中低端路由器中，路由表可能存储在内存中。通常来说，路由器内存越大越好（不考虑价格）。但是与 CPU 性能类似，内存同样不直接反映路由器的性能。因为高效的算法与优秀的软件可能会大大节约内存。

（5）接口密度。该指标体现了路由器制作的集成度。由于路由器体积不同，该指标应当折合成机架内每英寸的接口数。出于直观和方便等方面的考虑，通常用路由器对每种接口支持的最大数量来替代接口密度。

3. 路由协议支持

不同的路由器可以支持的路由协议也是不同的，常见的有 RIP、路由信息协议版本 2（RIPv2）、开放的 SPF 协议版本 2（OSPFv2）和 BGP-4 等。路由协议决定了路由器的工作性能。例如，如果支持 RIP，那么该路由器可能只适用于规模较小的网络。

4. 路由器性能

路由器的性能主要体现在以下主要参数上。

（1）全双工线速转发能力。路由器最基本且最重要的功能是数据报转发。在同样接口速率下转发小包是对路由器包转发能力最大的考验。全双工线速转发能力是指以最小包长（以太网 64 字节、POS 口 40 字节）和最小包间隔（符合协议规定）在路由器接口上双向传输不引起丢包。该指标是衡量路由器性能的一个重要指标。

（2）设备吞吐量。该参数是指设备整机的包转发能力，是衡量设备性能的一个重要指标。路由器的工作在于根据 IP 包头或者多协议标签交换（Multi-Protocol Label Switching，MPLS）标记选路，所以性能指标是每秒转发的包数量。设备吞吐量通常小于路由器所有接口吞吐量之和。

（3）接口吞吐量。该参数是指接口的包转发能力，通常使用包每秒来衡量。通常采用两个相同速率的接口测试。但是测试接口可能与接口的位置及关系相关。例如，同一插卡上接口间测试的吞吐量值可能与不同插卡上接口间测试的吞吐量值不同。

（4）背靠背帧数。该参数是指以最小帧间隔发送最多的数据报且不引起丢包时的数据报数量。该指标用于测试路由器缓存能力。对于具有线速全双工转发能力的路由器而言，该指标值无限大。

（5）路由表能力。路由器通常依靠所建立及维护的路由表来决定如何转发。该参数是指路由表内所容纳的路由表项的数量的极限。由于 Internet 中执行 BGP 的路由器通常拥有数十万个路由表项，所以该参数也是路由器能力的重要体现。

（6）背板能力。该参数是路由器的内部实现。背板能力体现在路由器吞吐量上：背板能力通常大于依据吞吐量和测试包场所计算的值。但是背板能力只能在设计中体现，一般无法测试。

（7）丢包率。该参数是指测试中丢失的数据报数量占发送的数据报数量的比例，通常在吞吐量范围内测试。丢包率与数据报长度以及包发送频率相关。在一些环境下可以加上路由抖动、大量路由后再进行测试。

（8）时延。该参数是指从数据报第一个比特进入路由器到最后一个比特从路由器输出的时间间隔。在测试中，其通常是指测试仪表发出测试报到收到数据报的时间间隔。时延与数据报的长度相关，通常在路由器接口吞吐量范围内测试，超出吞吐量范围测试该指标没有意义。

（9）VPN 支持能力。通常，路由器支持虚拟专用网络（Virtual Private Network，VPN）。其性能差别一般体现在所支持的 VPN 数量上。专用路由器一般支持的 VPN 数量较多。

（10）无故障工作时间。该参数按照统计方式指出设备无故障工作的时间。该指标一般无法测试，可以通过主要器件的无故障工作时间计算或者根据大量相同设备的工作情况计算。

大家在选择路由器时可以从上述参数上入手，以选择合适的产品。

8.5.2 路由器命令的使用

路由器命令的使用对于路由器的配置、管理至关重要。通过对路由器的端口识别和常见路由器命令的使用，可以掌握路由器的连接、配置和使用方法。

1. 路由器的连接方式

主要端口的连接及用途描述如下。

（1）Console 端口连接终端或运行"终端仿真"软件的计算机。

（2）AUX 端口连接 Modem，通过电话线与远程的终端或运行"终端仿真"软件的计算机相连。

（3）Serial Ports 用于路由器间的 DCE 和 DTE 的连接。

（4）快速以太网。端口根据网络拓扑可以连接 WAN 设备或 LAN 设备。

路由器的管理和访问可以通过以下方法实现。

（1）通过 Console 端口。

（2）通过 AUX 端口。

（3）通过以太网中的简单文件传输协议（Trivial File Transfer Protocol，TFTP）服务器。

（4）通过以太网中的 Telnet 程序。

（5）通过以太网中的 SNMP 网络管理工作站。

路由器的第一次设置必须通过 Console 端口进行，选择"开始"→"程序"→"附件"→"通讯"→"超级终端"命令，启动"超级终端"软件。

2. 路由器的命令模式

路由器的命令模式有用户模式、特权模式、全局配置模式、接口配置模式、线路配置模式和路由配置模式等。

（1）router>——用户模式。

路由器处于用户模式时，用户可以查看路由器的连接状态和访问其他网络及主机，但不能查看和更改路由器的设置内容。

（2）router#——特权模式。

当用户在"router>"提示符下输入"enable"命令时，路由器进入特权模式 router#。此时不仅可以执行所有的用户命令，还可以查看和更改路由器的设置内容。在特权模式下输入"exit"命令，可退回到用户模式。在特权模式下仍然不能进行配置，需要输入"configure terminal"命令进入全局配置模式，才能实现对路由器的配置。

（3）router（config）#——全局配置模式。

在"router#"提示符下输入"configure terminal"命令，路由器进入全局配置模式 router（config）#，此时可以设置路由器的全局参数。

（4）router（config-if）#——接口配置模式。

路由器处于全局配置模式时，如果要对路由器的每个接口进行具体配置，则需要进入接口配置模式。例如，配置某一以太网接口需要在"router（config）#"提示符下输入"interface Ethernet 0"命令，以进入接口配置模式 router（config-if）#。

（5）router（config-line）#——线路配置模式。

当路由器处于全局配置模式时，如果要对路由器的访问线路进行配置以实现线路控制，则需要进入线路配置模式。例如，配置远程访问线路时，需要在"router（config）#"提示符下输入"line vty 0 4"命令，以进入线路配置模式 router（config-line）#。

（6）router（config-router）#——路由配置模式。

路由器处于全局配置模式时，如果要对路由协议参数进行配置以实现路由，则需要进入路由配置模式。例如，配置动态路由协议 RIP 时，需要在"router（config）#"提示符下输入"router rip"命令，以进入路由配置模式 router（config-router）#。

3. 常见路由器命令

（1）基本路由器的查看命令。

```
show  version              //查看版本及引导信息
show  iproute              //查看路由信息
show  startup-config       //查看路由器备份配置（开机设置）
show  running-config       //查看路由器当前配置（运行设置）
show  interface            //查看路由器接口状态
show  flash                //查看路由器 IOS 文件
```

（2）基本路由配置命令。

```
configure  terminal                      //进入全局配置模式
hostname 标识名                           //标识路由器
interface  接口号                         //进入接口配置模式
line  con  0 或 line  vty  0  4 或 line  aux  0    //进入线路配置模式
enable  password 或 enable  secret 口令    //配置口令
no  shutdown                             //启动端口
ip  address                              //配置 IP 地址
```

（3）IP 路由命令。

① 静态路由命令。

```
ip  routing             //查看静态路由
ip  route               //配置静态路由
```

② 默认路由命令。

```
ip  default-network 网络号    //配置默认路由
```

③ RIP 配置命令。

```
router  rip             //设置路由协议为 RIP
network 网络号           //配置所连接的网络
show  ip  route         //查看路由记录
show  ip  protocol      //查看路由协议
```

8.6 习题

一、填空题

1. 路由器的基本功能是_____。

2. 路由动作包括两项基本内容: _____和_____。

3. 在 IP 互联网中,路由通常可以分为_____路由和_____路由。

4. RIP 使用_____算法,OSPF 协议使用_____算法。

5. 确定分组从源端到目的端的"路由选择",属于 OSI 参考模型中_____层的功能。

二、选择题

1. 在网络地址 178.15.0.0 中划分出 10 个大小相同的子网,每个子网最多有(   )个可用的主机地址。

A. 2046   B. 2048   C. 4094   D. 4096

2. 在路由器上,从(   )可以进入接口配置模式。

A. 用户模式   B. 特权模式   C. 全局配置模式   D. 线程用户模式

3. 在通常情况下,下列说法错误的是(   )。

A. 高速缓存区中的 ARP 表是由人工建立的

B. 高速缓存区中的 ARP 表是由主机自动建立的

C. 高速缓存区中的 ARP 表是动态的

D. 高速缓存区中的 ARP 表保存了主机 IP 地址与物理地址的映射关系

4. 下列不属于路由选择协议的是(   )。

A. RIP   B. ICMP   C. BGP   D. OSPF 协议

5. 在计算机网络中,能将异种网络互连起来,实现不同网络协议相互转换的网络互连设备是(   )。

A. 集线器   B. 路由器   C. 网关   D. 网桥

6. 路由器要根据报文分组的(   )转发分组。

A. 端口号   B. 物理地址   C. IP 地址   D. 域名

7. 下列关于 RIP 的描述中,正确的是(   )。

A. 采用 LS 算法   B. 距离通常用带宽表示

C. 向相邻路由器广播路由信息   D. 适用于特大型互联网

8. 下列关于 RIP 与 OSPF 协议的描述中,正确的是(   )。

A. RIP 和 OSPF 协议都采用 DV 路由选择算法

B. RIP 和 OSPF 协议都采用 LS 算法

C. RIP 采用 DV 路由选择算法,OSPF 协议采用 LS 算法

D. RIP 采用 LS 算法,OSPF 协议采用 DV 路由选择算法

9. 下列关于 OSPF 协议和 RIP 中路由信息广播方式的描述中,正确的是(   )。

A. OSPF 协议向全网广播,RIP 仅向相邻路由器广播

B. RIP 向全网广播,OSPF 协议仅向相邻路由器广播

C. OSPF 协议和 RIP 都向全网广播

D. OSPF 协议和 RIP 都仅向相邻路由器广播

三、简答题

1. 常见的路由器端口主要有哪些?

2. 简述路由器的工作原理。

3. 简述路由器与交换机的区别。

4. 路由器的主要作用是什么？

5. 静态路由和默认路由有何区别？两者中哪一个执行速度更快？

6. 常用的路由选择算法有哪些？

7. 假设一个 IP 地址为 222.98.117.118/27，请写出该 IP 地址所在子网内的合法主机 IP 地址范围、广播地址及子网的网络号。

8. 一个公司有 3 个部门，分别为财务部、市场部、人事部。要求创建 3 个子网进行网络管理，请根据网络号 172.17.0.0/16 进行子网划分，并写出每个子网的网络号、子网掩码、合法主机范围。要求写出步骤。

8.7 拓展训练

拓展训练 1　划分子网及应用

一、实训目的

- 正确配置 IP 地址和子网掩码。
- 掌握子网划分的方法。

二、实训环境要求

所需设备如下。

（1）5 台装有 Windows 7 操作系统的 PC（可分组进行）。

（2）交换机 1 台。

（3）直通线 5 条。

三、实训内容

（1）划分子网。

（2）配置不同子网的 IP 地址。

（3）测试结果。

四、实训拓扑图

子网划分及应用的网络拓扑结构如图 8-9 所示。

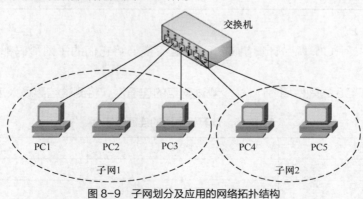

图 8-9　子网划分及应用的网络拓扑结构

五、实训步骤

（1）硬件连接。

将 5 条直通线的两端分别插入每台计算机网卡的 RJ-45 接口和交换机的 RJ-45 接口，检查网卡和交换机的相应指示灯是否亮起，判断网络是否正常连通。

（2）TCP/IP 配置。

① 配置 PC1 的 IP 地址为 192.168.1.17，子网掩码为 255.255.255.0；配置 PC2 的 IP 地址为 192.168.1.18，子网掩码为 255.255.255.0；配置 PC3 的 IP 地址为 192.168.1.19，子网掩码为 255.255.255.0；配置 PC4 计算机的 IP 地址为 192.168.1.33，子网掩码为 255.255.255.0；配置 PC5 计算机的 IP 地址为 192.168.1.34，子网掩码为 255.255.255.0。

② 在 PC1、PC2、PC3、PC4、PC5 之间使用 ping 命令测试网络的连通性，将测试结果填入表 8-13。

表 8-13　计算机之间的连通性表 1

计算机	PC1	PC2	PC3	PC4	PC5
PC1	/				
PC2		/			
PC3			/		
PC4				/	
PC5					/

（3）划分子网 1。

① 保持 PC1、PC2、PC3 这 3 台计算机的 IP 地址不变，将它们的子网掩码都修改为 255.255.255.240。

② 在 PC1、PC2、PC3 之间使用 ping 命令测试网络的连通性，将测试结果填入表 8-14。

表 8-14　计算机之间的连通性表 2

计算机	PC1	PC2	PC3
PC1	/		
PC2		/	
PC3			/

（4）划分子网 2。

① 保持 PC4、PC5 两台计算机的 IP 地址不变，将它们的子网掩码都修改为 255.255.255.240。

② 在 PC4、PC5 之间使用 ping 命令测试网络的连通性，将测试结果填入表 8-15。

表 8-15　计算机之间的连通性表 3

计算机	PC4	PC5
PC4	/	
PC5		/

（5）子网 1 和子网 2 之间的连通性测试。

在 PC1、PC2、PC3（子网 1）与 PC4、PC5（子网 2）之间使用 ping 命令测试网络的连通性，将测试结果填入表 8-16。

表 8-16　计算机之间的连通性表 4

子网		子网 2	
		PC4	PC5
子网 1	PC1		
	PC2		
	PC3		

提示　子网 1 的子网号是 192.168.1.16，子网 2 的子网号是 192.168.1.32。此拓展训练最好分组进行，每组 5 人，每组的 IP 地址可设计为 192.168.组号.×××。

拓展训练 2　路由器的启动和初始化配置

一、实训目的

- 熟悉 Cisco 2600 系列路由器的基本组成和功能，了解 Console 口和其他基本端口的使用。
- 了解路由器的启动过程。
- 掌握通过 Console 口或以 Telnet 的方式登录到路由器的方法。
- 掌握 Cisco 2600 系列路由器的初始化配置方法。
- 熟悉 CLI 的各种编辑命令和帮助命令的使用。

二、实训环境要求

可考虑分组进行，每组需要 Cisco 2600 系列路由器一台；Hub 一台；PC 一台（Windows 7 操作系统，需安装"超级终端"软件）；RJ-45 双绞线两条；Console 控制线一条，并配有适用于 PC 串口的接口转换器。

三、实训内容

（1）了解 Cisco 2600 系列路由器的基本组成和功能。

（2）使用超级终端通过 Console 口登录到路由器。

（3）观察路由器的启动过程。

（4）对路由器进行初始化配置。

四、实训拓扑图

"路由器初始配置"网络拓扑结构如图 8-10 所示。

实训中分配的 IP 地址：PC 为 192.168.1.1，路由器 E0 口为 192.168.1.2；其子网掩码均为 255.255.255.0。

五、实训步骤

（1）观察 Cisco 2600 系列路由器的组成，了解各个端

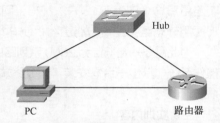

图 8-10　"路由器初始配置"网络拓扑结构

口的基本功能。

（2）根据实验要求连接好线缆后，进入实验配置阶段。

① 启动 PC，设备的 IP 地址为 192.168.1.1。

② 选择"开始"→"程序"→"附件"→"通讯"→"超级终端"命令，双击超级终端可执行文件图标，设置新连接名称为"LAB"，在"连接时使用"列表框中选择"COMl"选项。

③ 对端口进行设置：设置数据传输速率为 9 600bit/s，其他保持默认。

（3）打开路由器电源，启动路由器并进行初始化配置。

① 在"Would you like to enter the initial configuration dialog?"提示符下输入"yes"；在"Would you like to enter basic management setup?"提示符下输入"no"。

② 设置路由器名称为 Cisco2600，特权密码为 Cisco2600，控制台登录密码为 Cisco，虚拟终端连接密码为 Vpassword。

③ 分别在"Configure SNMP Network Management""Configure LAT""Configure AppleTalk""Configure DECnet"提示符下输入"no"，在"Configure IP?"提示符下输入"yes"。

④ 在 Ethernet 0/0 端口上设置路由器的 IP 地址为 192.168.1.2。

⑤ 保存配置并退出。

⑥ 使用 reload 命令重新启动路由器，并观察路由器的启动过程。

⑦ 使用 telnet 命令通过虚拟终端登录到路由器。

⑧ 若处于终端服务器的用户在 EXEC 模式下没有看到提示符，则可按几次"Enter"键，输入"enable"，并按"Enter"键，进入特权 EXEC 模式。

六、实训思考题

（1）观察路由器的基本结构，描述路由器的各种端口及其表示方法。

（2）简述路由器的软件及内存体系结构。

（3）简述路由器的主要功能和几种基本配置方式。

拓展训练 3　静态路由与默认路由配置

一、实训目的

- 理解 IP 路由寻址的过程。
- 掌握创建和验证静态路由、默认路由的方法。

二、实训环境要求

某公司在济南、青岛、北京各有一分公司，为了使各分公司的网络能够通信，公司在 3 地购买了路由器，分别为 R1、R2、R3，同时申请了数字数据网（Digital Data Network，DDN）线路。现要用静态路由配置各路由器，使 3 地的网络能够通信。

为此需要 4 台 Cisco 2600 系列路由器，3 台 D-Link 交换机（或 Hub），若干台 PC（Windows 7 操作系统，其中一台需安装"超级终端"软件），RJ-45 直通、交叉双绞线若干条，Console 控制线 1 条。

三、实训内容

（1）创建静态路由。

（2）创建默认路由。

（3）验证路由。

四、实训拓扑图

实训拓扑图如图 8-11 所示。

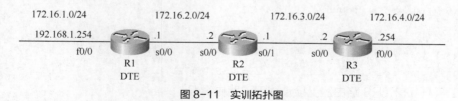

图 8-11　实训拓扑图

五、实训步骤

（1）在 R1 路由器上配置 IP 地址和 IP 路由。

```
R1#conf t
R1（config）#interface f0/0
R1（config-if）#ip address 172.16.1.254 255.255.255.0
R1（config-if）#no shutdown
R1（config-if）#interface s0/0
R1（config-if）#ip address 172.16.2.1 255.255.255.0
R1（config-if）#no shutdown
R1（config-if）#exit
R1（config）#ip route 172.16.3.0 255.255.255.0 172.16.2.2
R1（config）#ip route 172.16.4.0 255.255.255.0 172.16.2.2
```

（2）在 R2 路由器上配置 IP 地址和 IP 路由。

```
R2#conf t
R2（config）#interface s0/0
R2（config-if）#ip address 172.16.2.2 255.255.255.0
R2（config-if）#clock rate 64000
R2（config-if）#no shutdown
R2（config-if）#interface s0/1
R2（config-if）#ip address 172.16.3.1 255.255.255.0
R2（config-if）#clock rate 64000
R2（config-if）#no shutdown
R2（config-if）#exit
R2（config）#ip route 172.16.1.0 255.255.255.0 172.16.2.1
R2（config）#ip route 172.16.4.0 255.255.255.0 172.16.3.2
```

（3）在 R3 路由器上配置 IP 地址和 IP 路由。

```
R3#conf t
R3（config）#interface f0/0
```

```
R3（config-if）#ip address 172.16.4.254 255.255.255.0

R3（config-if）#no shutdown

R3（config-if）#interface s0/0

R3（config-if）#ip address 172.16.3.2 255.255.255.0

R3（config-if）#no shutdown

R3（config-if）#exit

R3（config）#ip route 172.16.1.0 255.255.255.0 172.16.3.1

R3（config）#ip route 172.16.2.0 255.255.255.0 172.16.3.1
```

（4）在 R1、R2、R3 路由器上检查接口、路由情况。

```
R1#show ip route

R1#show ip interfaces

R1#show interface

R2#show ip route

R2#show ip interfaces

R2#show interface

R3#show ip route

R3#show ip interfaces

R3#show interface
```

（5）在各路由器上使用 ping 命令测试到各网络的连通性。

（6）在 R1、R3 路由器上取消已配置的静态路由，R2 路由器保持不变。

```
R1:

R1（config）#no ip route 172.16.3.0 255.255.255.0 172.16.2.2

R1（config）#no ip route 172.16.4.0 255.255.255.0 172.16.2.2

R1（config）#exit

R1#show ip route

R3:

R3（config）#no ip route 172.16.1.0 255.255.255.0 172.16.3.1

R3（config）#no ip route 172.16.2.0 255.255.255.0 172.16.3.1

R3（config）#exit

R3#show ip route
```

（7）在 R1、R3 路由器上配置默认路由。

```
R1:

R1（config）#ip route 0.0.0.0 0.0.0.0 172.16.2.2

R1（config）#ip classless

R3:

R3（config）#ip route 0.0.0.0 0.0.0.0 172.16.3.1

R3（config）#ip classless
```

问题：在配置默认路由时，为什么要在 R3 路由器上配置"ip classless"？

（8）在各路由器上使用 ping 命令测试到各网络的连通性。

六、实训思考题

（1）默认路由用于什么场合比较好？

（2）什么是路由？什么是路由协议？

（3）什么是静态路由、默认路由、动态路由？选择路由的基本原则是什么？

（4）试述 RIP 的缺点。

七、实训问题参考答案

默认是可以不配置"ip classless"的，显式配置是为了防止有人使用了"no ip classless""ip classless"命令使路由器对查找不到路由的数据包使用默认路由转发。

拓展阅读 "雪人计划"

"雪人计划（Yeti DNS Project）"是基于全新技术架构的全球下一代互联网 IPv6 根服务器测试和运营实验项目，旨在打破现有的根服务器困局，为下一代互联网提供更多的根服务器解决方案。

"雪人计划"是 2015 年 6 月 23 日在国际互联网名称与数字地址分配机构（the Internet Corporation for Assigned Names and Numbers，ICANN）第 53 届会议上正式对外发布的。

发起者包括中国"下一代互联网关键技术和评测北京市工程中心"、日本 WIDE 机构（M 根运营者）、国际互联网名人堂入选者保罗·维克西（Paul Vixie）博士等组织和个人。

2019 年 6 月 26 日，中华人民共和国工业和信息化部同意中国互联网络信息中心设立域名根服务器及运行机构。"雪人计划"于 2016 年在中国、美国、日本、印度、俄罗斯、德国、法国等全球 16 个国家完成 25 台 IPv6 根服务器架设，其中 1 台主根服务器和 3 台辅根服务器部署在中国，事实上形成了 13 台原有根服务器加 25 台 IPv6 根服务器的新格局，为建立多边、透明的国际互联网治理体系打下了坚实基础。

第 9 章
广域网技术

09

广域网是一种跨地区的数据通信网络，其覆盖的范围从几十千米到几千千米不等。它能跨越多个城市和国家，甚至几大洲，提供远距离通信。广域网一般是使用电信运营商提供的设备及网络作为信息传输平台的，其涉及的技术较多且复杂，通常只涉及 OSI 参考模型的下 3 层。Internet 是全球最大、最典型的广域网。随着其普及和发展，Internet 应用的广度和深度都在不断增加。

本章学习目标

- 掌握常见的广域网连接技术。
- 掌握高级链路控制协议。
- 掌握点到点协议。

- 了解 X.25。
- 了解帧中继。
- 了解常见的 Internet 接入方式。

9.1 广域网的基本概念

WAN 是一种地理跨度很大的网络，要利用一切可以利用的连接技术来实现网络之间的互连，因此组建该网络的过程比较复杂。

区分 WAN 和 LAN 最好的方法是自己拥有 LAN 设备，但 WAN 设备需从服务提供商那里租用。WAN 示意图如图 9-1 所示。

图 9-1　WAN 示意图

9.1.1 广域网的特点

WAN 不同于 LAN，它的范围更广，可以覆盖一个城市、一个国家，甚至可以实现全球互连，因此具有与 LAN 不同的特点。

（1）覆盖范围广，通信距离远，可达数千千米，甚至可以实现全球互连。

（2）不同于 LAN 有一些固定的结构，WAN 没有固定的拓扑结构，通常使用高速光缆作为传输介质。

（3）主要提供面向通信的服务，支持用户使用计算机进行远距离的信息交换。

（4）LAN 通常作为 WAN 的终端用户与 WAN 相连。

（5）WAN 的管理和维护比 LAN 困难。

（6）WAN 一般由电信部门或公司负责组建、管理和维护，并向全社会提供面向通信的有偿服务，包括流量统计和计费服务等。

9.1.2 广域网术语

常用的广域网术语主要有以下几个。

（1）用户驻地设备（Customer Premises Equipment，CPE）。CPE 是用户方拥有的设备，位于用户驻地一侧。

（2）分界点（Demarcation Point）。分界点是 ISP 最后的负责点，也是 CPE 的开始点。其通常是最靠近电信的设备，并且由电信公司拥有和安装。用户负责从此开始到 CPE 的布线（扩展分界），通常是连接到通道服务单元/数据服务单元 [（Channel Service Unit，CSU）/（Data Service Unit，DSU）] 或 ISDN 接口。

（3）中心局（Central Office，CO）。中心局将用户的网络连接到 ISP 的交换网络。CO 有时也被称为呈现点（Point of Presence，PoP）。

（4）本地回路（Local Loop）。本地回路连接分界点到 CO 的最近交换局。

（5）长途网络（Toll Network）。这些是 WAN 中的中继线路。长途网络属于 ISP 的交换机和设备的集合。

熟悉这些术语非常重要，因为这是理解 WAN 技术的关键。

9.1.3 广域网的带宽

有一些基本的带宽术语用于描述 WAN 连接，如下所示。

（1）DS0（Digital Signal 0）：这是基本的数字信令速率，相当于一个信道，是容量最小的数字电路，1DS0 相当于一条语音或数据线路。

（2）T1：也称 DS1，它将 24 条 DS0 电路捆绑在一起，总带宽为 1.544Mbit/s。

（3）E1：相当于欧洲的 T1，包含 30 条捆绑在一起的 DS0 电路，总带宽为 2.048Mbit/s。

（4）T3：也称 DS3，它将 28 条 DS1（或 672 条 DS0）电路捆绑在一起，总带宽为 44.736Mbit/s。

（5）OC-3：光载波 3，使用光缆，由 3 条捆绑在一起的 DS3 组成，包含 2016 条 DS0，总带宽为 155.52Mbit/s。

（6）OC-12：光载波 12，由 4 条捆绑在一起的 OC-3 组成，包含 8064 条 DS0，总带宽为 622.08Mbit/s。

（7）OC-48：光载波 48，由 4 条捆绑在一起的 OC-12 组成，包含 32256 条 DS0，总带宽为 2488.32Mbit/s。

9.1.4 广域网的连接方式

WAN 的连接方式有 3 种：专线方式、电路交换方式和分组交换方式。

（1）专线方式。专线方式也称为线路租用，它是电信运营商为用户的两个点提供的专用连接通信通道，是一种点到点、永久式的专用物理通道，如 DDN。

（2）电路交换方式。电路交换方式的网络通过介质连接上的载波为每个通信会话临时建立一条专有物理电路，并维持电路，直到通信结束后终止这一连接，如 ISDN 和公用电话交换网（Public Switched Telephone Network，PSTN）。

（3）分组交换方式。分组交换方式采用虚电路和数据报两种服务方式实现网络通信。所谓虚电路服务方式，就是采用了多路复用技术在一条物理连接上建立若干条逻辑上的虚电路，从而实现一对多同时通信。所谓数据报服务方式，是指通过分组交换机进行存储，并根据不同的路径将分组转发出去，这样可以动态利用线路的带宽。帧中继、X.25 和异步传输模式等即为分组交换通信方式。

下面通过 3 种连接方式简单介绍几种常用的 WAN 连接技术及对应的数据链路层技术，其中包括 PSTN、高级数据链路控制（High-level Data Link Control，HDLC）、点到点协议（Point-to-Point Protocol，PPP）和 FR 等。

1. 专线方式

在专线连接方式中，通信运营商利用其通信网络中的传输设备和线路，为用户配置一条专用的通信线路。专线既可以是数字的，也可以是模拟的，其连接方式和结构如图 9-2 所示。用户通过自身设备的串口短距离连接到接入设备，再通过接入设备跨越一定距离连接到运营商通信网络。

图 9-2　专线连接方式和结构

通信设备的物理接口通常可分为 DCE 和 DTE 两类。运营商通信网络为用户提供的接入设备通常称为 DCE。这种设备通常处于主动位置，为用户提供网络通信服务的接口，并且提供用于同步数据通信的时钟信号。客户端的用户设备称为 DTE，通常处于被动位置，接收线路时钟，获得网络通信服务。

按照这种结构，客户在专线连接中，线路的速率由运营商确定，因此专线方式的特点如下。

（1）用户独占一条永久性、点到点的专用线路。

（2）线路速率固定，由客户向运营商租用，并独享带宽。

（3）部署简单，通信可靠，传输时延小。

（4）资源利用率低，费用昂贵。

（5）点到点的结构不够灵活。

专线方式的典型代表是 DDN。它是一种利用光缆、数字微波或卫星等数字传输通道和数字交叉复用设备组成的数字数据传输网。它可以为用户提供各种速率的高质量数字专用电路和其他新业务，以满足用户多媒体通信和组建中高速计算机通信网的需要。

DDN 主要解决的是两地 LAN 之间的数据互通问题，是在数据通信终端之间采用数字传输技术的数据通信网，可以为 $N×64$bit/s（N=1～31）的数字信号提供半永久连接。

DDN 只解决了数据的专线连接，但这样的连接方式很不经济。如果一个企业在不同的地理位置有多个分支机构想要互连，则需要在不同分支机构之间均建立专线连接，从而形成全连接结构。而这样需要的费用是一般中小企业无法承受的，所以在 VPN 技术出现以后，一般的中小企业对租用"专线"缺乏兴趣。

2. 电路交换方式

由于专线方式的费用过于昂贵，用户希望能够使用一种按需建立连接的通信方式来实现不同地域 LAN 的连接，这就是电路交换方式。电路交换方式的结构与图 9-1 类似，只是运营商提供的是 WAN 交换机，从而使用户设备接入电路交换网络。

典型的电路交换网包括 PSTN 和综合业务数字网（Integrated Services Digital Network, ISDN）。

（1）PSTN

PSTN 是以电路交换技术为基础的用于传输模拟语音的网络。这个网络中拥有数以亿计的电话机和各种交换设备。为了使庞大的电话网能够正常工作，PSTN 采用分级交换方式工作。通常情况下，PSTN 主要由 3 个部分组成：本地回路、干线和交换机。

本地回路（用户电话机到局级交换机之间）基本上采用模拟线路，干线和交换机是 PSTN 的主干部分，一般采用数字传输和交换技术。

PSTN 的主要业务是提供固定电话服务。根据生理学原理，20～20 000 Hz 的声音是人类可以听到的声音，其中 300～3400 Hz 是人类听觉最灵敏的频率范围，因此 PSTN 线路上信号的传输频带采用了这个范围内的值。同时，为了保证电话通信的实时性，PSTN 采用了电路交换技术。这种情况导致 PSTN 在进行数据传输时带宽很小，但使用 PSTN 实现计算机之间的数据通信的成本是较低的，用户可以使用普通电话线或租用一条电话专线进行数据传输。

其中最常使用普通拨号电话线的场合是在商场中使用 POS 机刷卡消费。对于商场来讲，每次刷卡只是相当于打了一个市内电话，费用相当低廉。电话专线通常是作为备份线路来使用的，例如，银行的储蓄所为了防止主干线路出现问题，而租用电话专线为主干线路进行了备份。

由于 PSTN 线路在进行数据传输时带宽有限，再加上 PSTN 交换机没有存储功能，所以 PSTN 只能用于对通信速率要求不高的场合。如果希望获得更快的上网速率，则 PSTN 是无法满足的，必须寻求其他方法。

（2）ISDN

ISDN 是一种数字通信网络，提供端到端的数字连接，以支持一系列的业务（包括语音和数字通信业务），为用户提供多用途的标准接口以接入网络。其产生的目的是希望能够利用一条用户线就可以提供电话、传真、可视图文及数据通信等多种业务，这也是"综合业务数字网"名称的由来。

ISDN 通过普通的电缆以更高的速率和质量传输语音和数据，可以达到 128kbit/s 的通信速率，比 PSTN 快得多。因为 ISDN 是全数字化的电路，所以它能够提供稳定的数据服务和连接速率，不像模拟线路那样易受干扰。ISDN 在数字线路上更容易开展模拟线路无法或者比较难以保证质量的数字信息业务。

3. 分组交换方式

分组交换方式是在计算机技术发展到一定程度时产生的，是为了能够更加充分地利用物理线路而设计的一种 WAN 连接方式，分组交换在每个分组的前面加上一个分组头，其中包含发送方和接收方的地址，并由分组交换机根据每个分组的地址，将它们转发至目的地，这一过程称为分组交换。

分组交换的基本业务有交换虚电路（Switched Virtual Circuit，SVC）和永久虚电路（Permanent Virtual Circuit，PVC）两种。

分组交换方式实质上是在"存储—转发"的基础上发展而来的，它兼具电路交换方式和报文交换方式的优点。

分组交换方式比电路交换方式的电路利用率高，比报文交换方式的传输时延小，交互性好。

（1）X.25 网

X.25 网是一种典型的分组交换网，是第一个面向连接的网络，也是第一个公共数据网络。X.25 网本身具有 3 层协议，有协议转换、速度匹配等功能，适用于不同通信规程、不同速率的用户设备之间的相互通信。

20 世纪 60～70 年代，人们使用慢速、模拟和不可靠的电话线路进行通信。当时计算机的处理速度很慢，且价格比较昂贵。为了节省计算机的运行时间和资源，对网络的要求比较严格，于是在网络内部使用很复杂的 X.25 协议来处理传输差错。这种方法保证了只要是传送到目的地的数据就一定是完整可靠的，但速率只有 64kbit/s。

随着计算机技术与通信技术的发展，大部分通信线路的误码率已经非常低了，计算机的处理速度也足够快，在这种情况下，X.25 网的复杂操作过程就显得多余了。为此，简化版的 X.25——FR 技术应运而生。

（2）FR

FR 是一种用于连接计算机系统的面向分组的通信方法。它主要用于公共或专用网中的 LAN 互连以及 WAN 连接。大多数公共电信局提供 FR 服务，并把它作为建立高性能虚拟广域连接的一种途径。FR 是进入带宽范围从 56kbit/s 到 1.544Mbit/s 的广域分组交换网的用户接口。

FR 是由 ISDN 发展而来的，并在 1984 年被推荐成为 CCITT 的一项标准。由于光缆网的误码率（小于 10^{-9}）比早期的电话网误码率（10^{-5}～10^{-4}）低得多，所以可以减少 X.25 网的某些差错控制过程，从而减少节点的处理时间，提高网络的吞吐量。FR 就是在这种环境下产生的。FR 提供的是数据链路层和物理层的协议规范，任何高层协议都独立于 FR 协议，因此大大简化了 FR 的实现过程。

FR 的主要应用之一是不同局域网之间的互连，特别是在 LAN 通过 WAN 进行互连时，使用 FR 更能体现它的低网络时延、低设备费用、高带宽利用率等优点。FR 是一种先进的广域网技术，实质上也是分组交换通信的一种方式，只不过它对 X.25 网中分组交换机之间的恢复差错、防止阻塞的处理过程进行了简化。

9.2 HDLC 协议

在专线方式和电路交换方式的点到点连接中，运营商提供的线路属于物理层。要想很好地利用这些物理资源，需要在数据链路层提供一些协议，建立端到端的数据链路。这些常见的数据链路层协议包括串行线路网际协议（Serial Line Internet Protocol，SLIP）、同步数据链路控制（Synchronous Data Link Control，SDLC）协议、HDLC 协议和 PPP。专线连接常用 HDLC 协议、PPP 等，电路交换连接常用 PPP。

20 世纪 70 年代初，IBM 公司率先提出了面向比特的 SDLC 协议。随后，ANSI 和 ISO 均采纳并发展了 SDLC 协议，并分别提出了自己的标准：ANSI 的高级数据控制程序（Advanced Data Control Procedure，ADCP）、ISO 的 HDLC 协议。

9.2.1 HDLC 协议的帧格式

HDLC 协议是数据链路层协议的一项国际标准，用以实现远程用户间的资源共享和信息交互。HDLC 协议用以保证传送到下一层的数据在传输过程中能够准确地被接收，即差错释放中没有任何损失，并且序列正确。HDLC 协议的另一个重要功能是控制流量，即一旦接收端收到数据，便能立即进行传输。

HDLC 协议由 ISO/IEC13239 提出，于 2002 年修订，2007 年再次讨论后定稿。在通信领域，HDLC 协议应用非常广泛，其工作方式可以支持半双工、全双工传送，支持点到点、点到多点结构，支持交换型、非交换型信道。

HDLC 协议的帧格式如图 9-3 所示。

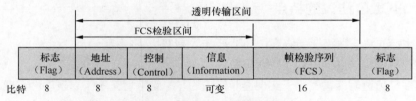

图 9-3　HDLC 协议的帧格式

（1）标志（Flag）。为了区分数据链路层的比特流，HDLC 的每个帧前、后均有一个标志码 01111110，用作帧的起始、终止标志，同时可用来进行帧同步。标志码不能出现在帧的内部，以免引起歧义。为保证标志码的唯一性，同时兼顾帧内数据的透明性，可以采用"零比特填充法"来解决。

零比特填充法又称零比特插入法。在 HDLC 协议的帧结构中，若两个标志字段之间的比特串中出现了和标志字段 F（01111110）一样的比特组合，则会被误认为是帧的边界。为了避免出现这种情况，HDLC 协议采用零比特填充法使一帧中两个 F 字段之间不会出现 6 个连续的 1。零比特填充法如图 9-4 所示。

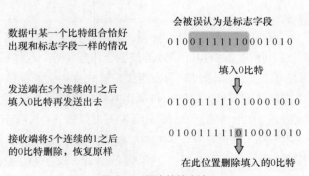

图 9-4　零比特填充法

采用零比特填充法就可以传送任意组合的比特流，或者说，可以实现数据链路层的透明传输。当连续传输两帧时，前一帧的结束标志字段可以兼作后一帧的起始标志字段。当暂时没有信息传送时，可以连续发送标志字段，使接收端可以一直和发送端保持同步。

（2）地址（Address）。地址字段占 8 位，全"1"为广播地址，全"0"为无效地址。

（3）控制（Control）。控制字段占 8 位，是最复杂的字段。控制字段用来表示帧类型、帧编号、命令以及响应等。由于控制字段的构成不同，所以可以把 HDLC 协议的帧分为 3 种类型：信息帧、监控帧、无编号帧，分别简称为 I 帧（Information）、S 帧（Supervisory）、U 帧（Unnumbered）。在控制字段中，第 1 位是"0"为 I 帧，第 1、2 位是"10"为 S 帧，第 1、2 位是"11"为 U 帧，具体操作比较复杂。另外，控制字段允许扩展。

（4）信息（Information）。信息字段内包含了用户的数据信息和来自上层的各种控制信息。在 I 帧和某些 U 帧中具有该字段，它可以是任意长度的比特序列。在实际应用中，其长度由收发站的缓冲器的大小和线路的差错情况决定，但必须是 8bit 的整数倍。

（5）帧检验序列（Frame Check Sequence，FCS）。帧检验序列字段共 16bit。所检验的范围是从地址字段的第一个比特起，到信息字段的最末一个比特为止。

9.2.2　HDLC 协议的特点

作为面向比特的数据链路控制协议，HDLC 协议具有以下特点。

（1）该协议不依赖于任何一种字符编码集。

（2）数据报文可透明传输，用于实现透明传输的"零比特填充法"易于硬件实现。

（3）全双工通信，不必等待确认便可连续发送数据，有较高的数据链路传输速率。

（4）所有帧均采用 CRC 码校验，对信息帧进行编号，可防止漏收或重收，传输可靠性高。

（5）传输控制功能与处理功能分离，具有较大的灵活性和较完善的控制功能。

基于以上特点，网络设计普遍使用 HDLC 协议作为数据链路控制协议。

9.3　PPP

WAN 一般最多包括 OSI 参考模型的下 3 层，网络层提供的服务有虚电路和数据报服务，数据链路层协议有 PPP、HDLC 协议和 FR 协议等，PPP 占有绝对优势。

9.3.1　PPP 概述

PPP 是为在同等单元之间传输数据包而设计的数据链路层协议。这种链路提供全双工操作，并按照顺序传递数据包。该协议主要用来通过拨号或专线方式建立点到点连接和发送数据。PPP 已经成为各种主机、网桥和路由器之间简单连接的一种通用的数据链路层协议。

用户使用拨号电话线接入 Internet 时，一般采用 PPP，如图 9-5 所示。另外，路由器与路由器之间的专用线也广泛使用 PPP，PPP 在 WAN 中占有绝对优势。

1992 年制定了 PPP，经过 1993 年和 1994 年的修订，现在的 PPP 已成为 Internet 的正式标准（RFC 1661）。

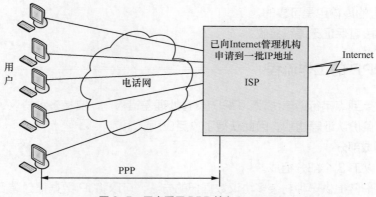

图 9-5 用户采用 PPP 接入 Internet

9.3.2 PPP 的帧格式

PPP 的帧格式如图 9-6 所示。

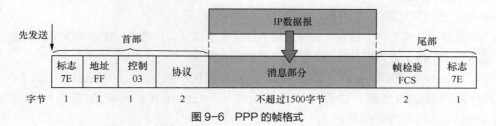

图 9-6 PPP 的帧格式

其相关说明如下。

（1）标志字段仍为 0x7E（符号"0x"表示后面的字符是用十六进制表示的。十六进制数 7E 的二进制表示是 01111110），每个 PPP 帧都是以 01111110 的 1 字节标志字段来作为开始和结束的。

（2）地址字段只置为 0xFF。地址字段实际上并不起作用。

（3）控制字段通常置为 0x03。

（4）PPP 是面向字节的，所有 PPP 帧的长度都是整数字节。

（5）协议字段（两个字节）取 0021H 表示 IP 分组（IP 数据报），取 8021H 表示网络控制数据，取 C021H 表示数据链路控制数据。

当 PPP 用于同步传输链路时，协议规定采用硬件来完成比特填充（和 HDLC 协议的做法一样）。当 PPP 用于异步传输时，使用一种特殊的字符填充法。

字符填充法是将信息字段中出现的每个 0x7E 字节转变为 2 字节序列（0x7D；0x5E）。若信息字段中出现一个 0x7D 的字节，则将其转变为 2 字节序列（0x7D；0x5D）。若信息字段中出现 ASCII 的控制字符（即数值小于 0x20 的字符），则在该字符前面加入一个 0x7D 字节，同时将该字符的编码加以改变。

PPP 之所以不使用序号和确认机制是出于以下几方面的考虑。

（1）在数据链路层出现差错的概率不大时，使用比较简单的 PPP 较为合理。

（2）在 Internet 环境下，PPP 的信息字段放入的数据是 IP 数据报。数据链路层的可靠传输并不能够保证网络层的传输也是可靠的。

（3）FCS 字段可保证无差错接收。

9.3.3　PPP 的工作流程

PPP 是一种点到点串行通信协议。PPP 具有处理差错检测、支持多种协议、允许在连接时协商 IP 地址、允许身份认证等功能，因此获得了广泛应用。

1. PPP 的组成部分

PPP 主要由以下 3 个部分组成。

（1）封装。PPP 提供一种封装多协议数据报的方法，可以将 IP 数据报封装到串行链路中。

（2）链路控制协议（Link Control Protocol，LCP）。它是一种扩展的数据链路控制协议，用于建立、配置、测试和管理数据链路连接。

（3）网络控制协议（Network Control Protocol，NCP）。该协议协商链路上传输的数据包格式与类型，建立、配置不同的网络层协议。

2. PPP 的工作流程

PPP 的工作流程如图 9-7 所示。

（1）当需要建立连接时，接收方设备对接入信号做出确认，并建立一条物理连接，从而从 Dead 阶段（链路静止阶段）进入 Establish 阶段（链路建立阶段）。

（2）在 Establish 阶段，接入方设备向接收方设备发送一系列的 LCP 分组（封装成多个 PPP 帧），进行链路层参数协商，协商完成即实现 LCP Opened（LCP 配置协商），从而进入 Authenticate 阶段（链路验证阶段）。

（3）如果协商失败，则进入 Dead 阶段。

（4）在 Authenticate 阶段，可以选择口令认证协议（Password Authentication Protocol，PAP）和挑战握手身份认证协议（Challenge Handshake Authentication Protocol，CHAP）两种认证方式中的一种实现接收方对接入方的认证或双向认证。相对来说，PAP 的认证方式的安全性没有 CHAP 高。PAP 在传输密码时是明文传输，而 CHAP 在传输过程中不传输密码，取代密码的是哈希值。

（5）如果验证通过或无验证，则进入网络阶段（Network 阶段）。

（6）如果验证未通过，则关闭，进入终止阶段（Terminate 阶段）。

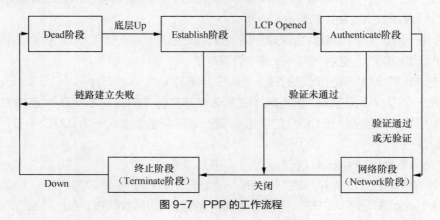

图 9-7　PPP 的工作流程

思考：PPP 和 HDLC 协议最主要的区别是什么？

答案：PPP 是面向字符的，HDLC 协议是面向位的。

9.4 X.25

X.25 网就是指 X.25 分组交换网。它是在 20 多年前根据 CCITT [即现在的国际电信联盟电信标准化部门（International Telecommunications Union Telecommunication Standardization Sector，ITU-T）] 的 X.25 建议书实现的计算机网络。X.25 网在推动分组交换网的发展中做出了很大的贡献。但是，现在已经有了性能更好的网络来代替它，如 FR 网或 ATM 网。

X.25 只是一个对公用分组交换网接口的规约。X.25 所讨论的都是以面向连接的虚电路服务为基础的。这一概念如图 9-8 所示。图中所示的是一个 DTE 同时和另外两个 DTE 进行通信的情况，网络中的虚线代表两条虚电路，其中还给出了 3 个 DTE 与 DCE 的接口。X.25 规定的正是关于这一接口的标准。

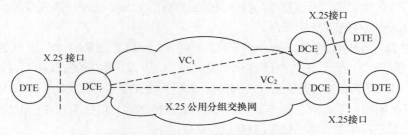

图 9-8　X.25 规定了 DTE/DCE 的接口

DTE 与 DCE 的接口实际上就是 DTE 和公用分组交换网的接口。DCE 通常是用户设施，因此可将 DCE 放在网络外面，如图 9-8 所示。

图 9-9 所示为 X.25 接口的 3 个层次的关系。最下面是物理层，接口标准是 X.21 建议书。第二层是数据链路层，接口标准是平衡型链路接入规程（Link Access Procedure Balanced，LAPB），它是本章介绍的 HDLC 协议的一个子集。第三层是分组层（不称为网络层），在这一层上，DTE 与 DCE 之间可建立多条逻辑信道（0~4095 号）。这样可以使一个 DTE 同时和网络中的其他多个 DTE 建立虚电路并进行通信。从第一层到第三层，数据传送的单位分别是"比特""帧"和"分组"。X.25 还规定了在经常需要进行通信的两个 DTE 之间可以建立 PVC。

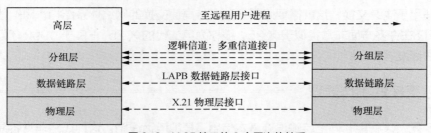

图 9-9　X.25 接口的 3 个层次的关系

从以上的简单介绍即可看出，X.25 网和以 IP 为基础的 Internet 在设计思想上有着根本差别。

Internet 是无连接的，只提供尽最大努力交付的数据报服务，无服务质量（Quality of Service，QoS）可言。而 X.25 网是面向连接的，能够提供可靠交付的虚电路服务，能保证 QoS。正因为 X.25 网能保证 QoS，所以在 20 多年前它是颇受欢迎的一种计算机网络。

在 30 多年前，计算机的价格很贵，许多用户只用得起廉价的哑终端（即字符终端，没有硬盘）。当时通信线路的传输质量一般较差，误码率较高。X.25 网的设计思路是将智能处理功能添加到网络内。X.25 网在每两个节点之间的传输都使用带有编号和确认机制的 HDLC 协议，而网络层使用具有流量控制的虚电路机制，可以向用户的哑终端提供可靠交付的服务。但是到了 20 世纪 90 年代，情况发生了很大的变化。通信主干线路已大量使用光缆技术，数据传输质量的大大提高使误码率降低了几个数量级，而 X.25 网十分复杂的数据链路层协议和分组层协议就显得多余了。PC 的价格急剧下降使得无硬盘的哑终端退出了通信市场。这正好符合 Internet 当初的设计思想：网络应尽量简单而智能，应尽可能放在网络以外的客户端上。虽然 Internet 只提供尽最大努力交付的数据报服务，但具有足够智能的用户 PC 完全可以实现差错控制和流量控制，因而 Internet 仍能向用户提供端到端的可靠交付。

这样，到了 20 世纪末，无连接的、提供数据报服务的 Internet 最终演变成为全世界最大的计算机网络，而 X.25 网退出了历史舞台。

值得注意的是，当利用现有的一些 X.25 网来支持 Internet 的服务时，X.25 网会表现为数据链路层的链路，如图 9-10 所示。设路由器 B 和 C 之间是 X.25 网。路由器在 B 和 C 之间建立的 X.25 虚电路就相当于 IP 层下面的数据链路层。在有的计算机网络文献中，常把支持 Internet 的 WAN（包括 X.25 网、FR 网和 ATM 网）看作 IP 层下面的数据链路层。但在单独讨论 WAN 的问题时，WAN 还是应当属于网络层。本书就是这样处理 WAN 的。

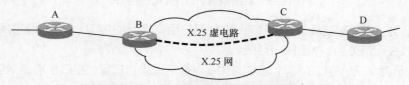

图 9-10　X.25 虚电路相当于 IP 层下面的数据链路层

9.5　FR

在 20 世纪 80 年代后期，许多应用都迫切要求提高分组交换服务的速率，然而，X.25 网的体系结构并不适用于高速交换，这就需要研制一种支持高速交换的网络体系结构。FR 就是为这一目的提出的。FR 在许多方面非常类似于 X.25，被称为第二代的 X.25。FR 于 1992 年问世，之后不久就得到了快速发展。

9.5.1　FR 的工作原理

在 X.25 网发展初期，网络传输设施基本借用了模拟电话线路。这种线路非常容易受到噪声的干扰而产生误码。为了确保传输无差错，X.25 网需要在每个节点上都做大量的处理。例如，X.25 网的数据链路层协议 LAPB 保证了帧在节点间的无差错传输。网络中的每一个节点，只有当收到的帧已进行了正确性检查后，才将它交付给第三层协议。对于经历多个网络节点的帧，这种处理帧的方法会导致较大的时延。除了数据链路层的开销，分组层协议为确保在每个逻辑信道上按序正确传送，还要有一些处理开销。在一个典型的 X.25 网中，在传输过程中分组在每个节点上大约有 30 次的差错检查或其他处理步骤。

现在的数字光缆网比早期的电话网具有低得多的误码率，因此完全可以简化 X.25 网的某些差错控制过程。如果减少节点对每个分组的处理时间，则各分组通过网络的时延亦可减小，同时节点对分组的处理能力也就提高了。

FR 就是一种减少节点处理时间的技术。FR 的原理很简单。当 FR 交换机收到一个帧的头部时，只要查出帧的目的地址就立即开始转发该帧。因此，在 FR 网络中，一个帧的处理时间比 X.25 网约少一个数量级。这样，FR 网的吞吐量要比 X.25 网的高一个数量级以上。

那么若出现差错该如何处理呢？显然，只有当整个帧被收下后，该节点才能够检测到比特差错。但是当节点检测出差错时，很可能该帧的大部分已经转发出去了。

解决这一问题的方法实际上非常简单。当检测到有误码时，节点要立即中止这次传输。当中止传输的指示到达下一个节点后，下一个节点也立即中止该帧的传输，并丢弃该帧。即使上述出错的帧已到达了目的节点，使用这种丢弃出错帧的方法也不会引起不可弥补的损失。不管是上述的哪一种情况，源站将用高层协议请求重传该帧。FR 网纠正一个比特差错所用的时间要比 X.25 网稍多一些。因此，仅当 FR 网本身的误码率非常低时，FR 技术才是可行的。

当正在接收一个帧时就转发此帧，通常称为快速分组交换（Fast Packet Switching）。快速分组交换在实现的技术上有两大类，它是根据网络中传送的帧长是否可变来划分的。在快速分组交换中，当帧长可变时就是 FR；当帧长固定时（此时，每一个帧都叫作一个信元）就是信元中继（Cell Relay），ATM 就属于信元中继。

图 9-11（a）和图 9-11（b）分别是一般的分组交换网和 FR 在层次上的对比。前者的概念已在前面讲过。这里要指出的是，对于一般的分组交换网，其数据链路层具有完全的差错控制功能。但对于 FR，不仅其网络中的各节点没有网络层，而且其数据链路层只具有有限的差错控制功能。只有在通信两端的主机中的数据链路层才具有完全的差错控制功能。图 9-11（b）中带阴影的部分表示 FR 网只有最低的两层。

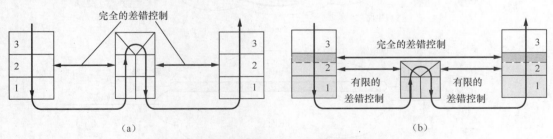

图 9-11　一般的分组交换网和 FR 在层次上的对比

图 9-12 比较了两种情况下，从源站到目的站传送一帧在网络的各链路上所要传送的信息。若在传送的过程中出现了差错而导致分组重传，则二者的差别会更大。图 9-12（a）是一般分组交换网的情况，每个节点在收到一个数据帧后，都要向前一个节点发回确认帧，而目的站最后还要向源站发回确认帧，这也要逐站进行确认（即对确认帧的确认）。图 9-12（b）是 FR 的情况，它的中

间站只转发数据帧而不发送确认帧,即中间站没有逐段的链路控制能力。只有在目的站收到数据帧后,才向源站发回端到端的确认帧。因此 FR 在数据传输的过程中省略掉了很多的确认过程。

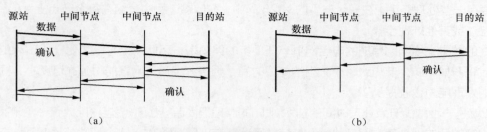

图 9-12　一般的分组交换网的存储转发方式和 FR 方式的对比

FR 网的数据链路层也没有流量控制能力,流量控制由高层来完成。

FR 网的呼叫控制信令是在与用户数据分开的另一个逻辑连接上传送的(即共路信令或带外信令)。这一点和 X.25 网很不相同。X.25 网使用带内信令,即呼叫控制分组与用户数据分组都在同一条虚电路上传送。

FR 网的逻辑连接的复用和交换都在第二层处理,而不是像 X.25 网一样在第三层处理。

FR 网向上提供面向连接的虚电路服务。虚电路一般分为 SVC 和 PVC 两种,但 FR 网通常为相隔较远的一些 LAN 提供链路层的 PVC 服务。PVC 的好处是在通信时可省去建立连接的过程。图 9-13(a)是一个例子。FR 网有 4 个 FR 交换机。FR 网与 LAN 相连的交换机相当于 DCE,而与 FR 网相连的路由器则相当于 DTE。当 FR 网为其两个用户提供 FR 虚电路服务时,对两端的用户来说,FR 网提供的虚电路就好像是在这两个用户之间建立了一条直通的专用电路,如图 9-13(b)所示,用户看不见 FR 网中的 FR 交换机。

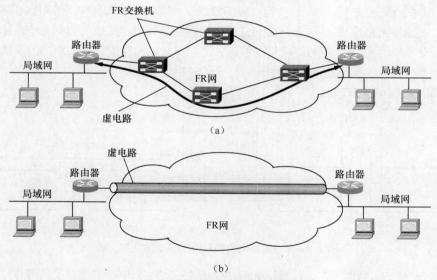

图 9-13　FR 网提供的服务

下面是 FR 网的工作流程。

当用户在 LAN 中传送的 MAC 帧传输到与 FR 网相连接的路由器时,该路由器剥去 MAC 帧的头部，将 IP 数据报交给路由器的网络层。网络层再将 IP 数据报传给 FR 接口卡。FR 接口卡将 IP 数据报加以封装，加上 FR 帧的头部（其中包括 FR 的虚电路号），进行 CRC 和加上 FR 帧的尾部。此后，FR 接口卡将封装好的帧通过向电信公司租来的专线发送给 FR 网中的 FR 交换机。FR 交换机在收到一个帧时，就按虚电路号对帧进行转发（若检查出差错则丢弃）。当这个帧被转发到虚电路的终点路由器时，该路由器剥去 FR 帧的头部和尾部，加上 LAN 的头部和尾部，交付给连接在此 LAN 上的目的主机。若目的主机发现差错，则报告给上层的 TCP 处理。

图 9-14 所示为 FR 服务的几个主要组成部分。用户通过 FR 用户接入电路（User Access Circuit）连接到 FR 网，常用的用户接入电路的速率是 64kbit/s 和 2.048Mbit/s（或 T1 的速率 1.544Mbit/s），理论上也可使用 T3 或 E3 的速率。FR 用户接入电路又称为用户网络接口（User-to-Network Interface，UNI）。UNI 有两个端口。在用户一侧的端口叫作用户接入端口（User Access Port），在 FR 网一侧的端口叫作网络接入端口（Network Access Port）。用户接入端口就是 CPE 中的一个物理端口（如一个路由器端口）。一个 UNI 中可以有一条或多条虚电路（永久的或交换的）。图 9-14 中的 UNI 有两条 PVC：PVC1 和 PVC2。从用户的角度来看，一条 PVC 就是跨接在两个用户接入端口之间的虚电路。每一条虚电路都是双向的，并且每一个方向都有一个指派的承诺信息速率（Committed Information Rate，CIR）。为了区分不同的 PVC，每一条 PVC 的两个端口都各有一个数据链路连接标识符（Data Link Connection Identifier，DLCI）。

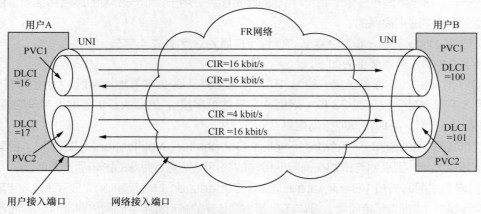

图 9-14　FR 服务的几个主要组成部分

下面归纳 FR 网的主要优点。

（1）降低了网络互连的成本。使用专用 FR 网时，将不同源站产生的通信量复用到专用的主干网上，可以减少在 WAN 中使用的电路数。多条逻辑连接复用到一条物理连接上可以降低接入成本。

（2）网络的复杂度降低，但性能却提高了。与 X.25 网相比，由于网络节点的处理量减少了，所以可以更加有效地利用高速数据传输线路，FR 网明显提高了网络的性能和减少了响应时间。

（3）使用了国际标准，增加了互操作性。FR 网的简化链路协议实现起来不难。其接入设备通常只需要一些软件修改或简单的硬件改动即可支持接口标准。现有的分组交换设备和 T1/E1 复用器都可进行升级，以便在现有的主干网上支持 FR 网。

（4）提高了协议的独立性。FR 网可以很容易地配置成容纳多种不同的网络协议（如 IP、IPX 协议和 SNA 协议等）的通信量。可以用 FR 网作为公共的主干网，这样可统一所使用的硬件，也更加便于进行网络管理。

根据 FR 网的特点，可以知道 FR 网适用于大文件（如高分辨率的图像）的传送、多个低速率线路的复用，以及 LAN 的互连。

9.5.2　FR 的帧格式

图 9-15 所示为 FR 的帧格式。这种格式与 HDLC 帧格式类似，二者最主要的区别是 FR 没有控制字段。这是因为 FR 的逻辑连接只能携带用户的数据，并且没有帧的序号，也不能进行流量控制和差错控制。

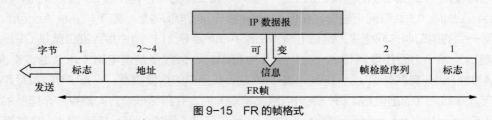

图 9-15　FR 的帧格式

下面简单介绍其各字段的作用。

（1）标志。标志字段是一个 01111110 的比特序列，用于指示一个帧的起始和结束，它的唯一性是通过比特填充法来确保的。

（2）地址。地址字段一般为 2 字节，但也可扩展为 3 字节或 4 字节。

地址字段中的几个重要部分如下。

① DLCI。DLCI 字段的长度一般为 10 位（采用默认值 2 字节地址字段），但也可扩展为 16 位（采用 3 字节地址字段）或 23 位（采用 4 字节地址字段），这取决于扩展地址字段的值。DLCI 的值用于标识 PVC、呼叫控制或管理信息。

② 前向显式拥塞通知（Forward Explicit Congestion Notification，FECN）。若某节点将 FECN 字段置为 1，则表明与该帧在同方向传输的帧可能受网络拥塞的影响而产生时延。

③ 反向显式拥塞通知（Backward Explicit Congestion Notification，BECN）。若某节点将 BECN 字段置为 1（即指示接收者），则与该帧反方向传输的帧可能会受到网络拥塞的影响而产生时延。

④ 可丢弃指示（Discard Eligibility，DE）。在网络发生拥塞时，为了维持网络的服务水平就必须丢弃一些帧。显然，网络应当先丢弃一些相对不重要的帧。帧的重要性体现在 DE 比特上。DE 比特为 1 的帧为较不重要的低优先级帧，在必要时可丢弃。DE 比特为 0 的帧为高优先级帧，希望网络尽可能不要丢弃这类帧。用户采用 DE 比特可以比通常允许的情况多发送一些帧，并将这些帧的 DE 比特置为 1（表明这是较为次要的帧）。

（3）信息。信息字段是长度可变的用户数据。

（4）帧检验序列。帧检验序列字段包括 2 字节的 CRC，当检测出差错时，就将此帧丢弃。

> **注意**　DLCI 只具有本地意义。在一个 FR 的连接中，在连接两端的用户网络接口上所使用的两个 DLCI 是各自独立选取的。FR 可同时将多条不同 DLCI 的逻辑信道复用在一条物理信道中。

9.5.3　FR 的拥塞控制

FR 的拥塞控制实际上是通过网络和用户共同负责来实现的。网络（即交换机的集合）能够非常清楚地监视全网的拥塞程度，而用户则在限制通信量方面是最有效的。FR 使用的拥塞控制方法有以下 3 种。

（1）丢弃策略。当拥塞足够严重时，网络就要被迫将帧丢弃，这是网络对拥塞最基本的响应，但在具体操作时应当对所有用户都是公平的。

（2）拥塞避免。在刚出现轻微的拥塞迹象时可采取拥塞避免的方法。此时，FR 网应当有一些信令机制来及时地使拥塞避免过程开始工作。

（3）拥塞恢复。在已出现拥塞时，拥塞恢复过程可阻止网络彻底崩溃。当网络由于拥塞开始将帧丢弃时（此时高层软件能够发现这一问题），拥塞恢复过程就应开始工作。

为了进行拥塞控制，FR 采用了一个概念，叫作约定信息速率（Committed Information Rate，CIR），其单位为 bit/s。CIR 就是对一个特定的 FR 进行连接时，用户和网络共同协商确定的关于用户信息传送速率的门限值。CIR 值越大，FR 用户向 FR 的服务提供者支付的费用也就越多。只要端用户在一段时间内的数据传输速率超过 CIR，在网络出现拥塞时，FR 网就可能会丢弃用户所发送的某些帧。虽然使用了"承诺"这一名词，但当数据传输速率不超过 CIR 时，网络并不保证一定不发生帧丢弃。当网络拥塞已经非常严重时，网络可以对某个连接只提供比 CIR 还差的服务。当网络必须将一些帧丢弃时，网络将先选择超过其 CIR 值的那些连接上的帧丢弃。请注意：CIR 并非是用来限制数据率的瞬时值，而是用来限制端用户在某一段测量时间间隔 T_c 内（这段时间的长短没有国际标准，通常由 FR 网提供者确定）所发送的数据的平均数据率。时间间隔 T_c 越大，通信量超过平均数据率的波动就可能越大。

每个 FR 节点都应使通过该节点的所有连接的 CIR 的总和不超过该节点的容量，即不能超过该节点的接入速率（Access Rate）。

对于 PVC 连接，每一个连接的 CIR 值应在连接建立时就确定下来。对于 SVC 连接，CIR 值应在呼叫建立阶段协商确定。

当拥塞发生时，应当丢弃什么样的帧呢？这就需要检查一个帧的 DE 字段。若数据的发送速率超过 CIR 值，则节点交换机将收到的帧的 DE 比特都置为 1，并转发此帧。这样的帧可能会通过网络，但也可能会在网络发生拥塞时被丢弃。若节点交换机在收到一个帧时，其数据发送速率已超过网络设定的最高速率，则会立即将该帧丢弃。

总之，FR 网的拥塞控制的原则如下。

（1）若数据的发送速率小于 CIR 值，则在该连接上传送的所有帧均被置为 DE = 0（这表明在网络发生拥塞时尽量不要丢弃 DE = 0 的帧）。这在一般情况下传输是有保证的。

（2）若数据的发送速率仅在不太长的时间间隔内大于 CIR 值，则网络可以将这样的帧置为 DE = 1，并在可能的情况下进行传送（即不一定丢弃，视网络的拥塞程度而定）。

（3）若数据的发送速率超过 CIR 值的时间较长，以致注入网络的数据量超过了网络设定的最高门限值，则应立即丢弃该连接上所传送的帧。

下面用简单的数字来说明 CIR 的意义。设某个节点的接入速率为 64 kbit/s。该节点使用的一条虚电路被指派的 CIR = 32 kbit/s，而 CIR 的测量时间间隔 T_c = 500 ms。再假定 FR 网的帧长

$L = 4000$ bit。这就表示在 500 ms 的时间间隔内，这条虚电路只能够发送 $CIR \times T_c / L = 4$ 个高优先级的 FR 帧，其 $DE = 0$。这就是说，这 4 个高优先级帧在网络中的传输是有保证的，但由于 CIR 的数值只是接入速率的一半，用户在 500 ms 内还可再发送 4 个低优先级的帧，其 $DE = 1$。

FR 还可利用显式信令避免拥塞。前面讲过，在 FR 的地址字段中有两个指示拥塞的比特，即 FECN 和 BECN。这里设 FR 网的两个用户 A 和 B 之间已经建立了一条双向通信的连接。当两个方向都没有发生拥塞时，在两个方向传送的帧中，FECN 和 BECN 都应为 0。反之，若这两个方向都发生了拥塞，则不管是哪一个方向，FECN 和 BECN 都应置为 1。当只有一个方向发生拥塞而另一个方向未发生拥塞时，FECN 和 BECN 中的哪一个应置为 1 取决于帧是从 A 传送到 B 的还是从 B 传送到 A 的。

网络可以根据节点中待转发的帧队列的平均长度是否超过门限值来确定是否发生了拥塞。

用户也可以根据收到的显式拥塞通知信令采取相应的措施。收到 BECN 信令时的处理方法比较简单，用户只需要降低数据发送的速率即可。但当用户收到一个 FECN 信令时，情况就较为复杂了，因为这需要用户通知这个连接的对等用户来减少帧的流量，FR 协议使用的核心功能并不支持这样的通知，所以需要在高层来进行相应的处理。

9.6 常见的 Internet 接入方式

Internet 作为一个全球性的网络，连接着数十亿台主机。在这个网络中，主干网络很重要，但是用于连接千家万户的接入线路对接入 Internet 的用户来说更重要。如果接入部分没有解决好，Internet 的发展就会受到直接影响，所以要解决好"最后一公里"的问题。

接入 Internet 的方式分为两大类：有线接入和无线接入。其中有线接入包括基于 PSTN 的拨号接入方式、x 数字用户线路（x Digital Subscriber Line，xDSL）接入、混合光缆同轴电缆（Hybrid Fiber - Coaxial，HFC）接入、光缆接入等。目前，使用最广泛的依然还是 xDSL 技术，但 xDSL 技术正逐渐被更为先进的光缆接入技术取代。无线接入为人们的上网方式带来了更大的灵活性，其接入技术包括宽带无线接入、Wi-Fi 和蓝牙等。在这里主要介绍几种常用的有线接入方式。

9.6.1 拨号接入方式

由于接入费用低廉，拨号接入方式曾经是使用最普遍的接入方式之一，现在仍然在商场的 POS 系统和线路备份方面使用。用户只要有一根电话线和一个 Modem 即可拨号上网。下面分析拨号接入的过程。

使用 PSTN 接入 Internet 的过程如图 9-16 所示。其中的 AAA 服务器（验证、授权和计费服务器）和网络接入服务器（Network Access Server，NAS）是关键。使用 PSTN 接入 Internet 时，先通过 Modem 呼叫 169，使用 PSTN 将呼叫传送到所连接的电话交换机上。电话交换机从呼叫号码可以分析出是要拨打电话还是要上网，因为 169 是一个 ISP 的号码，所以电话交换机会将这个呼叫转发到相应的 NAS。NAS 中有很多 Modem，收到呼叫后，NAS 选择一个空闲的 Modem 与客户端的 Modem 协商传输的具体参数。参数协商完成后，NAS 要求输入用户名和密码，此时计算机进入相应界面。用户名和密码经过 CHAP 加密后传递给 NAS，之后又交给 AAA 服务器。AAA

服务器保存了所有合法用户的用户名和密码。如果经过核对结果正确，则 AAA 服务器通知 NAS 接收连接请求，此时用户得到一个未被使用的 IP 地址以及一条未被使用的通道，这样即可自由地进入 Internet。当然，使用 PSTN 连接 Internet 会受到 PSTN 固有带宽的限制，这种方式理论上的最高速率只有 56kbit/s，实际上这个值也是很难达到的。

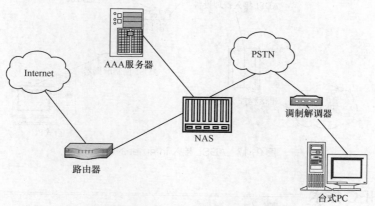

图 9-16　使用 PSTN 接入 Internet 的过程

9.6.2　ADSL 技术

非对称数字用户线路（Asymmetric Digital Subscriber Line，ADSL）属于数字用户线路（Digital Subscriber Line，DSL）技术的一种。因为 ADSL 技术提供的上行和下行带宽不对称，所以被称为非对称数字用户线路。

ADSL 技术采用频分复用技术把普通的电话线分成了电话、上行和下行 3 个相对独立的信道，从而避免了相互之间的干扰。用户可以边打电话边上网，不用担心出现上网速率和通话质量下降的情况。理论上，ADSL 可在 5km 的范围内，在一对铜缆双绞线上提供最高 1Mbit/s 的上行速率和最高 8Mbit/s 的下行速率（也就是人们通常所说的带宽），同时能提供语音和数据业务。

一般来说，ADSL 速率完全取决于线路的长度，线路越长，速率越低。

ADSL 技术能够充分利用现有的 PSTN，只需在线路两端加装 ADSL 设备即可为用户提供高带宽服务，无需重新布线，从而可极大降低服务成本。同时，ADSL 用户独享带宽，线路专用，不受用户增加的影响。

最新的 ADSL2+技术可以提供最高 24Mbit/s 的下行速率。与第一代 ADSL 技术相比，ADSL2+技术打破了 ADSL 接入方式带宽受限制的瓶颈，在速率、距离、稳定性、功率控制、维护管理等方面进行了改进，其应用范围更加广阔。

ADSL 接入 Internet 的过程如图 9-17 所示。

使用 ADSL 接入技术，用户数据通过 ADSL Modem 的调制后被送往滤波器。滤波器将模拟频带划分为低频段和高频段。数据通过滤波器送往语音数据分离设备，由该设备将数据和语音分离后，将数据信号送入 Internet，将语音信号送到电话交换机。

由于 ADSL 技术能够为用户提供较高的传输速率，所以在光缆普及前，它是大多数家庭用户的首选接入技术。

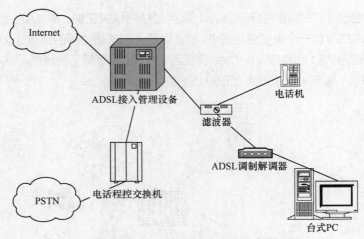

图 9-17　ADSL 接入 Internet 的过程

9.6.3　HFC 技术

　　HFC 技术是一种经济实用的综合数字服务宽带网接入技术。

　　HFC 通常由光缆干线、同轴电缆支线和用户配线网络 3 个部分组成，从有线电视台输出的节目信号先变成光信号在干线上传输；到用户区域后把光信号转换成电信号，经分配器分配后，通过同轴电缆送到用户端。它与早期的有线电视（Cable Television，CATV）同轴电缆网络的不同之处主要在于，它在干线上用光缆传输光信号，在前端需完成电—光转换，进入用户区后要完成光—电转换。

　　HFC 的主要特点如下。

　　（1）传输容量大，易实现双向传输。

　　（2）频率特性好，在有线电视传输带宽内无需均衡。

　　（3）传输损耗小，可延长有线电视的传输距离。

　　（4）光缆间不会有串音现象，不怕电磁干扰，能确保信号的传输质量。

　　（5）同传统的 CATV 网络相比，其网络拓扑结构稍有不同。

　　（6）光缆干线采用星形或环形拓扑结构。

　　（7）支线和配线网络的同轴电缆部分采用树形或总线型拓扑结构。

　　（8）整个网络按照光节点划分成一个服务区。

　　HFC 既是一种灵活的接入系统，又是一种优良的传输系统。HFC 把铜缆和光缆搭配起来，同时提供两种物理介质所具有的优秀特性。HFC 在向新兴宽带应用提供带宽服务的同时，比光缆到路边（Fiber To The Curb，FTTC）或者交换式数字视频（Switch Digital Video，SDV）等解决方案便宜得多。HFC 可同时支持模拟和数字传输。在大多数情况下，HFC 可以与现有的设备和设施合并。

　　HFC 支持现有的、新兴的全部传输技术，其中包括 ATM、FR、SONET 和交换多兆位数据服务（Switched Multimegabit Data Service，SMDS）。一旦 HFC 部署到位，它就可以很方便地被运营商扩展，以满足日益增长的服务需求以及支持新型服务。总之，HFC 是一种理想的、全方位的、信号分派类型的服务介质。

HFC 技术具备强大的功能和很高的灵活性，这些特性已经使之成为 CATV 和电信服务供应商的首选技术。因为 HFC 结构和现有的有线电视网络结构相似，所以有线电视网络公司对 HFC 技术特别青睐。他们非常希望这一技术可以帮助其在未来多种服务竞争的局面下获得与现有的电信服务供应商相似的地位。

9.6.4　光缆接入

光缆接入指的是终端用户通过光缆连接到局端设备。根据光缆深入用户程度的不同，光缆接入可以分为光缆到楼（Fiber To The Building，FTTB）、光缆一直扩展到企业或家庭（Fiber To The Premise/Fiber To The Home，FTTP/FTTH）、光缆到办公室（Fiber To The Office，FTTO）、FTTC 等。光缆是宽带网络多种传输介质中最理想的一种传输介质，它的特点是传输容量大、传输质量好、损耗小、中继距离长等。

1. 光缆接入简介

光缆接入是指局端与用户之间完全以光缆作为传输介质。光缆接入可以分为有源光接入和无源光接入。光缆用户网的主要技术是光波传输技术。光缆传输的复用技术发展相当快，多数已处于实用化阶段。复用技术用得最多的有 TDM、WDM、FDM、CDM 等。根据光缆深入用户的程度，可将光缆接入分为 FTTC、光缆到小区（Fiber To The Zone，FTTZ）、FTTO、FTTB、FTTH 等。光缆通信不同于有线电通信，后者是利用金属介质传输信号的，光缆通信则利用透明的光缆传输光波。虽然光和电都是电磁波，但其频率范围相差很大。一般通信电缆工作频率为 9～24MHz（10^6Hz），光缆工作频率是 10^{14}～10^{15}Hz。

光缆接入网是指以光缆为传输介质的网络环境。光缆接入网从技术上可分为两大类：有源光网络（Active Optical Network，AON）和无源光网络（Passive Optical Network，PON）。有源光网络又可分为基于 SDH 的 AON 和基于准同步数字系列（Plesiochronous Digital Hierarchy，PDH）的 AON；无源光网络又可分为窄带 PON 和宽带 PON。

光缆接入网使用的传输介质是光缆，因此根据光缆深入用户群的程度，可将光缆接入网分为 FTTC、FTTZ、FTTB、FTTO 和 FTTH，它们统称为 FTTx。FTTx 不是具体的接入技术，而是光缆在接入网中的推进程度或使用策略。

2. 接入结构

光缆接入 Internet 的常用系统结构有光缆到节点（Fiber To The Node，FTTN）、FTTC 和 FTTH。

在网络发展过程中，每种结构都有其应用和优势，而且在向全业务网络演进的过程中，每种结构都是关键的一环。FTTN 给人们带来的好处是它将光缆进一步推向了用户网络。它建立起了一个连接互联网的平台，能为众多家庭提供语音、高速数据和视频业务，而不需要完全重建接入环路和分配网络。根据需求，在光缆节点处增加一个插件即可提供所需业务。在因业务驱动或网络重建使光缆节点移到路边或家庭之前，FTTN 将叠加于一个统一的网络单元，并利用现有的铜线分配网络。

这种网络结构的基本要求是为了提供宽带或视频业务，节点与住宅的距离应当在 1200～1500m 内，而当今节点一般的服务距离可达 3700m。因此，每个服务区需要安装 3～5 个 FTTN 节点。

FTTC 或 FTTH 光缆比 FTTN 多几个优点。采用 FTTC 重建现有网络时，可消除由电缆传输可能带来的误差。它使光缆深入用户网络，避免发生潜在的网络问题和现场操作引起的性能恶化。FTTC 是"健壮"和"可部署"的网络，是将来可演进到 FTTH 的网络。它同样是新建区和重建区比较经济的一种网络建设方案。

这种网络结构的缺点是需要提供铜线供电系统。一个位于局端的远程供电系统能给 50～100 个路边光网络单元供电，每个路边节点采用单独的供电单元，代价非常高，而且在持久停电时不能满足长期业务要求。

作为提供光缆到家的最终网络形式，FTTH 去掉了整个铜线设施：馈线、配线和引入线。对所有的宽带应用而言，这种结构是健壮和长久的未来解决方案。FTTH 还去掉了铜线需要的所有维护工作，并大大延长了网络使用寿命。

网络的连接末端是用户住宅设备。在用户家里，需要一个网络终端设备将带宽和数据流转换成可接收的视频信号［NTSC 制（National Television System Committee system，NTSC system）或 PAL 制（Phase Alternation Line system，PAL system）］或数据连接（10Mbit/s 以太网）。有两种设备可采用 ADSL：G.Lite 调制解调器（用于数据业务和 Internet 接入）和处理宽带的甚高速数字用户线路（Very high-bit-rate Digital Subscriber Line，VDSL）住宅网关（Residential Gateway，RG 用于视频和数据业务）。

与局用数字终端（Host Digital Terminal，HDT）一样，住宅网关设备是家庭内所有业务的接入平台。它提供网络连接，以及将所有业务分配给住宅的各个网元。

RG 又称家庭网关，它是一个软硬件相结合的系统，是所有网络结构（包括 FTTN、FTTC 和 FTTH）的网络接口，非常方便家庭成员对网关系统的访问和配置。

3. 接入方式

光缆接入能够确保向用户提供 10Mbit/s、100Mbit/s、1000Mbit/s 的高速带宽，可直接汇接到 ChinaNet（中国公用计算机互联网骨干网）骨干节点，主要适用于商业集团用户和智能化小区的局域网高速接入，以及与 Internet 的高速互连。目前可向用户提供 5 种具体接入方式。

（1）光缆+以太网接入

适用对象：已做好或便于综合布线及系统集成的小区住宅与商务楼宇等。

所需的主要网络产品：交换机、集线器、超 5 类线等。

（2）光缆+HomePNA

HomePNA（Home Phone line Networking Alliance）是国际上一些计算机和半导体器件制造公司发起并成立于 1998 年的标准组织，其目的是利用现有电话线路，以类似于以太网的技术提供一种低成本高宽带网络的解决方案。

适用对象：未做好或不便于综合布线及系统集成的小区住宅与商务楼宇等。

所需的主要网络产品：HomePNA 专用交换机（Hub）、HomePNA 专用终端产品（Modem）等。

（3）光缆+VDSL

适用对象：未做好或不便于综合布线及系统集成的小区住宅与商务楼宇等。

所需的主要网络产品：VDSL 专用交换机、VDSL 专用终端产品。

（4）光缆+5 类线接入（FTTx+ LAN）

以"1000Mbit/s 到小区、100Mbit/s 到大楼、10Mbit/s 到用户"为实现基础的光缆+5 类线接入方式尤其适合我国国情。它主要适用于用户相对集中的住宅小区、企事业单位和院校。FTTx 是光缆传输到（路边、小区、大楼），LAN 主要对住宅小区、高级写字楼及院校教师和学生宿舍等有宽带上网需求的场景进行综合布线，个人用户或企业单位可通过连接到用户计算机内以太网卡的 5 类网线实现高速上网和高速互连。

（5）光缆直接接入

光缆直接接入是为有独享光缆高速上网需求的大企事业单位或集团用户提供的，传输带宽最低为 2Mbit/s。根据不同的用户需求，带宽可以达到 1000Mbit/s 或更高。

业务特点：可根据用户群体对不同速率的需求，实现高速上网或企业 LAN 间的高速互连；同时，光缆接入方式的上传和下传都有很大的带宽，因此，其尤其适用于开展远程教学、远程医疗、视频会议等对外信息发布量较大的网上应用场合。

适用对象：居住在已经或便于进行综合布线的住宅、小区和写字楼较集中的用户；有独享光缆需求的大企事业单位或集团用户。

9.7 习题

一、名词解释

1. 数字数据网	（　　　）	2. 综合业务数字网	（　　　）
3. 宽带综合业务数字网	（　　）	4. 帧中继网	（　　　）
5. 分组交换数据网	（　　　）	6. 非对称数字用户线路	（　　　）
7. 电缆调制解调器	（　　　）	8. 超高速数字用户线路	（　　　）

A．在 ISDN 标准化过程中产生的一种重要技术，是在数字光缆传输线路逐步替代原有的模拟线路、用户终端日益智能化的情况下，由 X.25 分组交换技术发展起来的一种传输技术

B．在综合数字网的基础上，实现了用户线传输的数字化，使用户能够利用已有的一对电话线连接各类终端设备，分别进行电话、传真、数据、图像等综合业务（多媒体业务）通信

C．将数万或数十万条以光缆为主体的数字电路通过数字电路管理设备组成一个传输速率高、质量好、网络时延小、高流量的数据传输基础网络

D．将语音、数据、图像传输等多种服务综合在一个通信网中，覆盖从低速率、非实时传输要求到高速率、实时、具有突发性等各类传输要求的数据通信网络

E．一种以数据分组为基本数据单元进行数据交换的通信网络，由于使用 X.25 协议标准，故通常又被称为 X.25 网

F．一种在普通电话线上传输数字信号的技术。这种技术利用了普通电话线上原本没有使用的传输特性，能够在现有电话线上传输高带宽数据以及多媒体和视频信息，并且允许数据和语音在一根电话线上同时传输

G．一种利用有线电视网来提供数据传输的 WAN 接入技术，可以利用一条电视信道来实现数据的高速传输

H．一种通过标准双绞电话线给家庭、办公室用户提供宽带数据服务的 WAN 接入技术，可在同一对用户双绞电话线上为大众用户提供各种带宽的数据业务

二、填空题

1. 计算机网络分为 LAN 和 WAN 的依据是_____。

2. DDN 向用户提供的是_____数字连接，不进行复杂的软件处理，时延小。

3. ISDN 是从_____发展而来的一种网络，提供端到端的数字连接来支持广泛的服务，包括语音的和非语音的，用户的访问是通过少量、多用途的用户网络接口实现的。

4. ISDN 具有比一般电话线更高的传输速率，目前常用的 B 信道速率是_____kbit/s，D 信道速率是_____kbit/s。

5. B-ISDN 是一种基于_____技术的宽带综合业务数字网。

6. 公用电话网的简称是_____。

7. X.25 是一组协议，对应于 OSI 参考模型中的下 3 层。其中，物理层协议是_____，数据链路层协议是_____，网络层协议是_____。

8. X.25 分组交换网提供的网络服务有 SVC 和_____两种。

9. FR 是一种快速的分组交换技术，是对_____协议进行的简化和改进。

10. FR 采用虚电路技术，能充分利用网络资源，具有吞吐量大、实时等特点，特别适用于处理_____。

11. ADSL 的全称是_____，VDSL 的全称是_____。

12. 电缆调制解调器是一种利用_____来提供数据传输的 WAN 技术。

三、选择题

1. X.25 网是一种（   ）。

A. LAN   B. 企业内部网   C. FR 网   D. 分组交换数据网

2. X.25 网内部数据包传输经过每个节点时，都必须对接收到的数据包采取应答（确认或否认）和重发措施来纠正差错。这是保证数据传输的（   ）高，由此会带来其工作效率低的问题。

A. 效率   B. 速率   C. 通信量   D. 可靠性

3. 综合业务数字网是指（   ）。

A. 用户可以在自己的计算机上把电子邮件发送到世界各地

B. 在计算机网络中的各计算机之间传送数据

C. 将各种办公设备纳入计算机网络中，提供文字、声音、图像、视频等多种信息传输

D. 使网络中的各用户可以共享分散在各地的各种软件、硬件资源

4. 随着光缆技术、多媒体技术、高分辨率动态图像与文件传输技术的发展，CCITT 希望设计出将语音、数据、静态与动态图像等所有服务综合于一个网络中传输的通信网络，这种通信网络是（   ）。

A. B-ISDN   B. Fast Ethernet   C. Internet   D. Switching LAN

5. 在 B-ISDN 中，（   ）进一步简化了网络功能，其网络不参与任何数据链路层功能的实现，将差错控制与流量控制工作交给终端系统，使其具有很高的灵活性。

A. 高速分组交换网   B. ATM 技术

C. 高速电路交换   D. 光交换方式

6. 采用 DDN 专线连接方式和电话连接方式将 LAN 连接到 Internet 的区别是（   ）。

A. 采用专线方式，LAN 中的每台计算机可以拥有单独的 IP 地址；采用电话连接，LAN 中的

所有计算机拥有一个共同的 IP 地址

B．采用专线方式，LAN 中的每台计算机可以拥有共同的 IP 地址；采用电话连接，LAN 中的所有计算机拥有一个单独的 IP 地址

C．采用专线方式，只需要增加路由器和 DDN 专线即可；采用电话连接，只需要一个 Modem 和一条电话线即可

D．以上皆错

7．下列网络连接中，带宽最小、传输速率最慢的是（　　　）。

A．普通电话拨号网　　　　　　　　　　　B．以太网

C．综合业务数字网　　　　　　　　　　　D．DDN 专线

8．HDLC 协议是面向（　　　）的数据链路控制协议。

A．比特　　　　　　　　B．字符　　　　　　　　C．字节　　　　　　　　D．帧

四、问答题

1．WAN 的含义是什么？WAN 的特点是什么？

2．简述 WAN 的连接方式。

3．在以 HDLC 协议为数据链路层的通信规程的网络中，假设原始数据为 01101111111111 1111110010，试问：传输线路上的数据码是什么？在接收端去掉填充位后的数据是什么？

4．HDLC 帧可分为哪几大类？试简述各类帧的作用。

5．PPP 的主要特点是什么？为什么 PPP 不使用帧的编号？PPP 适用于什么场合？

6．试简述 HDLC 帧各字段的含义。HDLC 用什么方法保证数据的透明传输？

7．简述 FR 的主要技术特点。为什么说 FR 是对 X.25 网络技术的继承？

8．试简述 FR 帧格式中各字段的含义。

拓展阅读　中国的超级计算机

你知道全球超级计算机 500 强榜单吗？你知道中国目前的水平吗？

由国际组织"TOP500"编制的新一期全球超级计算机 500 强榜单于 2020 年 6 月 23 日揭晓。榜单显示，在全球浮点运算性能最强的 500 台超级计算机中，中国部署的超级计算机数量继续位列全球第一，达到 226 台，占总体份额 45%以上；"神威太湖之光"和"天河二号"分列榜单第四、第五位。中国厂商联想、曙光、浪潮是全球前三的"超算"供应商，总交付数量达到 312 台，所占份额超过 62%。

全球超级计算机 500 强榜单始于 1993 年，每半年发布一次，是给全球已安装的超级计算机排名的知名榜单。

第10章

网络应用

10

随着 Internet 的迅速发展，为了充分利用 Internet 中的信息资源，迫切需要一种更加方便、快捷的信息浏览和查询工具，在这种情况下，万维网（World Wide Web，WWW）诞生了。WWW 诞生之后，网络应用的范围越来越广泛。

本章学习目标

- 掌握 WWW 的相关概念。
- 掌握域名系统的相关知识。

- 掌握 DHCP 配置的方法和技巧。
- 掌握 DNS 配置的方法和技巧。

10.1 WWW 概述

WWW 是一种基于 HTML 方式的信息查询服务系统。WWW 实际上是一个庞大的文件集合体，这些文件称为网页，存储在 Internet 的成千上万台计算机中。提供网页的计算机被称为 Web 服务器、网站或网点。用户通过浏览器在某个网站上看到的第一个网页被称为主页。WWW 应用的目的是帮助用户在 Internet 中以统一的方式获取位于不同地点、具有不同表示方式的各式各样的信息资源。从本质上讲，WWW 是超媒体思想在计算机网络中的实现。

10.1.1 WWW 简介

WWW 要解决的问题及其解决方案如下。

（1）怎么标识 Internet 中的文档：统一资源定位器（Uniform Resource Locator，URL）。

（2）用什么协议实现 WWW 上的超链接：HTTP。

（3）怎么使不同作者的不同风格文档共享：HTML。

1. 统一资源定位器

为了使客户程序能找到位于整个 Internet 范围内的某种信息资源，WWW 系统使用了 URL。URL 是 WWW 中的一种编址机制，用于对 WWW 的众多资源进行标识，以便检索和浏览。每一个文件，不论它以何种方式存储在服务器中，都有一个 URL 地址。从这个意义上讲，可以把 URL 地址看作一个文件在 Internet 中的标准通用地址。只要用户正确地给出某个文件的 URL 地址，

WWW 服务器就能准确无误地找到它，并传给用户。Internet 中的其他服务器都可以通过 URL 地址从 WWW 中进入。

URL 的一般格式：<通信协议>://<主机域名>/<路径>/<文件名>。其中，<通信协议>是指提供该文件的服务器使用的通信协议；<主机域名>是指上述服务器所在主机的域名；<路径>是指该文件在主机中的路径；<文件名>是指文件的名称。

目前，在 WWW 系统中编入 URL 的普遍的服务连接方式有如下几种。

（1）http://——使用 HTTP 提供超级文本信息资源空间。

（2）ftp://——使用 FTP 提供文件传送的 FTP 资源空间。

（3）file://——使用本地 HTTP 提供超级文本信息服务的 WWW 信息资源空间。

（4）telnet://——使用 Telnet 协议提供远程登录信息服务的 Telnet 信息资源空间。

（5）gopher://——由全部 Gopher 服务器构成的 Gopher 信息资源空间。

（6）wais://——由全部 WAIS 服务器构成的 WAIS 信息资源空间。

2．HTTP

HTTP 是 Web 客户端和 Web 服务器之间的通信协议。HTTP 的工作流程如下。

（1）客户端和服务器 TCP 的 80 端口建立连接。

（2）客户端向服务器发送 HTTP 请求。

（3）服务器处理请求，向客户端发送 HTTP 响应。

（4）客户端或服务器关闭 TCP 连接。

也就是说，HTTP 的工作流程为连接、请求、应答和断开。

3．HTML 与超媒体

WWW 以"超文本"技术为基础，以直接面向文件进行阅览的方式，提供具有一定格式的文本和图形。

超媒体是由 HTML 演变而来的，即在 HTML 文本中嵌入视频和音频等信息。可以说，超媒体是多媒体的 HTML 文本。

HTML 是一种描述语言，用于说明 Web 内容的表现形式。用 HTML 书写的文件是一种文本文件，这种文件称为网页，它可以跨平台存储。HTML 是一种强有力的文档处理语言，它不是一种程序设计语言。HTML 文档本身是文本格式的，用任何一种文本编辑器都可以对它进行编辑。

理解 HTML 文本最简单的方法是与传统文本进行比较。传统文本（如书本上的文字和计算机中的文本文件等）都是线性结构，阅读时必须逐项阅读，没有什么选择的余地。HTML 文本则是非线性结构。作者在制作 HTML 文本时，可将写作素材按其内部的联系划分成不同层次、不同关系的思想单元，并使用制作工具将其筑成一个网状结构。阅读时，读者不是按现行方式的顺序往下读的，而是有选择地阅读。

一个真正的 HTML 文本应能保证用户可以自由地搜索和浏览信息，以提高人们获取信息的效率。在 WWW 中，HTML 是通过将"可选项"嵌入文本来实现的，即每份文档都包括文本信息和用以指向其他文档的"嵌入式选项"。这样用户既可以阅读一份完整的文档，又可以随时停下来选择一个可导向其他文档的关键词，进入其他文档。

4．搜索引擎

所谓搜索引擎，就是根据用户需求与一定的算法，运用特定策略从互联网检索出特定信息并反馈给用户的一门检索技术。搜索引擎依托于多种技术，如网络爬虫技术、检索排序技术、网页处理技术、大数据处理技术、自然语言处理技术等，为检索信息的用户提供快速、高相关性的信息服务。搜索引擎技术的核心模块一般包括爬虫、索引、检索和排序等，同时可添加其他一系列辅助模块，为用户创造更好的网络使用环境。

（1）定义

搜索引擎是指根据一定的策略，运用特定的计算机程序从互联网中搜集信息，在对信息进行组织和处理后，为用户提供检索服务，并将检索的相关信息展示给用户的系统。搜索引擎是用于互联网的一门检索技术，它旨在提高人们获取所需信息的效率，并为人们提供更好的网络使用环境。

搜索引擎发展到今天，在技术上基础架构和算法都已经基本成型和成熟。

（2）分类

搜索引擎大致可分为 4 种：全文搜索引擎、元搜索引擎、垂直搜索引擎和目录搜索引擎。因为不同的搜索引擎适用于不同的搜索环境，所以灵活选用搜索引擎是提高搜索性能的重要途径。其中，全文搜索引擎是利用爬虫程序抓取互联网中所有相关文章并予以索引的搜索方式；元搜索引擎是基于多个搜索引擎结果并对之整合处理的二次搜索方式；垂直搜索引擎是对某一特定行业内的数据进行快速检索的一种专业搜索方式；目录搜索引擎是依赖人工搜集和处理数据并置于分类目录链接下的搜索方式。4 类不同的搜索引擎的特点如下。

① 全文搜索引擎：一般网络用户适合用全文搜索引擎。这种搜索方式方便、简捷，并容易获得所有相关信息。但搜索到的信息过于庞杂，因此用户需要逐一浏览并筛选出所需信息。尤其是在用户没有明确检索意图的情况下，这种搜索方式非常有效。

② 元搜索引擎：适用于广泛、准确地搜集信息。不同的全文搜索引擎由于其性能和信息反馈能力的差异，导致其各有利弊。元搜索引擎的出现恰恰解决了这个问题，有利于各基本搜索引擎间的优势互补。这种搜索方式有利于对基本搜索方式进行全局控制，引导全文搜索引擎进行持续改善。

③ 垂直搜索引擎：适用于有明确搜索意图的情况。例如，用户购买机票、火车票、汽车票，或想要浏览网络视频时，可以直接选用行业内专用搜索引擎，以准确、迅速地获得相关信息。

④ 目录搜索引擎：网站内部常用的检索方式。这种搜索方式旨在对网站内的信息进行整合处理并分目录呈现给用户，其缺点在于用户需预先了解网站的内容，且要熟悉其主要模块的构成。总而言之，目录搜索引擎的适用范围非常有限，且需要较高的人工成本来维护。

10.1.2　WWW 的 C/S 工作模式

WWW 由客户机与 Web 服务器组成。客户机由 TCP/IP 和 Web 浏览器组成，Web 服务器由 HTTP 和后台数据库组成。客户机的浏览器和 Web 服务器通过 TCP/IP 的 HTTP 建立连接，使客户机与 Web 服务器二者的超媒体传输变得很容易。所有的客户机及 Web 服务器统一使用 TCP/IP、统一分配 IP 地址，使客户机和 Web 服务器的逻辑连接变成简单的点到点连接。URL 实现了单一文档在整个 Internet 主机中的定位。客户的请求通过 Web 服务器的公共网关接口（Common Gateway Interface，CGI）可以很好地实现与后台各种类型数据的连接。

当用户要查询信息时，可以运行一个客户机程序（也称为"浏览器"程序），并输入一个 URL。随后，该程序负责直接服务用户，将用户的要求转换成一个或多个标准的信息查询请求，通过

Internet 发送给远方提供信息的服务器。而 Web 服务器则运行一个服务器程序，当服务器接收到客户机的信息查询请求之后，便进行相应的操作，并将查询到的结果通过 Internet 全部传送到客户机的计算机内存中。客户机将 Web 服务器送来的这些结果转化为一定的显示格式，通过友好的图形界面（如 Windows）展示给用户，这一过程对用户来说是感觉不出来的，用户在客户机上可以通过 IE 浏览器浏览网页，如图 10-1 所示。

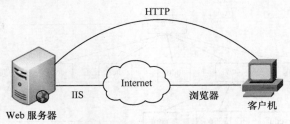

图 10-1　浏览器浏览网页

10.2　Internet 的域名系统

在 TCP/IP 网络中，每个设备都有一个唯一的地址。计算机在网络中通信时，只能识别如 202.97.135.160 之类的数字地址，而人们在使用网络资源时，为了便于记忆和理解，更倾向于使用有代表意义的名称，如域名 www.ryjiaoyu.com（人邮教育社区网站）。

域名系统（Domain Name System，DNS）由 DNS 服务器和 DNS 客户机组成。

DNS 服务器承担了将域名转换成 IP 地址的任务。这就是在浏览器地址栏中输入如 www.ryjiaoyu.com 的域名后，就能看到相应页面的原因。输入域名后，有一台称为 DNS 服务器的计算机自动把域名"翻译"成了相应的 IP 地址。

10.2.1　DNS 简介

DNS 是一个以分级的、基于域的命名机制为核心的分布式、层次化的命名数据库系统。采用分布式是为了解决单一主机负载过重的问题，层次化是为了解决线性平面结构查找速度比较慢的问题。DNS 采用客户机/服务器（Client/Server，C/S）模式，DNS 服务器使用 UDP 的 53 端口与 DNS 客户机通信。当 DNS 客户机需要解析主机名对应的 IP 地址时，DNS 客户机向 DNS 服务器 UDP 的 53 端口发送域名解析请求，由 DNS 服务器查找数据库得到对应的 IP 地址，并以 DNS 响应的形式返回给 DNS 客户机。DNS 服务器由 3 个部分组成：域名空间、域名服务器和解析器。

10-1　DNS 服务器配置

10.2.2　域名空间

什么是域名空间？经常会听到客户说某个域名空间多少钱，其实域名空间就是人们经常说到的"域名+网站空间"，是二者的统称。因为制作一个网站通常要用到域名和空间，所以久而久之便有了这个称呼，而非表面字义"域名的空间"。

一般俗称的"网站空间"就是专业名词"虚拟主机"的意思，即把一台运行在互联网中的服务器划分成多个"虚拟"的服务器，每个虚拟主机都具有独立的域名和完整的 Internet 服务器（支持 WWW、FTP、E-mail 等）功能。一台服务器中的不同虚拟主机是各自独立的，并由用户自行管理。

目前负责管理全世界 IP 地址的是国际互联网络信息中心（Internet Network Information Center，InterNIC）。InterNIC 之下的 DNS 结构分为若干个域（Domain）。图 10-2 所示的阶层式树状结构，称为域名空间（Domain Name Space）。

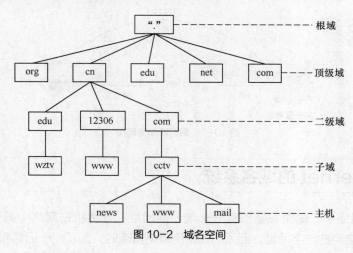

图 10-2　域名空间

 注意　域名和主机名只能由字母 a～z（在 Windows 操作系统中，字母大小写等效，而在 UNIX 操作系统中则不同）、数字 0～9 和半字线 "-" 组成。其他公共字符，如连接符 "&"、斜杠 "/"、句点 "." 和下划线 "_" 都不能用于表示域名和主机名。

1. 根域

在图 10-2 中，位于层次结构最顶端的是域名树的根，称为根域，提供根域名服务，用 "." 表示。在 Internet 中，根域是默认的，一般不需要表示出来。全世界共有 13 台根服务器，它们分布于世界各大洲，并由 InterNIC 管理。根服务器中并没有保存任何网址，只具有初始指针，初始指针指向第一层域，也就是顶级域，如 com、edu、net 等。

2. 顶级域

顶级域位于根域之下，数目有限，且不能轻易变动。顶级域也是由 InterNIC 统一管理的。在互联网中，顶级域大致分为两类：各种组织的顶级域（机构域）、各个国家或地区的顶级域（地理域）。顶级域包含的部分域名称如表 10-1 所示。

表 10-1　顶级域包含的部分域名称

域 名 称	说　明
com	商业机构
edu	教育、学术研究单位
gov	官方政府单位
net	网络服务机构

续表

域 名 称	说 明
org	财团法人等非营利机构
mil	军事部门
其他国家或地区代码	代表其他国家或地区的代码，如 cn 表示中国，jp 表示日本

3. 子域

在 DNS 域名空间中，除了根域和顶级域之外，其他域都称为子域。子域是有上级域的域，一个域下面可以有许多个子域。子域是相对而言的，如在 www.tsinghua.edu.cn 中，tsinghua.edu 是 cn 的子域，tsinghua 是 edu.cn 的子域。表 10-2 所示为域名层次结构中的若干层。

表 10-2　域名层次结构中的若干层

域 名	域名层次结构中的位置
.	根域是唯一没有名称的域
.cn	顶级域名称，中国子域
.edu.cn	二级域名称，中国的教育部门
.tsinghua.edu.cn	子域名称，教育网中的清华大学

和根域相比，顶级域实际是处于第二层的域，但它们还是被称为顶级域。根域从技术的角度来说是一个域，但常常不被当作一个域。根域只有很少的几个根级成员，它们的存在只是为了支持域名树的存在。

第二层域（顶级域）是属于单位团体或地区的，用域名的最后一部分（即域后缀）来分类。例如，域名 edu.cn 代表中国的教育系统。多数域后缀可以反映使用这个域名的组织或单位的性质，但并不总是很容易就能通过域后缀来确定所代表的组织或单位的性质。

4. 主机

在域名层次结构中，主机可以存在于根以下的各层上。因为域名树是层次型的，而不是平面型的，所以只要求主机名在每一连续的域名空间中是唯一的，而在相同层中可以有相同的名称，如 www.ryjiaoyu.com、www.ptpress.com.cn 都是有效的主机名。也就是说，即使这些主机有相同的名称 www，但都可以被正确地解析到唯一的主机，即只要是在不同的子域，就可以重名。

10.2.3　域名服务器

域名服务器是 DNS（域名系统）的核心，负责存储域名和 IP 地址的对应关系，并对客户的解析请求进行处理。管辖区（Zone）是域名空间的一部分，域名服务器保存着管辖区内的域名空间中的地址映射，一个域名服务器可以管理一个或若干个管辖区。域名服务器数据库通过资源记录登记映射关系，资源记录包括以下类型。

（1）授权起始（SoA）：标明负责管辖区域的开始。

（2）主机记录（A）：名称到地址的映射。

（3）别名记录（CNAME）：主机的别名。

（4）域名服务器（NS）：域的权威域名服务器。

（5）邮件交换器记录（MX）：域的邮件交换器主机。

（6）指针记录（PTR）：地址到名称的映射。

域名服务器的组织也采用了层次化的分级结构。最高级域名服务器是一个根服务器，它管理到各个顶级域名服务器的连接。任何一台域名服务器只负责对 DNS 域名空间中的一部分域名进行管理，仅包括整个域名数据库中的一部分信息。例如，根服务器用来管理顶级域名，但根服务器不负责管理顶级域名下面的三级域名，但根服务器一定能够找到所有二级域名服务器。这样，当用户使用域名访问网络中的某台主机时，先由本地域名服务器负责解析，如果查到匹配的 IP 地址，则立即返回给客户机。否则，本地域名服务器以客户机的身份，向上一级域名服务器发出解析请求；上一级域名服务器会在本级管理域名中查询，如果找到则返回，否则再向更高一级域名服务器发出请求；以此类推，直到最后找到目的主机的 IP 地址为止。

10.2.4　解析器

1. 域名解析

IP 地址是 Internet 中唯一通用的地址格式，所以当以域名方式访问某台远程主机时，DNS 首先将域名"翻译"成对应的 IP 地址，然后通过 IP 地址与该主机联系，且以后的所有通信都将用到 IP 地址。将域名转换为 IP 地址的过程称为域名解析，域名解析包括正向解析（域名转换为 IP 地址）和反向解析（IP 地址转换为域名）。域名解析是依靠一系列域名服务器完成的，这些域名服务器构成了 DNS。Internet 的 DNS 是一个分布式的主机信息数据库，终端用户与域名服务器之间、几个域名服务器之间都采用 C/S 模式工作。域名服务器除了负责将域名转换为 IP 地址的解析外，还必须具有向其他域名服务器传送消息的能力。一旦自己不能进行将域名转换为 IP 地址的解析，它就必须知道如何联络其他的域名服务器来完成这个解析任务。

2. DNS 的查询模式

DNS 的查询模式有以下 2 种。

（1）递归查询

当收到 DNS 工作站的查询请求后，DNS 服务器在自己的缓存或区域数据库中查找。如果 DNS 服务器本地没有存储查询的 DNS 信息，那么，该服务器会询问其他服务器，并将返回的查询结果提交给客户机。

（2）转寄查询（又称迭代查询）

当收到 DNS 工作站的查询请求后，如果在 DNS 服务器中没有查到所需数据，则该 DNS 服务器会告诉 DNS 工作站另外一台 DNS 服务器的 IP 地址，然后，再由 DNS 工作站自行向此 DNS 服务器查询，以此类推，直到查到所需数据为止。如果到最后一台 DNS 服务器都没有查到所需数据，则通知 DNS 工作站查询失败。"转寄"的意思就是，若在某地查不到，该地就会告诉你其他地方的地址，让你转到其他地方去查。一般在 DNS 服务器之间的查询请求便属于转寄查询（DNS 服务器也可以充当 DNS 工作站的角色）。

10.2.5　中国互联网的域名规定

为了适应 Internet 的迅速发展，我国成立了"中国互联网络信息中心（China Internet Network

Information Center，CNNIC）"，并颁布了中国互联网络域名的有关规定。

1. CNNIC 的成立

中华人民共和国国务院（简称国务院）信息化工作领导小组办公室于 1997 年 6 月 3 日在北京主持召开"中国互联网络信息中心成立暨《中国互联网络域名注册暂行管理办法》发布大会"，宣布 CNNIC 工作委员会成立，并发布《中国互联网络域名注册暂行管理办法》和《中国互联网络域名注册实施细则》。自成立之日起，CNNIC 负责我国的互联网络域名注册、IP 地址分配、AS 地址号分配和反向域名登记等注册服务，同时提供有关的数据库服务及相关信息与培训服务。

CNNIC 由国内知名专家和国内四大互联网络（ChinaNET、CERNET、CSTNET 和 ChinaGBN）的代表组成，是一个非营利的管理和服务机构，负责对我国互联网络的发展方针及管理提出建议，协助国务院信息办公室对中国互联网络的管理。

CNNIC 的成立和《中国互联网络域名注册暂行管理办法》及《中国互联网络域名注册实施细则》的颁布，使我国互联网络的发展进入有序和规范化的发展轨道，并且更加方便与 InterNIC、亚太互联网络信息中心（Asia-Pacific Network Information Center，APNIC）以及其他国家的网络信息中心进行业务交流。

2. 中国互联网络的用户域名规定

根据已颁布的《中国互联网络域名注册暂行管理办法》，中国互联网络的域名体系最高级为 cn。二级域名共 40 个，分别为 6 个类别域名和 34 个行政区域名。二级域名中除了 edu 的管理和运行由中国教育和科研计算机网络信息中心负责之外，其余由 CNNIC 负责。有关中国域名规定的详细资料可查询 CNNIC 的官网。

10.3 DHCP 配置实例

手动设置每台计算机的 IP 地址是管理员很不愿意做的事，于是出现了自动配置 IP 地址的方法，这就是动态主机配置协议（Dynamic Host Configuration Protocol，DHCP）。DHCP 可以自动为局域网中的每台计算机分配 IP 地址，并完成每台计算机的 TCP/IP 配置，包括 IP 地址、子网掩码、网关及 DNS 服务器等的配置。

DHCP 服务器能够从预先设置的 IP 地址池中自动给主机分配 IP 地址。它不仅能够解决 IP 地址冲突的问题，还能及时回收 IP 地址，以提高 IP 地址的利用率。

10.3.1 实例设计与准备

部署 DHCP 之前应该先进行规划，明确哪些 IP 地址用于自动分配给客户机（作用域中应包含的 IP 地址），哪些 IP 地址用于手动指定给特定的服务器。例如，在项目中，IP 地址 192.168.10.1/24～192.168.10.200/24 用于自动分配，IP 地址 192.168.10.100/24～192.168.10.120/24、192.168.10.10/24 排除，预留给需要手动指定 TCP/IP 参数的服务器，将 192.168.10.200/24 用作保留地址等。

10-2 DHCP 服务器配置与管理

根据图 10-3 所示的环境来部署 DHCP 服务器。

> **注意** 一定要排除用于手动配置的 IP 地址（见图 10-3 中的 192.168.10.100/24 和 192.168.10.1/24），否则会造成 IP 地址冲突。请读者思考原因。

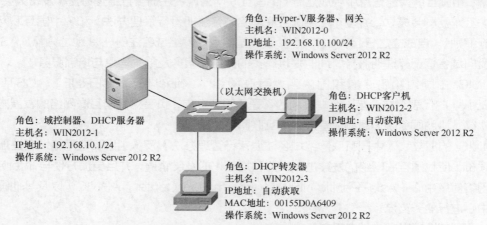

角色：Hyper-V服务器、网关
主机名：WIN2012-0
IP地址：192.168.10.100/24
操作系统：Windows Server 2012 R2

（以太网交换机）

角色：DHCP客户机
主机名：WIN2012-2
IP地址：自动获取
操作系统：Windows Server 2012 R2

角色：域控制器、DHCP服务器
主机名：WIN2012-1
IP地址：192.168.10.1/24
操作系统：Windows Server 2012 R2

角色：DHCP转发器
主机名：WIN2012-3
IP地址：自动获取
MAC地址：00155D0A6409
操作系统：Windows Server 2012 R2

图 10-3　部署 DHCP 服务器的网络拓扑图

10.3.2　安装 DHCP 服务器

（1）选择"开始"→"管理工具"→"服务器管理器"→"仪表板"命令，选择"添加角色和功能"选项，持续单击"下一步"按钮，直到打开图 10-4 所示的"选择服务器角色"窗口，选中"DHCP服务器"复选框，单击"添加功能"按钮。

图 10-4　"选择服务器角色"窗口

（2）持续单击"下一步"按钮，最后单击"安装"按钮，开始安装 DHCP 服务器。安装完毕单击"关闭"按钮，完成 DHCP 服务器的安装。

（3）单击"关闭"按钮，关闭向导。选择"开始"→"管理工具"→"DHCP"命令，打开 DHCP 控制台，如图 10-5 所示，可以在此配置和管理 DHCP 服务器。

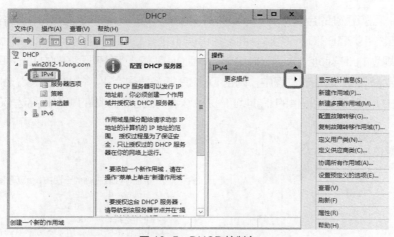

图 10-5　DHCP 控制台

10.3.3　授权 DHCP 服务器

Windows Server 2012 R2 为使用活动目录的网络提供了集成的安全性支持。针对 DHCP 服务器，它提供了授权的功能。这一功能可以对网络中配置正确的合法 DHCP 服务器进行授权，允许它们为客户机自动分配 IP 地址。同时，能够检测未授权的非法 DHCP 服务器，并防止这些服务器在网络中启动或运行，从而提高了网络的安全性。

1．对域中的 DHCP 服务器进行授权

如果 DHCP 服务器是域的成员，并且在安装 DHCP 服务器的过程中没有选择授权，那么在安装完成后必须先授权，才能为客户机提供 IP 地址，独立服务器不需要授权。授权步骤如下。

在图 10-6 所示的窗口中，右击 DHCP 服务器"win2012-1.long.com"选项，在快捷菜单中选择"授权"命令，即可为 DHCP 服务器授权，重新打开 DHCP 控制台，DHCP 服务器已授权的标志为"IPv4"前面的图标变为了，如图 10-6 所示。

图 10-6　DHCP 服务器已授权

2．为什么要授权 DHCP 服务器

DHCP 服务器为客户机自动分配 IP 地址时均采用了广播机制，且客户机在发送 DHCP Request 消息选择 IP 租用时，只是简单地选择第一个收到的 DHCP Offer，这意味着在整个 IP 租用过程中，网络中所有的 DHCP 服务器都是平等的。如果网络中的 DHCP 服务器都是正确配置的，则网络能够正常运行。如果网络中出现了错误配置的 DHCP 服务器，则可能会引发网络故障。例如，错误配置的 DHCP 服务器可能会为客户机分配不正确的 IP 地址，导致该客户机无法进行正常的网络通信。在图 10-7 所示的网络环境中，配置正确的合法 DHCP 服务器 dhcp1 可以为客户机提供符合网络规划的 IP 地址 192.168.0.51/24～192.168.0.150/24，而配置错误的非法 DHCP 服务器 bad_dhcp 为客户机提供的是不符合网络规划的 IP 地址 10.0.0.11/24～10.0.0.100/24。对于网络中的 DHCP 客户机 client1 来说，由于在自动获得 IP 地址的过程中，两台 DHCP 服务器具有平等的被选择权，client1 将有 50% 的概率获得一个由 bad_dhcp 提供的 IP 地址，这意味着网络出现故障的概率将高达 50%。

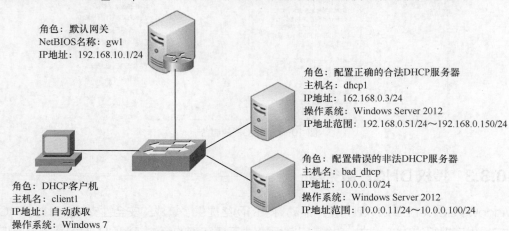

图 10-7　网络中出现非法的 DHCP 服务器

为了解决这一问题，Windows Server 2012 R2 引入了 DHCP 服务器的授权机制。通过授权机制，DHCP 服务器在服务于客户机之前，需要验证是否已在活动目录（Active Directory，AD）中被授权。如果未获得授权，则不能为客户机分配 IP 地址。这样就避免了由于网络中出现配置错误的 DHCP 服务器而导致的大多数意外网络故障发生。

> **注意**　在工作组环境中，DHCP 服务器肯定是独立的服务器，无需授权（也不能授权）即可向客户机提供 IP 地址。在域环境中，域控制器或域成员身份的 DHCP 服务器能够被授权，为客户机提供 IP 地址。在域环境中，拥有独立服务器身份的 DHCP 服务器不能被授权，若域中有被授权的 DHCP 服务器，则该服务器不能为客户机提供 IP 地址；若域中没有被授权的 DHCP 服务器，则该服务器可以为客户机提供 IP 地址。

10.3.4　创建 DHCP 作用域

在 Windows Server 2012 R2 中，作用域可以在安装 DHCP 服务器的过程中创建，也可以等安装完成后在 DHCP 控制台中创建。一台 DHCP 服务器可以创建多个不同的作用域。如果在安装时没有创建作用域，那么也可以单独创建 DHCP 作用域。具体步骤如下。

（1）打开 DHCP 控制台，展开服务器名，选择"IPv4"并右击，在快捷菜单中选择"新建作用域"命令，打开"新建作用域向导"对话框。

（2）单击"下一步"按钮，进入"作用域名"界面，在"名称"文本框中输入新作用域的名称，以与其他作用域相区分。

（3）单击"下一步"按钮，进入图 10-8 所示的"IP 地址范围"界面。在"起始 IP 地址"和"结束 IP 地址"文本框中输入要分配的 IP 地址范围。

（4）单击"下一步"按钮，进入图 10-9 所示的"添加排除和延迟"界面，设置客户机的排除地址。在"起始 IP 地址"和"结束 IP 地址"文本框中输入要排除的 IP 地址或 IP 地址段，单击"添加"按钮，将其添加到"排除的地址范围"列表框中。

（5）单击"下一步"按钮，进入"租用期限"界面，设置客户机租用 IP 地址的时间。

（6）单击"下一步"按钮，进入"配置 DHCP 选项"界面，提示是否配置 DHCP 选项，选中默认的"是，我想现在配置这些选项"单选按钮。

（7）单击"下一步"按钮，进入图 10-10 所示的"路由器（默认网关）"界面，在"IP 地址"文本框中输入要分配的网关，单击"添加"按钮，将其添加到列表框中。本例为 192.168.10.100。

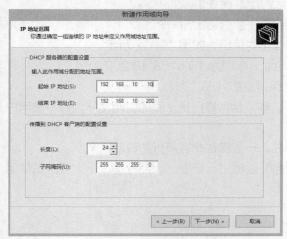

图 10-8　"IP 地址范围"界面

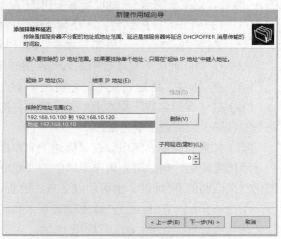

图 10-9　"添加排除和延迟"界面

（8）单击"下一步"按钮，进入"域名称和 DNS 服务器"界面。在"父域"文本框中输入进行 DNS 解析时使用的父域，在"IP 地址"文本框中输入 DNS 服务器的 IP 地址。本例为 192.168.10.1。单击"添加"按钮，将其添加到列表框中，如图 10-11 所示。

图 10-10　"路由器（默认网关）"界面

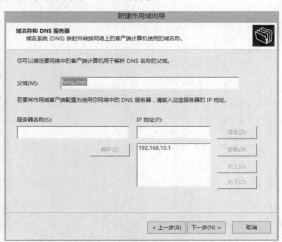

图 10-11　"域名称和 DNS 服务器"界面

（9）单击"下一步"按钮，进入"WINS 服务器"界面，设置 WINS 服务器。如果网络中没有配置 WINS 服务器，则不必设置。

（10）单击"下一步"按钮，进入"激活作用域"界面，询问是否要激活作用域。建议选中默认的"是，我想现在激活此作用域"单选按钮。

（11）单击"下一步"按钮，进入"正在完成新建作用域向导"界面。

（12）单击"完成"按钮，作用域创建完成并自动激活。

10.3.5　保留特定的 IP 地址

如果用户想保留特定的 IP 地址给指定的客户机，以便 DHCP 客户机在每次启动时都获得相同的 IP 地址，则需要将该 IP 地址与客户机的物理地址绑定。设置步骤如下。

（1）打开 DHCP 控制台，在左窗格中选择作用域中的"保留"命令。

（2）选择"操作"→"添加"命令，打开新建保留对话框，如图 10-12 所示。

（3）在"IP 地址"文本框中输入要保留的 IP 地址。本例为 192.168.10.200。

（4）在"MAC 地址"文本框中输入 IP 地址要保留给的网卡。

（5）在"保留名称"文本框中输入客户名称。注意，此名称只是一般的说明文字，并不是用户账号的名称，但此处不能为空白。

（6）如果有需要，则可以在"描述"文本框中输入一些描述此客户机的说明性文字。

添加完成后，用户可利用作用域中的"地址租约"选项进行查看。大部分情况下，客户机使用的仍然是以前的 IP 地址。也可用以下方法更新。

① ipconfig　/release：释放现有 IP 地址。

② ipconfig　/renew：更新 IP 地址。

（7）在物理地址为 00155d0a6409 的计算机 WIN2012-3 上进行保留 IP 地址测试，结果如图 10-13 所示。

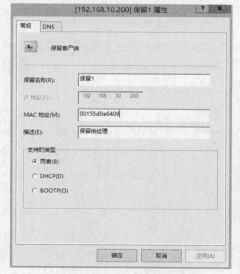

图 10-12　新建保留对话框

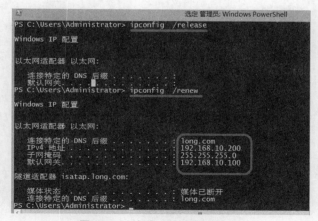

图 10-13　保留 IP 地址测试结果

注意 如果在设置保留地址时，网络中有多台 DHCP 服务器存在，则用户需要在其他服务器中
将此保留地址排除，以便客户机可以获得正确的保留地址。

10.3.6　配置 DHCP 选项

DHCP 服务器除了可以为 DHCP 客户机提供 IP 地址外，还可以设置 DHCP 客户机启动时的
工作环境，如可以设置客户机登录的域名称、DNS 服务器、WINS 服务器、路由器、默认网关等。
在客户机启动或更新租约时，DHCP 服务器可以自动设置客户机启动后的 TCP/IP 环境。

DHCP 服务器提供了许多选项，如默认网关、域名、DNS、WINS、路由器等。选项可以分为
以下 4 种类型。

（1）默认服务器选项：这些选项的设置会影响 DHCP 控制台中该服务器下所有作用域中的客
户和类选项。

（2）作用域选项：这些选项的设置只会影响该作用域下的地址租约。

（3）类选项：这些选项的设置只会影响被指定使用该 DHCP 类 ID 的客户机。

（4）保留客户选项：这些选项的设置只会影响指定的保留客户。

如果在服务器选项与作用域选项中设置了不同的选项，
则作用域的选项起作用。也就是说，在应用时，作用域选
项将覆盖服务器选项。同理，类选项会覆盖作用域选项，
保留客户选项会覆盖以上 3 种选项，它们的优先级如下。

保留客户选项 > 类选项 > 作用域选项 > 默认服
务器选项。

为了进一步了解选项设置，下面以在作用域中添加
DNS 选项为例，说明 DHCP 的选项设置。

（1）打开 DHCP 控制台，在左窗格中展开服务器，
选择"作用域选项"命令，再选择"操作"→"配置选
项"命令。

（2）打开"作用域选项"对话框，如图 10-14 所示。
在"常规"选项卡的"可用选项"列表框中，选中"006
DNS 服务器"复选框，输入 IP 地址，单击"确定"按钮
即可完成配置。

图 10-14　"作用域选项"对话框

10.3.7　配置 DHCP 客户机并测试

目前，常用的操作系统均可作为 DHCP 客户机，本任务以配置 Windows 操作系统客户机为例
进行介绍。在 Windows 操作系统中配置 DHCP 客户机非常简单。

1. 配置 DHCP 客户机

（1）在客户机上打开"Internet 协议版本 4（TCP/IPv4）属性"对话框。

（2）选中"自动获得 IP 地址"和"自动获得 DNS 服务器地址"单选按钮即可。

> **提示** 由于 DHCP 客户机是在开机时自动获得 IP 地址的，因此并不能保证每次获得的 IP 地址都是相同的。

2. 测试 DHCP 客户机

在 DHCP 客户机上打开命令提示行窗口，使用"ipconfig"命令对 DHCP 客户机进行测试，如图 10-15 所示。

3. 手动释放 DHCP 客户机的 IP 地址租约

在 DHCP 客户机上打开命令提示行窗口，使用"ipconfig /release"命令手动释放 DHCP 客户机的 IP 地址租约。请读者试着做一下。

4. 手动更新 DHCP 客户机的 IP 地址租约

在 DHCP 客户机上打开命令提示行窗口，使用"ipconfig /renew"命令手动更新 DHCP 客户机的 IP 地址租约。请读者试着做一下。

5. 在 DHCP 服务器上验证租约

使用具有管理员权限的账户登录 DHCP 服务器，打开 DHCP 控制台，在左侧窗格中双击 DHCP 服务器，在展开的树中双击作用域，选择"地址租用"命令，可以看到当前 DHCP 服务器的当前作用域中的 IP 地址租约，如图 10-16 所示。

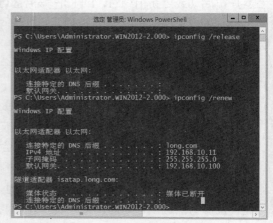

图 10-15　测试 DHCP 客户机

图 10-16　IP 地址租约

10.4　DNS 配置实例

DNS 实际上是域名系统的缩写，它的目的是针对客户机对域名的查询（如 www.ryjiaoyu.com）

提供该域名的 IP 地址，以便用户用易记的名称搜索和访问必须通过 IP 地址才能定位的本地网络或
Internet 中的资源。

使用 DNS 服务，可以使网络服务的访问更加简单，对网站的推广发布起到了极其重要的
作用。许多重要网络服务（如 E-mail 服务、Web 服务）的实现，也需要借助于 DNS 服务。
因此，DNS 服务可视为网络服务的基础。另外，在稍具规模的 LAN 中，DNS 服务也被大量
采用。因为 DNS 服务不仅可以使网络服务的访问更加简单，还可以完美地实现与 Internet
的融合。

10.4.1　实例设计与准备

1. 部署要求

在部署 DNS 服务器前需满足以下要求。

（1）设置 DNS 服务器的 TCP/IP 属性，手动指定 IP 地址、子网掩码、默认网关和 DNS 服务
器地址等。

（2）部署域环境，域名为 long.com。

2. 部署环境

此实例部署在同一个域环境下，域名为 long.com。其中，DNS 服务器主机名为 WIN2012-1，
其本身也是域控制器，IP 地址为 192.168.10.1/24；DNS 客户机主机名为 WIN2012-2，其本身
是域成员服务器，IP 地址为 192.168.10.2/24；这两台计算机都是域中的计算机。部署 DNS 服务
器的网络拓扑图如图 10-17 所示。

图 10-17　部署 DNS 服务器的网络拓扑图

10.4.2　添加 DNS 服务器

设置 DNS 服务器的首要任务就是建立 DNS 区域和域的树状结构。DNS 服务器以区域为单位
来管理服务。区域是一个数据库，用来链接 DNS 名称和相关数据，如 IP 地址和网络服务，在
Internet 环境中一般用二级域名来命名，如 tsinghua.edu.cn。而 DNS 区域分为两类：一类是正
向搜索区域，即域名到 IP 地址的数据库，用于提供将域名转换为 IP 地址的服务；另一类是反向搜
索区域，即 IP 地址到域名的数据库，用于提供将 IP 地址转换为域名的服务。

> **注意** DNS 数据库由区域文件、缓存文件和反向搜索文件等组成。区域文件是最主要的组成部分，它保存着 DNS 服务器所管辖区域的主机的域名记录。默认的文件名是"区域名.dns"，在 Windows 2008/2012/2016 中，位于"windows\system32\dns"目录中。缓存文件用于保存根域中的 DNS 服务器名称与 IP 地址的对应表，文件名为"Cache.dns"。DNS 服务就是依赖于 DNS 数据库来实现的。

1. 安装 DNS 服务器

在安装 Active Directory 域服务时，可以同时安装 DNS 服务器。如果没有同时安装，那么可以在计算机 WIN2012-1 上通过"服务器管理器"窗口安装 DNS 服务器，具体步骤如下。

（1）选择"开始"→"管理工具"→"服务器管理器"→"仪表板"命令，选择"添加角色和功能"选项，持续单击"下一步"按钮，直到进入图 10-18 所示的"选择服务器角色"界面时选中"DNS 服务器"复选框，单击"添加功能"按钮。

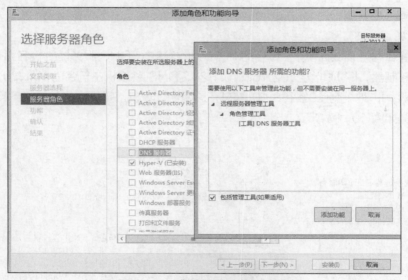

图 10-18 "选择服务器角色"界面

（2）持续单击"下一步"按钮，最后单击"安装"按钮，开始安装 DNS 服务器。安装完毕单击"关闭"按钮，完成 DNS 服务器的安装。

2. DNS 服务的启动和停止

要启动或停止 DNS 服务，可以使用 net 命令、DNS 管理器控制台或服务控制台，具体步骤如下。

（1）使用 net 命令

以域管理员账户登录 WIN2012-1，单击左下角的"PowerShell"按钮，输入"net stop dns"命令可停止 DNS 服务，输入"net start dns"命令可启动 DNS 服务。

（2）使用 DNS 管理器控制台

选择"开始"→"管理工具"→"DNS"命令，打开 DNS 管理器控制台，在左侧窗格中右击服务器 WIN2012-1，在快捷菜单中选择"所有任务"→"停止"或"启动"或"重新启动"命令，即可停止或启动 DNS 服务，如图 10-19 所示。

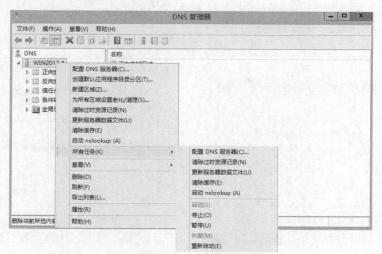

图 10-19　DNS 管理器控制台

（3）使用服务控制台

选择"开始"→"管理工具"→"DNS"命令，打开服务控制台，找到"DNS Server"服务，
选择"启动"或"停止"命令即可启动或停止 DNS 服务。

10.4.3　部署主 DNS 服务器的 DNS 区域

在域控制器中安装完 DNS 服务器之后，将存在一个与 Active Directory 域服务集成的区域
long.com。为了完成该任务，需要先删除该域。

1. 创建正向查找区域

在 DNS 服务器中创建正向主要区域"long.com"，具体步骤如下。

（1）在 WIN2012-1 上选择"开始"→"管理工具"→"DNS"命令，打开 DNS 管理器控
制台，展开 DNS 服务器目录树，右击"正向查找区域"选项，在快捷菜单中选择"新建区域"命
令，如图 10-20 所示，打开"新建区域向导"对话框。

（2）单击"下一步"按钮，进入图 10-21 所示的"区域类型"界面，选择要创建的区域类型，有"主
要区域"、"辅助区域"和"存根区域"3 种。若要创建新的区域，则应当选中"主要区域"单选按钮。

 注意　如果当前 DNS 服务器中安装了 Active Directory 服务，则"在 Active Directory 中存储区
域（只有 DNS 服务器是可写域控制器时才可用）"复选框将自动被选中。

（3）单击"下一步"按钮，进入"Active Directory 区域传送作用域"界面选择在网络中复制
DNS 数据的方式，这里选中"至此域中域控制器上运行的所有 DNS 服务器（D）: long.com"单
选按钮，如图 10-22 所示。

（4）单击"下一步"按钮，在"区域名称"界面中设置要创建的区域名称，如"long.com"，
如图 10-23 所示。区域名称用于指定 DNS 域名空间的部分，由此实现 DNS 服务器管理。

图 10-20　新建正向查找区域

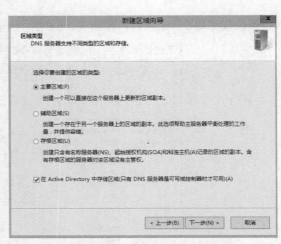

图 10-21　"区域类型"界面

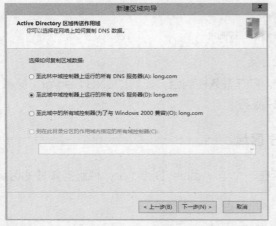

图 10-22　"Active Directory 区域传送作用域"界面

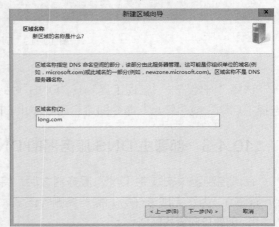

图 10-23　"区域名称"界面

（5）单击"下一步"按钮，选择"只允许安全的动态更新"选项。

（6）单击"下一步"按钮，显示新建区域摘要。单击"完成"按钮，完成区域创建。

注意　因为是活动目录集成的区域，所以不指定区域文件，否则应指定区域文件"long.com.dns"。

2. 创建反向查找区域

反向查找区域用于通过 IP 地址来查询 DNS 名称。创建反向查找区域的具体步骤如下。

（1）在 DNS 管理器控制台中右击"反向查找区域"选项，在快捷菜单中选择"新建区域"命令，如图 10-24 所示，在"区域类型"界面中选中"主要区域"单选按钮，如图 10-25 所示。

（2）在"反向查找区域名称"界面中选中"IPv4 反向查找区域"单选按钮，如图 10-26 所示。

（3）在图 10-27 所示的界面中设置网络 ID 或者反向查找区域名称，这里设置的是网络 ID，区域名称根据网络 ID 自动生成。例如，当输入的网络 ID 为 192.168.10.时，反向查找区域的名称将自动设置为 10.168.192.in-addr.arpa。

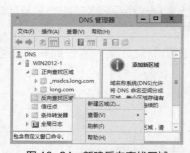

图 10-24 新建反向查找区域

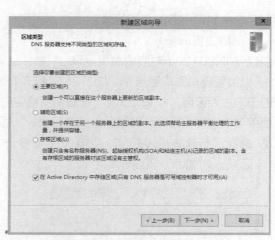

图 10-25 "区域类型"界面

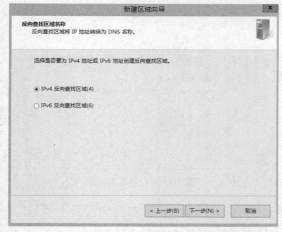

图 10-26 选中"IPv4 反向查找区域"单选按钮

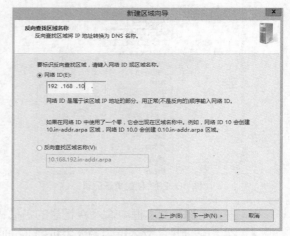

图 10-27 设置网络 ID 和反向查找区域名称

（4）单击"下一步"按钮，选择"只允许安全的动态更新"选项。

（5）单击"下一步"按钮，显示新建区域摘要。单击"完成"按钮，完成区域创建。图 10-28 所示为创建正、反向查找区域后的 DNS 管理器控制台。

图 10-28 创建正、反向查找区域后的 DNS 管理器控制台

3．创建资源记录

DNS 服务器需要根据区域中的资源记录提供该区域的名称解析。因此，在区域创建完成之后，

需要在区域中创建所需的资源记录。

（1）创建主机记录

创建 WIN2012-1 对应的主机记录。

① 以域管理员账户登录 WIN2012-1，打开 DNS 管理器控制台，在左侧窗格中选择要创建资源记录的正向主要区域"long.com"，在右侧窗格空白处右击或右击要创建资源记录的正向主要区域，在快捷菜单中选择相应命令即可创建资源记录，如图 10-29 所示。

② 选择"新建主机（A 或 AAAA）"命令，打开"新建主机"对话框，通过此对话框可以创建 A 记录，如图 10-30 所示。

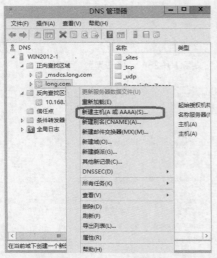

图 10-29　创建资源记录

图 10-30　创建 A 记录

- 在"名称"文本框中输入 A 记录的名称，该名称即为主机名，这里为"win2012-2"。
- 在"IP 地址"文本框中输入主机的 IP 地址，这里为"192.168.10.2"。
- 若选中"创建相关的指针（PTR）记录"复选框，则在创建 A 记录的同时，可在已经存在的相应反向主要区域中创建 PTR 记录。若之前没有创建对应的反向主要区域，则不能成功创建 PTR 记录。这里不选中该复选框，后面单独建立 PTR 记录。

（2）创建别名记录

WIN2012-1 同时是 Web 服务器，为其设置别名 www，具体步骤如下。

① 在图 10-29 所示的快捷菜单中选择"新建别名（CNAME）"命令，打开"新建资源记录"对话框，在"别名（CNAME）"选项卡中可以创建 CNAME 记录，如图 10-31 所示。

② 在"别名（如果为空则使用父域）"文本框中输入一个规范的名称（这里为"www"），单击"浏览"按钮，选中取别名的目的服务器域名（这里为"win2012-1.long.com"），也可以直接输入目的服务器的名称。在"目标主机的完全合格的域名（FQDN）"文本框中输入需要定义别名的完整 DNS 域名。

（3）创建邮件交换器记录

WIN2012-1 同时是 E-mail 服务器，需进行相关操作。在图 10-29 所示的快捷菜单中选择"新建邮件交换器（MX）"命令，打开"新建资源记录"对话框，在"邮件交换器（MX）"选项卡中可以创建 MX 记录，如图 10-32 所示。

图 10-31　创建 CNAME 记录

图 10-32　创建 MX 记录

① 在"主机或子域"文本框中输入 MX 记录的名称，该名称将与所在区域的名称一起构成邮件地址中"@"右边的后缀。例如，若邮件地址为 yy@long.com，则应将 MX 记录的名称设置为空（使用其中所属域的名称 long.com）；若邮件地址为 yy@mail.long.com，则应将"mail"设为 MX 记录的名称记录。这里输入"mail"。

② 在"邮件服务器的完全限定的域名（FQDN）"文本框中输入该邮件服务器的名称（此名称必须是已经创建的对应于邮件服务器的 A 记录）。这里为"win2012-1.long.com"。

③ 在"邮件服务器优先级"文本框中设置当前 MX 记录的优先级；如果存在两个或更多的 MX 记录，则在解析时将首选优先级高的 MX 记录。

（4）创建指针记录

① 以域管理员账户登录 WIN2012-1，打开 DNS 管理器控制台。

② 在左侧窗格中选择要创建资源记录的反向主要区域"10.168.192.in- addr.arpa"，在右侧窗格空白处右击或右击要创建资源记录的反向主要区域，在快捷菜单中选择"新建指针（PTR）"命令，如图 10-33 所示，打开"新建资源记录"对话框，在"指针（PTR）"选项卡中即可创建指针记录，如图 10-34 所示。同理，创建 192.168.10.1 的指针记录。

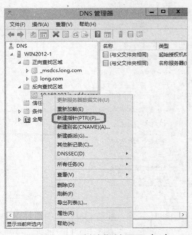

图 10-33　创建指针记录（1）

图 10-34　创建指针记录（2）

③ 资源记录创建完成之后，在 DNS 管理器控制台和区域数据库文件中都可以看到这些资源记录。通过 DNS 管理器控制台查看反向查找区域中的资源记录如图 10-35 所示。

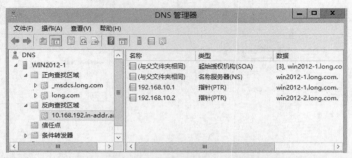

图 10-35　通过 DNS 管理器控制台查看反向查找区域中的资源记录

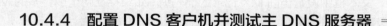

> **注意**　如果区域是和 Active Directory 域服务集成的，那么资源记录将保存到活动目录中；如果区域不是和 Active Directory 域服务集成的，那么资源记录将保存到区域文件中。默认 DNS 服务器的区域文件存储在 "C:\windows\system32\dns" 中。若不集成活动目录，则本例正向查找区域文件为 "long.com.dns"，反向查找区域文件为 "10.168.192.in-addr.arpa.dns"。这两个文件都可以用记事本打开。

10.4.4　配置 DNS 客户机并测试主 DNS 服务器

可以通过手动的方式配置 DNS 客户机，也可以通过 DHCP 自动配置 DNS 客户机（要求 DNS 客户机是 DHCP 客户机）。

1. 配置 DNS 客户机

（1）以管理员账户登录 DNS 客户机 WIN2012-2，打开 "Internet 协议版本 4（TCP/IPv4）属性" 对话框，在 "首选 DNS 服务器" 文本框中设置所部署的主 DNS 服务器 WIN2012-1 的 IP 地址为 "192.168.10.1"，如图 10-36 所示，单击 "确定" 按钮即可。

（2）使用 DHCP 自动配置 DNS 客户机时可参考 "10.3 DHCP 配置实例"。

2. 测试 DNS 服务器

部署完主 DNS 服务器并启动 DNS 服务器后，应该对 DNS 服务器进行测试，最常用的测试工具是 nslookup 和 ping 命令。

nslookup 命令是用来手动查询 DNS 的常用工具，可以判断 DNS 服务器工作是否正常。如果有故障，则可以判断可能的故障原因。nslookup 命令的一般用法如下。

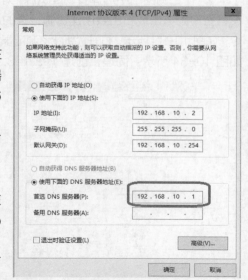

图 10-36　配置 DNS 客户机并指定 DNS
服务器的 IP 地址

```
nslookup [-option…] [host to find] [sever]
```

这个工具可以用于两种模式：非交互模式和交互模式。

（1）非交互模式

非交互模式要在命令提示行窗口中输入完整的命令，例如：

```
C:\>nslookup www.long.com
```

（2）交互模式

输入"nslookup"并按"Enter"键，不需要使用参数即可进入交互模式。在交互模式下，可以直接输入完全限定的域名（Fully Qualified Domain Name，FQDN）进行查询。

任何一种模式都可以将参数传递给 nslookup，但当域名服务器出现故障时，更多地使用了交互模式。在交互模式下，可以在提示符"＞"下输入"help"或"？"来获得帮助信息。

下面在客户机 WIN2012-2 的交互模式下，测试前面部署的 DNS 服务器。

（1）进入 PowerShell 或者在"运行"文本框中输入"cmd"，进入 nslookup 测试环境，如图 10-37 所示。

（2）测试主机记录，如图 10-38 所示。

图 10-37　nslookup 测试环境

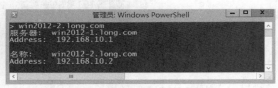

图 10-38　测试主机记录

（3）测试正向解析的别名记录，如图 10-39 所示。

图 10-39　测试正向解析的别名记录

（4）测试 MX 记录，如图 10-40 所示。

图 10-40　测试 MX 记录

> **说明** set type 表示查找的类型。set type=mx 表示查找邮件服务器记录，set type=cname 表示查找别名记录，set type=a 表示查找主机记录，set type=prt 表示查找指针记录，set type=ns 表示查找区域信息。

（5）测试指针记录，如图 10-41 所示。

图 10-41　测试指针记录

（6）测试区域信息，如图 10-42 所示。

图 10-42　测试区域信息

（7）退出 nslookup 环境。

> **做一做** 可以使用"ping 域名或 IP 地址"形式的命令简单测试 DNS 服务器与客户端的配置，读者不妨试一试。

3. 管理 DNS 客户机缓存

（1）进入 PowerShell 或者在"运行"文本框中输入"cmd"，打开命令提示行窗口。

（2）查看 DNS 客户机缓存，命令如下。

```
C:\>ipconfig /displaydns
```

（3）清空 DNS 客户机缓存，命令如下。

```
C:\>ipconfig /flushdns
```

10.5　Internet 相关阅读材料

请扫码阅读"阅读资料 1　Internet 概述""阅读资料 2　Internet 的基本技术""阅读资料 3　Intranet 基础知识"。

阅读资料 1　Internet 概述。

阅读资料 2　Internet 的基本技术。

阅读资料 3　Intranet 基础知识。

阅读资料 1　　　　阅读资料 2　　　　阅读资料 3

10.6 习题

一、填空题

1. HTTP 是基于 TCP/IP 而来的，是 WWW 服务使用的主要协议，HTTP 的工作流程为连接、_____、应答和_____。

2. WWW 客户机与 WWW 服务器之间的应用层传输协议是_____；_____是 WWW 网页制作的基本语言。

3. FTP 能识别的两种基本的文件格式是_____文件和_____文件。

4. 在 Internet 中，URL 的中文名称是_____；我国的顶级域名是_____。

5. Internet 中的用户远程登录是指用户使用_____命令，使自己的计算机暂时成为远程计算机的一个仿真终端。

6. 发送电子邮件需要依靠的协议是_____，该协议主要负责邮件服务器之间的邮件传送。

7. 在 Internet 的发展过程中，_____是其形成的前身，对其发展影响最大。

8. Internet 采用共享传输线路的方法，利用_____技术来达到资源共享这一目的。

9. 域名结构的划分采取了两种划分模式，即按_____划分和按_____划分。

10. 整个 Internet 主要由_____、_____和_____ 3 个部分组成。

11. Internet 使用的 IP 是_____。

二、选择题

1. 在 Intranet 服务器中，（　　　）作为 WWW 服务的本地缓冲区，将 Intranet 用户在 Internet 中访问过的主页或文件的副本存放其中，用户下一次访问时可以直接从中取出，从而提高了用户访问速度，节省了费用。

A. WWW 服务器　　　　　　　　　　B. 数据库服务器

C. 电子邮件服务器　　　　　　　　　D. 代理服务器

2. HTTP 是（　　　）。

A. 统一资源定位器　　　　　　　　　B. 远程访问

C. 文件传输协议　　　　　　　　　　D. 超文本传输协议

3. 使用匿名 FTP 服务时，用户登录常常使用（　　　）作为用户名。

A. anonymous　　　　　　　　　　　B. 主机的 IP 地址

C. 自己的 E-mail 地址　　　　　　　D. 节点的 IP 地址

4. 在 Internet 中，按（　　　）地址进行寻址。

A. 邮件地址　　　　　B. IP 地址　　　　　C. 物理地址　　　　　D. 网线接口地址

5. 在下面的服务中，（　　　）不属于 Internet 标准的应用服务。

A. WWW 服务　　　　　B. E-mail 服务　　　　C. FTP 服务　　　　D. NetBIOS 服务

6. 1965 年，科学家提出了"超文本"的概念，其"超文本"的核心是（　　　）。

A. 链接　　　　　　　　B. 网络　　　　　　　C. 图像　　　　　　　D. 声音

7. 在浏览器地址栏中输入的 www.ptpress.com.cn 中，ptpress.com.cn 指的是一个（　　　）。

A. 邮箱　　　　　　　　B. 文件　　　　　　　C. 域名　　　　　　　D. 国家

8. 地址"ftp://218.0.0.123"中的"ftp"是指（　　）。

A. 协议　　　　　　　　B. 网址　　　　　　　C. 新闻组　　　　　　D. 邮件信箱

三、简答题

1. 简要说明 Internet 的 DNS 的功能。举一个实例解释域名解析的过程。
2. 请使用一个实例解释什么是 URL。
3. 什么是 Internet？简述 Internet 的特点。
4. 什么是 Intranet？简述 Intranet 的特点。
5. 叙述 Inernet 与 Intranet、LAN 之间的关系。

10.7　拓展训练

拓展训练 1　配置 DHCP 服务器

一、实训目的

- 熟悉 Windows Server 2012 的 DHCP 服务器的安装过程。
- 掌握 Windows Server 2012 的 DHCP 服务器的配置方法。
- 熟悉 Windows Server 2012 的 DHCP 客户机的配置过程。

二、实训拓扑图

请参考图 10-3 所示的网络拓扑图来部署 DHCP 服务器。

三、实训步骤

在安装了 Windows Server 2012 的虚拟机（Virtual Machine，VM）上完成如下操作。

① 在 WIN2012-1 上运行虚拟操作系统 Windows Server 2012，为 VM 保存一个还原点，以方便后面的实训。

② 在 WIN2012-1 上安装 DHCP 服务器并授权。设置其 IP 地址为 192.168.1.250，子网掩码为 255.255.255.0，网关和 DNS 分别为 192.168.1.1 和 192.168.1.2。

③ 新建作用域并将其命名为"student.com"，IP 地址的范围为 192.168.1.1～192.168.1.254，子网掩码长度为 24 位。

④ 排除 IP 地址范围为 192.168.1.1～192.168.1.5、192.168.1.250～192.168.1.254（服务器使用及系统保留的部分地址）。

⑤ 设置 DHCP 服务器的租约为 24 小时。

⑥ 设置该 DHCP 服务器向客户机分配的相关信息：DNS 的 IP 地址为 192.168.1.2，父域名称为 teacher.com，路由器（默认网关）的 IP 地址为 192.168.1.1，WINS 服务器的 IP 地址为 192.168.1.3。

⑦ 将 IP 地址 192.168.1.251（其物理地址为 00-00-3c-12-23-25）保留，用于 FTP 服务器；将 IP 地址 192.168.1.252（其物理地址为 00-00-3c-12-D2-79）保留，用于 WINS 服务器。

⑧ 在 Windows 7 或 WIN2012-2 上测试 DHCP 服务器的运行情况，使用 ipconfig 命令查看分配的 IP 地址以及 DNS、默认网关、WINS 服务器等信息是否正确，测试访问 WINS 服务器。

四、实训思考题

（1）分析 DHCP 服务器的工作原理。

（2）如何安装 DHCP 服务器？

（3）要实现 DHCP 服务，服务器和客户机各自应如何设置？

（4）如何查看 DHCP 客户机从 DHCP 服务器中获取的 IP 地址配置参数？

（5）如何创建 DHCP 的用户类别？

（6）如何设置 DHCP 中继代理？

拓展训练 2　配置与管理 DNS 服务器

一、实训目的

- 掌握 DNS 的安装与配置方法。
- 掌握两个以上的 DNS 服务器的建立与管理方法。
- 掌握 DNS 正向查询和反向查询的功能及配置方法。
- 掌握各种 DNS 服务器的配置方法。
- 掌握 DNS 资源记录的规划和创建方法。

二、实训步骤

（1）添加 DNS 服务器。

（2）创建正向主要区域。

（3）创建反向主要区域。

（4）创建资源记录。

（5）配置 DNS 客户机。

（6）测试主 DNS 服务器的配置。

三、实训拓扑图

此拓展训练依据的网络拓扑图如图 10-7 所示。

四、实训思考题

（1）DNS 服务器的工作原理是什么？

（2）要实现 DNS 服务，服务器和客户机各自应如何配置？

（3）如何测试 DNS 服务的安装成功？

（4）如何将不同的域名转换为同一个 IP 地址？

（5）如何将不同的域名转换为不同的 IP 地址？

参 考 文 献

[1] 徐立新. 计算机网络技术[M]. 北京：人民邮电出版社，2016.

[2] 谢钧，谢希仁. 计算机网络教程（微课版）[M]. 5 版. 北京：人民邮电出版社，2018.

[3] 杨云. 计算机网络技术与 Internet 应用[M]. 2 版. 北京：清华大学出版社，2016.

[4] 刘佩贤，张玉英. 计算机网络[M]. 北京：人民邮电出版社，2015.

[5] 陈家迁. 计算机网络技术基础[M]. 北京：中国水利水电出版社，2018.

[6] 杨云，曹路舟，邱清辉. 计算机网络技术与实训[M]. 4 版. 北京：中国铁道出版社，2019.

[7] 杨云，汪辉进. Windows Server 2012 网络操作系统项目教程[M]. 4 版. 北京：人民邮电出版社，2016.

[8] 张晖，杨云. 计算机网络项目实训教程[M]. 北京：清华大学出版社，2014.

[9] [美] A.S.Tanbaum, D. J. Wetherall. 计算机网络[M]. 严伟，潘爱民，译. 5 版. 北京：清华大学出版社，2012.